Götterdämmerung am Physiker-Himmel

Denkansätze für Einsteiger und Fortgeschrittene

von

Mathias Hüfner

2. Auflage

Götterdämmerung am Physiker-Himmel

Denkansätze für Einsteiger und Fortgeschrittene

von

Mathias Hüfner

Alles ist in Bewegung, nichts bleibt fest, nichts bleibt stabil.

Alles verändert sich

- Heraklit

Bibliographische Information der Deutschen Nationalbibliothek:
Die Deutsche Nationalbibliothek verzeichnet diese Publikation
in der Deutschen Nationalbibliographie; detaillierte bibliographische
Daten sind im Internet über htpps://www.dnb.de abrufbar.

Herstellung und Verlag
BoD – Books on Demand, Norderstedt

ISBN 9783757817473

Inhaltsverzeichnis

Statt eines Vorworts

»Fast alle Physiker sind davon überzeugt: „Fehler sind etwas für Anfänger. Wahre Könner produzieren Katastrophen! «
Erich Wetzel

Gerade hatte ich das Manuskript meines neuen Buches fertig und wollte noch ein paar Ergänzungen und Bilder einfügen, da zerlegt mein Computer den ganzen Text. Der Titel sollte *Glanz und Elend der Physik* lauten. Doch darüber wurde bereits vor 40 Jahren von Jeremy Bernstein, einem amerikanischen Physiker geschrieben. Also beginne ich die Teile meines Manuskripts unter dem Eindruck der Abschaltung der letzten deutschen Atomkraftwerke mit neuem Titel zusammenzusetzen.

Da wird mir bewusst, dass nicht der Erfolg sondern das Scheitern eine notwendige Voraussetzung für Erkenntnis ist. Das ganze Buch handelt vom Scheitern, meinem persönlichen Scheitern gerade am Gipfel des Erfolgs und der Suche nach einem neuen Weg. Ich hatte als Physiker meine Promotionsurkunde als Dr. Ing. erhalten. Es ging um das Denken einer Optik-Technologie vom Ende her, da entdeckte ich ein Büchlein über die Geschichte der Systemtheorie von Gerhard Wunsch[1]. Dort lernte ich, dass man keine Entwicklungsprozesse vom Ende her denken kann, weil bei ihnen die Vergangenheit kausal mit der Zukunft verknüpft ist und alle Entscheidungen Folgen nach sich ziehen. Eigentlich selbstverständlich, nur in der Physik wurde das im 20.

---

1 G. Wunsch – *Geschichte der Systemtheorie;* Wissenschaftliche Taschenbücher Bd.296 Akademieverlag Berlin 1985 ISSN 0138-127X

Jahrhundert das Kausalprinzip durch das Symmetrieprinzip ersetzt und so scheiterte eine ganze Wissenschaft.

Ein paar Monate später wurde die ganze Optik-Technologie vom Glasschleifen durch das Kunststoffspritzgießen ersetzt. Ich schämte mich sehr, so sehr, dass ich in eine Depression verfiel, aus der ich in der Zeit der politischen Wende nur mit Mühe wieder heraus kam. Schließlich wurde ein ganzes Gesellschaftsmodell entwertet. Akademische Titel schützen nicht vor Irrtümern, weshalb ich sie in diesem Buch auch nicht verwende. Sie helfen nur der persönlichen Eitelkeit, zu glauben etwas zu wissen. Vom Verhältnis des Glaubens zum Wissen werde ich auch berichten.

Die Schwiegermutter meiner Nichte hat mir ein Buch geschenkt, in dem alle Namen berühmter Physiker mit ihren Leistungen versammelt sind. Der Titel war: *Die spinnen... die Physiker – ein Weg zum Nobelpreis.*[2] Sie reizte offensichtlich der Titel, weil sie meinen kritischen Blick auf die moderne Physik kannte. Ich habe in dem Buch nichts gefunden, was den provokanten Titel erklären könnte. Es enthält eine Zusammenstellung der bekanntesten Physiker über die Jahrhunderte bis zur Gegenwart aber nichts, was man nicht auch woanders hätte finden können, nur eben nicht so konzentriert. Allerdings hat mich das obige Zitat, was ich auf der Rückseite des Covers fand, in einer Zeit, wo der Ukrainekrieg Europa im Atem hält und Putin der Welt mit der Atombombe droht, nachdenklich gemacht und so versuche ich, diese Gedanken festzuhalten.

Die Bilder von den zerbombten Wohnhäusern erinnerten mich an das Spiel mit meinen kleinkindlichen Enkeln, aus Bauklötzern einen Turm zu bauen, den sie dann mit infantiler Lust zerstörten. Handelt es sich bei der russischen Administration um die gleiche infantile Lust, alles zu zerstören, was ihnen nicht in

---

2   E. Wetzel – *Die spinnen … die Physiker . Ein Weg zum Nobelpreis;* Amazon Fulfillment Poland Sp. z.o.o. Wroclaw ISBN 9798666050583

das Konzept von einem imperialen Russland passt und lieferten nicht ausgerechnet verantwortungslose Physiker im 20. Jahrhunderts die Macht dazu?

Sind also letztlich die Physiker an den menschlichen Katastrophen schuld und sollten sie sich daher besser weiter mit geistiger Selbstbefriedigung beschäftigen, indem sie Dinge erforschen, die sie im 20. Jahrhundert selbst erfunden haben?

Schließlich fand ich einen Satz von Werner Heisenberg, der mir die Antwort gab:

> *»Die moderne Atomphysik hat die Naturwissenschaft von der materialistischen Richtung weg gedrängt, die sie im 19. Jahrhundert angenommen hatte.«*[3]

Eine ideelle Physik? Ideen werden mittels Sprache ausgedrückt. Mathematik ist eine Sprache. Sprache ist jedoch nicht an Wirklichkeit gebunden. Physik sollte aber schon der Wirklichkeit verpflichtet sein. Aussagen können wahr oder falsch sein. Sie sind jedoch nicht berechenbar. Es gibt keinen logischen Grund, warum Physik in eine idealistische Richtung gedrängt wurde.

Hat also die moralische Entwicklung der Menschheit nicht mit ihrer technischen Entwicklung Schritt halten können? Darüber mögen Philosophen streiten.

Wir wollen hier die Physik auf den technischen Stand der 21. Jahrhunderts bringen, sie also materialistisch erzählen.

---

3 W. Heisenberg - *Physik und Philosophie* S.87 S. Hirzel Verlag Stuttgart
  ISBN 978-3-7776-2153-1

Zwischen der Macht des Glaubens und der Macht des Geldes gefangen, wird uns ständig Angst vor Katastrophen gemacht und die Medien produzieren eine Krise nach der anderen. Flüchtlingskrise, Klimakrise, Coronakrise, Krieg ... Vielleicht Weltuntergang? Die Mitglieder der Organisation der letzten Generation kleben sich überall auf den Straßen fest und verbreiten zusätzliches Chaos, in der Hoffnung, dass die Regierungen dann endlich etwas unternehmen. Als könnten Regierungen gegen die Physik an-regieren.

Wir normale Menschen suchen doch nur nach Orientierung, um mit der Umwelt im Einklang zu leben. Während jedoch die Einen auf der Erde mittels Raketen Wüsten schaffen, entwickeln die Anderen Konzepte, die Menschheit auf die Wüsten des Mars umzusiedeln.

Doch, um die Angst zu überwinden, nützen keine „Wahrheiten" von Propheten, sondern nur das Wissen um den Zusammenhang zwischen Energie-Erzeugung und Temperatur, das man sich aktiv aneignen muss. Für dieses Verständnis der Natur ist die Physik ein Grundbaustein. Wollen wir es nicht einmal mit Lernen versuchen, statt nur von anderen zu fordern, etwas gegen unsere Ängste zu tun? Doch das ist in Deutschland inzwischen schwierig geworden. Schulen zerfallen; Lehrer fehlen und während darüber nachgedacht wird, den Islam nun auch in Deutschland heimisch zu machen, gehen uns die Physiklehrer aus.

Eine aktuelle Angst ist die vor dem Klimawandel. Da kann physikalisches Wissen helfen. Den Kohlendioxidanteil in der Atmosphäre kann man messen und es wurde seit dem Beginn des Industriezeitalters ein immer stärkerer Anstieg der Konzentration des Kohlendioxids beobachtet. Die simple Schlussfolgerung ist, das Kohlendioxid muss aus der Atmosphäre und die Welt ist wieder heil. Doch ist das Kohlendioxid wirklich die Ursache für den weltweiten Temperaturanstieg oder nur ein Indikator für ein viel größeres Problem? Hat vielleicht die Physik darauf eine Antwort? Schließlich hat Temperatur und Wärme etwas mit dem Energiehaushalt der Erde zu tun. Dieser Haushalt wird von uns Menschen durch unsere jährlich nicht mehr zu vernachlässigende weltweite Primär-Energieproduktion von 160 Petawattstunden pro Jahr, wie für das Jahr 2020 ermittelt, schon massiv gestört. (1Peta ist eine Eins mit 15 Nullen)

Folglich kann die Menschheit dieses Problem auch nur global lösen. Die Bemühungen einzelner Staaten sind da ziemlich wirkungslos. Der Anteil von Deutschland beträgt nur 2%, allerdings stellt Deutschland auch nur 1% der Weltbevölkerung. Da wird deutsche Klimapolitik allein nicht die Welt retten. Das setzt eine weltweite Zusammenarbeit der Staaten voraus. Das scheint aber in der gegenwärtigen politischen Phase mit dem Rückfall in die Zeit des kalten Krieges zwischen Demokratien und Autokratien kaum möglich zu werden. Es darf nicht passieren, dass das Geschick der Menschheit von einigen wenigen Machthabern abhängt.

Nachdem ich bereits zwei Bücher über Physik geschrieben habe, *Moderne Astrophysik trifft auf Ingenieurwissenschaften* und *Dynamische Strukturen in unbelebter Materie*, wende ich mich mit diesem Buch an Leser, die mit der Physik nur wenig vertraut sind, aber sich in der Umwelt- und Klimapolitik engagieren wollen.

Wissen kommt aus der Geschichte, denn der Filter des Gehirns lässt Unfruchtbares vergessen, während das Nützliche bewahrt wird. Das wissen natürlich auch Meinungsmacher, die unser Gehirn stets an ihre Interessen erinnern und sie für Wahrheiten verkaufen. Wir müssen uns daher an nützliche Dinge erinnern und daran, wie sie entstanden sind. Denn nur wenn man die kausalen Zusammenhänge kennt, hat man brauchbares Wissen.

Wenn ich auf die Physikentwicklung der letzten 100 Jahre schaue, dann sind von den zwischen 1920 und 2020 vergebenen Nobelpreisen für Theoretische Physik zunehmend weniger Themen darunter, die der Menschheit wirklich d e n Nutzen gebracht haben, den sie erwarten würde. Das liegt wohl daran, dass die ganzheitlichen Modelle der Welt, die die Physik entwickelt hat, vielleicht für einige ihrer Schöpfer mathematisch interessant sein mögen, dafür aber wenig mit der Realität zu tun haben. Grund für die unbefriedigende Situation ist, dass sich das Nobelkomitee immer weniger Zeit zur Beurteilung des gesellschaftlichen Nutzens lässt und immer mehr Physiker dem Zeitgeschmack folgen, ohne sich ihrer gesellschaftlichen Verantwortung bewusst zu sein.

Ein anderer Gesichtspunkt ist die Ausbildung eines Physikers. Es fehlt immer mehr an einem soliden philosophischen Grundlagenstudium und einer modernen Mathematikausbildung, um einen Leitfaden durch das Gestrüpp der Formeln und Theorien zu finden. In der Vergangenheit wurde viel Wert auf Berechnungen gelegt. Für die Berechnungen haben wir heute Computer. Was in der Ausbildung fehlt, ist das Erkennen von Zusammenhängen über das eigene Fachgebiet hinaus und die Modellierung von realen Sachverhalten.

Das Streben nach Ruhm und Karriere ist zunehmend wichtiger als solides Fachwissen und Verantwortung vor der Gesellschaft geworden. Das hat Seilschaften entstehen lassen, die sich mehr und mehr einer gesellschaftlichen Kontrolle entziehen konnten. So wurden spektakuläre Entdeckungen am Schreibtisch zelebriert, die durch teure Großversuche bestätigt werden sollten, die aber beim näheren Hinsehen dem Grundlagenwissen über Physik widersprechen. Aber eine physikalisch ungebildete Öffentlichkeit hat sich davon beeindrucken lassen.

Das vorliegende Buch soll ein Versuch sein, diesem Missstand abzuhelfen. Wenn wir die Physik mit einem Baum vergleichen, der mächtig ins Kraut geschossen ist, dann gilt es, diesen auf tragfähige Äste zurückzustutzen, um dem Anfänger eine bleibende Orientierung in dem Fachgebiet Physik zu geben, damit es nicht zu weiteren menschengemachten Katastrophen kommt. Aber auch Leser, die mit der Materie schon vertrauter sind, werden einen Nutzen aus dem Buch ziehen können, weil ich auch unfruchtbare Ideen der Vergangenheit hier behandle und begründe, warum sie unnütz sind.

Wir werden erleben, dass sich die Physik bis zum Beginn des 20. Jahrhundert an den Bedürfnissen der Menschen orientierte und wesentliche Impulse für die industrielle Revolution geliefert hat. Das änderte sich in der ersten Hälfte des 20. Jahrhunderts, als die katholische Kirche über die päpstliche Akademie zunehmenden Einfluss auf die akademische Physik nahm. Der Glaube an die Heiligkeit Gottes wurde durch den Glauben an die Heiligkeit der Symbole ersetzt, wie es Max Planck in einem Vortrag zum Thema *Religion und Naturwissenschaft* 1937 formulierte und Paul Dirac forderte, Physikalische Gesetze sollten mathematische Schönheit besitzen, worunter allgemein die Symmetrie verstanden wurde. Er meinte sogar, dass Gott ein höchst genialer Mathematiker sei.

Kommentar: Es gibt etwa 4000 Religionen auf der Welt worunter immerhin sieben als Weltreligionen gelten und weshalb soll da der christlich jüdische Gott Jahwe ausgezeichnet sein? Schon Ephraim Lessing ließ 1779 in seinem Theaterstück *Nathan der Weise* in der berühmten Ringparabel die Frage nach dem wahren Glauben aufwerfen, die er dann aber unbeantwortet ließ. Nach Immanuel Kant ist Glaube die selbstverschuldete Unmündigkeit des Menschen, sich nicht seines eigenen Verstandes bedienen zu wollen.

Inspiriert vom Mathematiker Hermann Weyl verstand Dirac „mathematischen Schönheit" als eine der Natur innewohnende Eigenschaft und als ein methodisches Hilfsmittel für ihre wissenschaftliche Erforschung. Für ihn war *„eine mathematisch schöne Theorie eher richtig als eine hässliche, die mit gewissen Versuchsergebnissen übereinstimmt".*

Wie ein Baum Wurzeln hat, muss ein Architekt sein Bauwerk solide gründen. Dasselbe gilt auch für die Physik. Da die Physik eine Wissenschaft ist, die ihre Erkenntnisse in erster Linie aus Messungen zieht, müssen wir uns also zuerst mit den Basiseinheiten beschäftigen. Die Mathematik ist dabei ein nützliches Werkzeug, das es gilt, behutsam zu behandeln und die Bedeutung der notwendigen mathematischen Ausdrücke in natürliche Sprache zu übersetzten.

Dabei werden wir feststellen, dass die bisher verwendeten mathematischen Ausdrucksmittel bis in die Gegenwart zu Missverständnissen geführt haben, die mitunter fatale Konsequenzen hatten, weil Mathematiker keine physikalischen Kenntnisse hatten und umgekehrt Physiker zu geringe Kenntnisse über die logische Basis der Mathematik hatten, was sie schließlich daran hinderte, vernünftige Erklärungen für ihre Formelkonstrukte abzuliefern.

Jena im Jahr 2023

14

Physik neu denken

»Alles Gescheite ist schon gedacht worden, man muß nur versuchen, es noch einmal zu denken.«   Wolfgang von Goethe

Wie kommt jemand dazu, die Physik neu denken zu wollen? In der thüringischen Stadt Altenburg aufgewachsen, hatte ich einen kurzen Weg zu zwei mich faszinierenden Museen, zum Naturkundemuseum *Mauritianum* und zum Lindenau-Museum, die mir Kunde von der weiten Welt brachten. Während das erstere mir die naturkundliche Sammlung von Ludwig Christian und Alfred Brehm nahe brachte, lernte ich im Lindenau-Museum etwas über fremde Kulturen. Mich faszinierten Brehms naturkundliche Expeditionen auf unbekanntem Terrain und ich verschlang als Junge Reiseberichte über fremde Länder und träumte mich als Entdecker. Zunehmend wurde mir aber bewusst, dass wir in einem Land mit sehr beschränkter Reisefreiheit lebten und dass es auch kaum noch Gegenden auf der Welt gab, wo es etwas spektakulär Neues zu entdecken gab. Während meines Studiums in Leipzig bedrückte mich nach der Niederschlagung des Prager Frühlings 1968 mit russischen Panzern mehr die geistige Enge, die mit der 3. Hochschulreform in der DDR einsetzte, als die Reisebeschränkungen nach dem Westen. So begann meine Emigration

Abbildung 1: Selbstreflexion 1968

nach innen mit ein paar persönlichen grafischen Äußerungen. (Abb. 1)

Da ich mich neben meinem Physikstudium zum geistigen Ausgleich mit bildender Kunst beschäftigte und oft vor klassischen Gemälden stand, deren Aussage ich nicht verstand, begann ich, mich für ihren geistigen Hintergrund zu interessieren. Also las ich in dieser Zeit die *Metamorphosen* von Ovid und erstmals auch die Bibel.

Nachdem ich mit Grundschuleintritt von meinen Eltern darüber aufgeklärt wurde, dass es keinen Klapperstorch und keinen Weihnachtsmann gibt, war meine logische Konsequenz, dass Gott auch nur eine Erfindung der Menschen sei. So war die Christenlehre für mich kein Thema. Ich lernte aber während meiner ersten Reise in die Sowjetunion etwas über die sozialistischen Götter, als ich die Losung *Ленин с нами (Lenin mit uns)* auf einem Plakat fand. Hieß das nicht bisher *Бог с нами (Gott mit uns)?*

So war der Vergleich der Entwicklung der Lenindarstellungen in den Jahrzehnten der Sowjetunion mit der Entwicklung des Verhältnisses von Gott Jahwe zu Abraham gleichsam eine Offenbarung für mich, wie sich Diktaturen herausbilden und den menschlichen Geist unterdrücken. Es war also gar nicht so weit her mit der Wissenschaftlichkeit unserer wissenschaftlichen Weltanschauung, da zwar die Vergangenheit gut analysiert war, sie aber keine Rezepte für die Anforderungen in der Zukunft hatte und so begab sie sich auf die Stufe einer Glaubenslehre, die mit Gewalt durchgesetzt wurde, wie es die christliche Missionierung im Mittelalter überall in der Welt vorgelebt hatte.

Ich machte damals erstmals praktische Erfahrungen, was ein geschlossenes System ist. Eine Theorie darf keine Erweiterungen bekommen, weil sie sonst instabil werden könnte. So setzte ich damals auch in meinem Lehrbuch für Theoretische Physik Bd.I [4]) von Lew Landau und Jewgeni Lifschitz im Abschnitt Relativitätstheorie ein paar Fragezeichen. Jedoch hatte ich nicht den Mut, diese öffentlich zu kritisieren, da ich den Grund für den offensichtlichen Widerspruch der Theorie mit der Logik auf der einen Seite und für den Geniekult um die Person Einstein auf der anderen Seite nicht erkennen konnte. Diese Fragezeichen brannten sich aber in mein Gedächtnis ein. Irgendwann wollte ich über diese Fragen in aller Stille nachdenken. Darüber ist die Zeit eines ganzen Berufslebens vergangen. Mit Erreichen der Altersrente stand ich vor der Grundsatzfrage, was ich nun mit der vielen freien Zeit anfangen solle. Großelternpflichten gab es nicht. Meine Tochter gehört zur Generation Praktikum. In Deutschland fanden diese jungen Leute nach dem Anschluss der DDR keine bezahlte Arbeit. So haben viele junge Leute aus meinem Umfeld Deutschland verlassen und im Ausland eine Existenz gegründet. Heute fehlen diese gut ausgebildeten Fachkräfte massenweise in Deutschland.

Da erinnerte ich mich der im Studium offen gebliebenen Fragen und ich begann mich wieder der Physik zuzuwenden. Als eines der ersten Bücher las ich von Lee Smolin *The Trouble with Physics,* in dem er die Probleme mit der Stringtheorie thematisierte. Dabei stellte ich fest, dass sich die Gedankenwelt der Physiker seit meinem Studium vor mehr als 36 Jahren nicht geändert hatte. Die Zeit war für sie noch immer eine raumunabhängige Koordinate, obwohl wir auf der Erde Zeitzonen und die Datumsgrenze haben. So ist die geschlossene Theorie über die Zeit

---

4   L. D. Landau, J. M. Lifschitz – *Lehrbuch der Theoretischen Physik Mechanik;* Akademie-Verlag, 1964,

rein geblieben, aber inzwischen war unser geschlossenes Gesellschaftssystem in sich zusammengefallen, wie es die Thermodynamik für geschlossene Systeme vorausgesagt hatte. Wir hatten als Gesellschaft das thermodynamische Gleichgewicht erreicht und das ist nun mal gleichbedeutend mit dem Tod. Hier wurde mir vor Augen geführt, statische Theorien taugen offensichtlich nicht zur Beschreibung einer dynamischen Welt.

Plötzlich öffneten sich die Tore in eine neue Welt mit fremden Denkstrukturen. Gewohnte Denkstrukturen zu verlassen, ist schwieriger, als sich auf Reisen zu begeben. Eine Reise endet und man kommt heim in seine vertraute Welt. Verlässt man jedoch Denkstrukturen, ist das ein irritierender Prozess. Ich kam mir damals wie ein Frosch vor, der plötzlich fliegen lernen muss.

Wir verließen die Komfortzone gewohnten Glaubens und Überzeugung ohne Umkehr und damit gewinnt die Unsicherheit die Oberhand über uns, solange wir keine neue Orientierung gefunden haben. So ist der Versuch, etwas neu zu denken, immer auch ein Abenteuer mit ungewissem Ausgang.

Doch wir müssen die Welt so dynamisch akzeptieren, wie sie ist. Für die Wissenschaft heißt das, die Beobachtungsergebnisse systematisieren und dann daraus eine Theorie zu machen. Also steht die Theorie immer am Ende des Forschungsprozesses nicht an deren Anfang und Entdeckungen sind eher irritierende Ereignisse. So kann niemand sagen, wann das Ende des Forschungsprozesses erreicht ist. Mit jeder neuen Entdeckung stehen wir an einem neuen Anfang und wir müssen unsere Theorien anpassen oder wenn das nicht geht, die Theorie aufgeben und neu denken. Während Religionen über Jahrhunderte statische Lehren sind, die auf der Autorität ihrer Lehrer beruhen, ist eine gesunde Wissenschaft einem ständigen Umbau unterworfen, da sie neue Erkenntnisse mit vorhandenem Wissen abgleichen muss.

Ab Mitte des 20. Jahrhunderts haben Weltraumforschung und Mikroelektronik uns viele neue Entdeckungen geliefert und das Klima unseres Planeten hat sich ab dieser Zeit immer schneller zum Nachteil der Menschheit verändert, indem Wetteranomalien immer häufiger Schäden anrichteten.

Doch schon in der ersten Hälfte des 20. Jahrhunderts gewannen rückwärts gerichtete gesellschaftliche Kräfte Einfluss, vor denen bereits Immanuel Kant mit seiner Kritik an der reinen Vernunft[5] gewarnt hatte. Diese brachten die positivistische Mode auf, sich die Welt theoretisch auszudenken und dafür dann nach Bestätigungen in der Natur zu suchen. Dabei spielte der Beobachter eine wichtige Rolle. Man hat das die moderne Physik genannt. Die moderne Physik sollte die bis dahin geltende materialistische Auffassung der klassischen Physik auf Betreiben der Kirche zurückdrängen.[6][7] und sie durch eine idealistische Naturauffassung ersetzen.

Eine solche Mode muss zwangsläufig jedoch zu einer allgemeinen Verwirrung führen, weil Glaube und Realität nicht ohne Widersprüche zusammen geführt werden können.

---

5   I. Kant – *Kritik der reinen Vernunft;* Originalauflagen von 1781 (A) und 1787 (B) *https://www.ciando.com/img/books/extract/3787321128_lp.pdf* (abgerufen am 20.02.2023)

6   Papst Pius X - *Pascendi Dominici gregis;* https://fsspx.news/de/content/31910 (abgerufen am 20.02.2023)

7   W. Heisenberg - *Physik und Philosophie.* 6. Auflage, S. Hirzel Verlag, Stuttgart 2000, S.87; ISBN 978-3-7776-2153-1

Hier nun soll der Versuch unternommen werden, die verschlungenen Fäden einer hundertjährigen wissenschaftlichen Mode wieder zu entwirren.

Die Bedeutung des Wortes „**Physik**" ist wie viele Worte der Wissenschaft von dem griechischen Wort „physis" bzw. „physikos" abgeleitet, was „Natur" bzw. „die Natur betreffend" bedeutet. Das Wort geht auf den griechischen Philosophen Aristoteles (384-324 v. Chr.) zurück. Er fasste in seinem Physikbuch[8] die damals bekannten Erscheinungen der Natur zusammen. In einem anderen Buch fasste er alles zusammen, was mit dem Geist zu tun hat. Daraus entstand dann der Begriff Metaphysik, was im ursprünglichen Sinn räumlich „hinter der Physik" bedeutete. Im späteren Sprachgebrauch verstand man die Mystik hinter der Natur.

Auf die Frage, womit sich Physik beschäftigt, erhält man in diesen Tagen unterschiedliche Antworten.

- Physik ist das Erfinden von Naturgesetzen. Die Erfindung folgt einem Glauben. (Metaphysik) – Doch unbelebte Natur hat weder Glaube noch Ideen und verfolgt kein Ziel. Mathematische Ideen benötigen den Beweis. Natur ist unabhängig von menschlichen Beweisen. Eine Idee über die Natur ist nur so lange gültig, solange man nicht eines Besseren belehrt wird.

- Physik ist die Wissenschaft, die Erkenntnisse liefern soll, was die Welt im Innersten zusammenhält, lässt Goethe seinen Faust sagen. Es geht also um Kräfte. – Doch was ist die Welt - unsere Erfahrungswelt, die Erdkugel oder das Weltall? Noch heute glauben Physiker, dass am Himmel andere Naturgesetze gelten würden als auf Erden. Das himmlische Plasma sei beispielsweise neutral.

---

8   http://www.linke-buecher.de/texte/romane-etc/Aristoteles--Physik%20(german).pdf ; (abgerufen am 20.02.2023)

Physiker strebten und streben nach ganzheitlichen Lösungen, da passt die Weltformel gerade ins Aufgaben-Repertoire. Das gesamte Wissen in eine Formel einzuschließen, bedeutet eine Abstraktionsebene zu erreichen, auf der man Alles über das „Nichts" weiß. Nur dass man dann in aller Unbescheidenheit von Allem nichts verstanden hat. Das führt dann schließlich zur Vorstellung vom Urknall und dem Glauben an die Zauberformel *Fiat lux* aus der Genesis.

Abiturienten sehen in der Physik daher ein Schulfach, was man im Gymnasium, wenn es denn überhaupt noch angeboten wird, bei der Abiturprüfung besser abwählt, um sich nicht die Note zu versauen.

Im historischen Rahmen der Aufklärung beeinflussten die Erkenntnisse in der Physik die Entwicklung der Technik und damit die ersten drei Stufen der industriellen Revolution. Doch zu Beginn des 20. Jahrhunderts setzte eine Zeit der Restauration des Glaubens in weiten Kreisen der Physiker-Gemeinde ein, die ihre wissenschaftliche Weiterentwicklung mächtig hemmte.

Wenn ich mich in meinem Bekanntenkreis umhöre, hat nach 50 Jahren Abitur keiner mehr eine klare Vorstellung von Physik. Da fallen dann so Begriffe wie Schwarze Löcher, Gekrümmte Räume, Dunkle Materie und noch so unverständliches Zeug. Unverständlich, weil unlogisch - aber mit viel Mathematik, was wiederum nicht zusammen passt, denn Logik ist die Basis der Mathematik. Folglich muss etwas nicht stimmen mit der modernen Physik, und die Physik biedert sich an, dass sie sich mit dem Glauben versöhnt habe.[9])

---

9   H.P. Dürr - *Versöhnung von Wissenschaft und Religion ; Ökumenischer Kirchentag 2003, 28. Mai bis 1. Juni 2003 in Berlin   Werkstatt Religion in der*

Hans-Peter Dürr, Physiker, langjähriger Wegbegleiter Werner Heisenbergs und von 1967-1980 und 1987-1992 Direktor des Max-Planck-Instituts für Physik und Astrophysik, sagte auf dem Kirchentag von 2003 in Berlin:

»Deutet diese neue Physik doch darauf hin, dass die Wirklichkeit im Grunde keine Realität im Sinne einer dinghaften Wirklichkeit ist.«

Wollte er der dinghaften Wirklichkeit, allem Luxus unserer kapitalistischen Gesellschaft entfliehen oder wollte er die Physik aus unserer realen Welt verbannen? Ich vermute letzteres. Der chronische Lehrermangel in Physik deutet darauf hin. Nicht von ungefähr sprach Carsten Frerk vom christlichen Lobbyismus[10]) in der Kirchenrepublik Deutschland. Noch heute haben Bischöfe das Recht des Einspruchs beim Berufungsverfahren der Universitätsprofessoren.

Die Produkte, die Ingenieure ersonnen haben, beruhen auf physikalischen Gesetzmäßigkeiten der Wirklichkeit, sonst würde man sie nicht dinghaft real nutzen können. Also sahen Dürr und seine gläubigen akademischen Lehrer die Welt offensichtlich nur als ihre geistige Idee.

Der amerikanische Biologe Jerry Coyne, Preisträger des internationalen Richard Dawking Preises, vertritt die Antithese:

»Gläubige, Religionswissenschaftler, angesehene Wissenschaftsorganisationen und sogar Atheisten behaupten nicht nur, dass Wissenschaft und Religion miteinander vereinbar seien. Sie meinen sogar, dass sie sich gegenseitig unterstützen können.

Meiner Meinung nach gibt es nicht nur einen Konflikt – man könnte fast sagen: einen Krieg – zwischen Wissenschaft und Re-

---

„postsäkularen" Gesellschaft; http://www.gcn.de/download/berlin.pdf (abgerufen am 20.02.2023)

10 C. Frerk - *Kirchenrepublik Deutschland - Christlicher Lobbyismus. Eine Annäherung;* http://www.carstenfrerk.de/wb/buecher/kirchenrepublik-deutschland.php ; (abgerufen am 20.02.2023)

ligion. Es sind zwei Weltsichten, die sich in keiner Weise miteinander vertragen.«[11])

Heute erscheint die Physik selbst den Physikern immer rätselhafter, wenn sie sie mit den beobachteten Naturerscheinungen insbesondere im Kosmos vergleichen. Aber auch das Verhalten von Atomkernen kann mit der modernen Physik nicht mehr erklärt werden, sonst hätten die Kernfusionsexperimente schon längst zum Erfolg führen müssen. In den Reaktoren wurden Temperaturen weit höher als auf der Sonne erreicht, aber von Fusion war nichts zu bemerken. Was ist falsch gelaufen in den letzten einhundert Jahren?

Beginnen wir mit der Begriffswelt der Physik. Da haben wir als erstes den Begriff der **Materie**. Wenn man diesen Begriff googelt, wird man eher verwirrt, als dass man darüber aufgeklärt wird.

Materie ist kein physikalischer Begriff sondern eine philosophische Kategorie ebenso wie das Bewusstsein.

Der neuzeitliche Begriff der Materie geht auf René Descartes[12]) zurück, der die Welt unter Gott in die *res cogitas* und die *res extensa* teilte. Lenin hat dann Gott weggelassen und nur noch Bewusstsein und Materie akzeptiert.

Diese beiden philosophischen Strömungen kämpften seit jeher erbittert um die Vorherrschaft, wobei die Idealisten der Idee die Herrschaft über die Materie zusprechen und die Materialisten der Materie das Primat zugestehen, da die Idee an die Struktur

---

11 https://krautreporter.de/2980-ja-es-gibt-einen-krieg-zwischen-wissenschaft-und-religion ; (abgerufen am 20.02.2023)
12 S. Hollendung - *Descartes: Cocido, ergo sum;* http://www.descartes-cogito-ergo-sum.de/seite-18.html ; (abgerufen am 21.02.2023)

der Materie gebunden ist. Um denken zu können, benötigt der Mensch ein materielles Gehirn. Folglich ist die Materie alles das, was außerhalb des menschlichen Bewusstseins existiert, während Ideen innerhalb des Gehirns existieren oder auf anderen materiellen Datenträgern als eine verschlüsselte Struktur. So sind Ideen fast unsterblich, da sie stets aufs Neue Gehirne infizieren können.

Idealisten glauben, dass die Materie von einer göttlichen Idee beherrscht würde, natürlich am besten von der eigenen Idee (subjektiver Idealismus), die ihnen Gott eingegeben hätte. Materialisten dagegen sagen, dass die Materie das Bewusstsein hervorgebracht hat, denn Bewusstsein und Idee beruhen auf Information und Information benötigt einen materiellen Träger und zu ihrer Übertragung einen Übertragungskanal. Naturphilosophie muss daher zwangsläufig materialistisch sein, während die Geisteswissenschaften sich mit Fragen nach dem menschlichen Sein beschäftigen.

Eine Strömung, die die materialistische Position zu unterwandern versuchte, setzte der Materie die Kraft gegenüber, was dann einerseits eine Äquivalenz von Masse und Materie zur Folge hat und andererseits keinen Unterschied zwischen geistiger und physischer Kraft macht. Natürlich bedarf es geistiger Willenskraft, um Wissen zu erwerben und zu vermitteln. Muss man sie aber vergöttern? Ja, vielleicht ist es der Überschwang; ein Lehrer braucht den Respekt der Lernenden, sonst funktioniert Lernen nicht. Aber irgendwann stößt der ernsthaft Lernende an Grenzen. Menschen sind nicht Gefangene ihres Schicksals, sondern Gefangene ihres Denkens, hatte schon Franklin Roosevelt gesagt. Insofern sind Forscher immer Ausbrecher aus diesem geschlossenen System der Gedanken, Suchende nach neuen Wegen mit zweifelhaftem Erfolg.

Will man jedoch diesen Weg gehen, so braucht man die Orientierung aus den Erfahrungen früherer Generationen. Die Weisheit der Alten wird in der westlichen Welt jedoch wenig geschätzt. Doch das Nützliche aus den Erfahrungen früherer Generationen gilt es zu bewahren. Insofern ist die westliche Überheblichkeit gegenüber den als Ahnenkult abqualifizierten Gebräuchen östlicher Kulturen wenig angebracht. Das drückt schon der Begriff „Moderne Physik" aus. Es handelt sich um eine geistige Modeerscheinung, so wie man eine neue Kollektion von einem berühmten Modehaus erwartet, die gerade wieder einmal alte Stilelemente in neue Gewänder steckt. Mode eignet sich aber nicht für den Alltagsgebrauch auf Wegen ins Unbekannte, altbewährte Erfahrung aus den Bibliotheken der Welt schon. Habe ich früher mühsam die Bestände der Deutschen Bücherei in Leipzig durchforstet, habe ich es heute leicht. Ein paar Klicks im Internet und schon habe ich die gesuchte Information. Allerdings muss ich mich an die Begriffe erinnern können und dazu ist eben Wissen nötig, was ich mühsam erlernen musste.

Nichts anderes tut künstliche Intelligenz auch. Jeder Mensch versteht, dass Sport dem Menschen für sein Wohlbefinden gut tut. Lernen ist der geistige Sport, den man sein ganzes Leben ausführen kann. Vor allem wenn die körperlichen Kräfte im Alter nachlassen, wirkt er sich auf das Wohlbefinden fördernd aus. Also sitze ich vor meinem Computer und hole mir die Erinnerungen Stück für Stück zurück.

Schon der griechische Naturphilosoph Empedokles aus Akragas im 5. Jahrhundert v. Chr. teilte die Materie in die vier materiellen Zustände ein, fest, flüssig, gasförmig und leuchtend. Man findet diese Einteilung unter dem Begriff ‚Vier-Elemente-Lehre'.

Da man jedoch später die verschiedenen Arten Atome als Elemente bezeichnete, sollte dieser Begriff den chemischen Eigenschaften der Materie vorbehalten bleiben. Die Aggregatzustände der Materie bezeichnen wir besser als Phasen und meinen damit ein homogenes Volumen einer bestimmten Massendichte.

Die Haupteigenschaft der Materie ist ihre Bewegung. πάντα ῥεῖ, panta rhei, alles fließt, stellte der griechische Philosoph Heraklit um 478 v. Chr. fest. Seine Flusslehre hat Platon dann so zusammengefasst:

> *»Alles fließt und nichts bleibt; es gibt nur ein ewiges Werden und Wandeln.«*

Heute sprechen wir stattdessen von *Dynamik*. Karl Marx und Friedrich Engels haben dann das Werden und den Wandel durch den idealistischen hegelschen Begriff der Dialektik ersetzt. Nun ist aber noch nicht jede Bewegung schon Dialektik, weshalb Friedrich Engels sein Manuskript von der *Dialektik der Natur*[13]) auch nicht vollenden konnte und so der dialektische Materialismus zwar Bewegungsgesetze in der menschlichen Gesellschaft beschrieben hat, aber bezüglich der Natur eine unvollendete Theorie geblieben ist, wenn man die Gesellschaft als Teil der Natur akzeptiert. Er hat das wichtige Wort ‚in‘ vergessen. Engels hätte über die Dialektik **in** der Natur philosophieren können. Dann wäre eine Lücke ohne Dialektik verblieben. Diese Lücke füllt die Physik. Sie ist die Lehre von der Dynamik der Materie.

In der ideologischen Auseinandersetzung zwischen Idealismus und Materialismus hat die Dynamik in der Physik einen schweren Stand. Für den Mainstream der Physiker soll doch alles besser statisch und symmetrisch bleiben. Das verwunderte

---

13 F. Engels – *Dialektik der Natur;*
    https://marxwirklichstudieren.files.wordpress.com/2013/07/einleitung_dialektik_der_natur.pdf ; (abgerufen am 21.02.2023)

mich nach der politischen Wende. Wurde uns doch da gesagt, die Wissenschaft sei frei.

Die Freiheit der westlichen Wissenschaftler war ebenso begrenzt wie in den von der marxistischen Lehre beherrschten Staaten. Man braucht nur die päpstlichen Dokumente wie die Enzyklika *Pascendi Dominici gregis* von Papst Pius X.[14]) aus dem Jahr 1907 zu studieren. Die Wissenschaft habe der jeweiligen Ideologie zu dienen und die daraus abgeleiteten Maßnahmen lasen sich im wesentlichen so, wie die Parteibeschlüsse der SED zur Unterdrückung der Meinungsfreiheit, lediglich die Anreden unterschieden sich. Wenn man die eigenen Denkgrenzen überschreitet, wird das auch schnell verständlich, da wir in einem dynamischen Gleichgewicht der Systeme in Ost und West lebten.

Wissenschaftler haben der jeweiligen Staatsreligion zu dienen, und zum Machterhalt passt nun mal Statik besser als Dynamik mit unbekanntem Ausgang.

In der Einleitung zur Enzyklika *Fides et ratio* von Papst Johannes Paul[15] aus dem Jahr 1998 wird noch einmal bekräftigt, dass Glaube und Vernunft wie die beiden Flügel seien, mit denen sich der menschliche Geist zur Betrachtung der Wahrheit erhebt. Irrtum! Fakten kann man betrachten und bewerten und diese Bewertung kann sehr unterschiedlich ausfallen. So teile ich a priori keine katholischen Wahrheiten.

Wahrheit ist eine Bewertung und kein Wissen.

---

14 Pius X - *Pascendi Dominici gregis;* https://fsspx.news/de/content/31910; Abs.46
    (abgerufen am 21.02.2023)
15 Johannes Paul - *Fides et ratio;*
    https://www.vatican.va/content/john-paul-ii/de/encyclicals/documents/hf_jp-ii_enc_14091998_fides-et-ratio.html

Niemand ist vor falschen Bewertungen geschützt. Um richtige Bewertungen vornehmen zu können, bedarf es gesicherten Wissens. Der einfachste Weg zum Wissenserwerb ist die Belehrung. Der sicherste Weg zum Wissenserwerb ist aber die Erfahrung.

Unser Wissen besteht aus überprüfbarer Belehrung und Erfahrung.

Wissen beginnt erst dort, wo der Glaube aufhört und rationales Denken beginnt. Wissenschaft muss ständig überprüft und hinterfragt werden, damit sich neue Erkenntnisse in sie logisch einfügen. Während der eine Flügel flattert, bleibt der Flügel des Glaubens in Ruheposition, um im Bilde von Papst Johannes Paul zu bleiben.

> Kommentar: Wie soll da eine Erhebung funktionieren? Ich habe dabei das Bild aus meiner Kindheit vor Augen, wie die Hühner meines Großvaters mit einem beschnittenen Flügel im Garten herum taumelten. Ich glaube, das würde heutzutage Tierschützer auf den Plan rufen. Gegen die Verstümmelung des menschlichen Geistes scheint es jedoch keinen Schutz zu geben.

Nach dem kleinen Ausflug in die Philosophie nun zurück zur Physik! Physik ist in erster Linie eine messende Wissenschaft. Deswegen besteht jede Maßgröße aus der Verknüpfung von Zahl und Maßeinheit, einer Quantität und eines Qualitätsbegriffes.

Die wichtigsten Grundbegriffe der Physik erklären ihre Basiseinheiten. Es gibt Grundbegriffe für statische und dynamische Messungen. Was wir im Augenblick der Messung als statisch erleben, ist nur eine Dynamik auf einer anderen Zeitskala.

Panta rhei, alles fließt!

Diese beiden Worte von Heraklit seien unsere Ausgangsposition. Damit wir Physik denken können, brauchen wir eine Klärung des Begriffes ‚alles'. Heraklit sprach auch von der Einheit aller Dinge. Damit meinte er ihre Abzählbarkeit. Aber mit der Abzählbarkeit steht auch die Idee der Teilbarkeit des Demokrit in Verbindung. Folglich ist ‚alles' etwas, was man weder abzählen noch beliebig teilen kann. Wir nennen die Einheit *Masse* im Gegensatz zu der *Menge* oder dem *Quantum*.

Der Begriff der Menge wurde von dem deutschen Mathematiker Georg Cantor in seiner Mengenlehre geprägt. Kant verwendete den alten Begriff *Mannigfaltigkeit*. Die Menge besteht im Gegensatz zur Masse aus abzählbaren Teilen oder Elementen.

Die Begriffe *Weltall, Masse, Materie* und auf der einen Seite stehen oft *Kraft* und *Geist* auf der anderen Seite als Synonyme gegenüber, was zu häufigen Verwirrungen führt.

Die herkömmliche Lehrmeinung ist:

1. Die Welt sei symmetrisch und geschlossen.
2. Die Welt habe einen absoluten Anfang mit absoluter Zeit und ein Ende im Wärmetod.
3. Die Welt sei mehrdimensional größer drei und dehne sich aus. (Sie bestehe aus den fünf Dimensionen: den drei räumlichen und der Zeit als unabhängige Dimension und einer göttlichen Dimension, in die sich die geschlossene vierdimensionale Welt wie ein Ballon ausdehnen könne.)
4. Es gäbe ein Multiversum aus Parallelwelten, die miteinander durch „Wurmlöcher" verbunden wären. Das wäre also der Plural von Weltall. Daran scheitert mein Sprachverständnis.
5. Zur Materie gäbe es aus Gründen der Symmetrie Antimaterie und zu Elementarteilchen gäbe es Antiteilchen. Auch hier habe ich Probleme im Sprachverständnis.

6. Das Bewusstsein dominiere die Materie und man könne die Welt mit einer „Theorie von Allem" beschreiben. (der deutsche Begriff ist Weltformel) Nach obigem Satz würde ich eine Antiwelt erwarten.
7. Die Relativität der Betrachtung sei eine physikalische Theorie.
8. Impulse werden als Teilchen verstanden.

Doch wie vertragen sich diese Sätze mit dem Grundsatz,
Panta rhei'
und was ist mit den Erfahrungen, die nicht mit den Belehrungen übereinstimmen?

Der Zweifel an solchen Belehrungen treibt die Erkenntnis voran. Aber nur dann, wenn wir bereit sind, die Grenzen von eingeübten Denkmustern zu überschreiten.

Wenn wir Physik neu denken wollen, brauchen wir ein **neues Paradigma**, eine Art neues Denkmuster oder neue Denkgrundsätze wie die folgenden:
1. Es ist nicht Aufgabe der Physik, die materielle Welt als Gesamtheit erklären zu wollen, da sie nicht als Gesamtheit zu erfassen ist.
2. In der materiellen Welt existieren ineinander verschachtelte offene Systeme, die ihre Eigenschaften über große Skalen vererben.
3. Physik ist die Lehre von den Bewegungen der Massen und Quanten in der unbelebten Natur.
4. Bewegungen setzen ein Potenzialgefälle voraus. Sie umfassen Elektro- und Thermodynamik, Hydro- und Aerodynamik sowie die Mechanik.

5. Nur statische Symmetrie beschreibt man mit Gleichungen.

6. Statt Symmetrie bestehen in den verschachtelten Systemen Ähnlichkeiten, die auf gleichartige Grundgesetze der Bewegung der Materie hindeuten.

7. Ähnlichkeitstransformationen enthalten Symmetrie-Transformationen. Sie sind mathematische Werkzeuge. Dagegen sind physikalische Transformationen Massentransporte durch von einander abgegrenzte materielle Phasen, also Dynamiken.

8. Dynamik beschreibt man am besten mit Algorithmen.

Wir wollen nun beginnen, die Grundlagen der Physik im Sinne des neuen Paradigmas zu durchdenken. Dabei knüpfen wir an Bekanntes an und werden die logischen Fehler der Heroen der theoretischen Physik des 20. Jahrhunderts herausarbeiten und versuchen, keine neue Denkfehler zu produzieren.

Die moderne Physik zeichnet sich durch ein bestimmtes eingeschränktes Schönheitsideal aus - die Symmetrie. Uns soll jedoch die Praxis Orientierung geben und die hat ein anderes Schönheitsideal als es die Physiker haben.

Als Jugendlicher war ich Mitglied der Lindenau-Malschule in meiner Heimatstadt. Dort wurde nicht nur gezeichnet und gemalt sondern auch Kompositionslehre gelehrt. Das ist die Lehre über den formalen Aufbau eines Kunstwerkes, und die Symmetrie ist da eher eine untergeordnete Gestaltungsregel. Seit dem der muslimische Großmogul Shah Jahan den Bau des Grabmals Taj Mahal zum Gedenken an seine im Jahre 1631 verstorbene große Liebe Mumtaz Mahal vollendet hatte, gilt Symmetrie als die

Verherrlichung des Todes, da sie die absolute Statik zum Ausdruck bringt.

In der Wertigkeit von Gestaltungsregeln steht dagegen der Goldene Schnitt viel höher auf der Schönheitsskala. Er war schon im alten Griechenland bekannt und wurde in der Renaissance wiederentdeckt. Das ist die stetige Teilung einer Strecke in zwei Teilstrecken, so dass sich die längere Teilstrecke zur kürzeren Teilstrecke wie die Gesamtstrecke zur längeren Teilstrecke verhält. Dazu wird eine blaue Strecke in Abb. 2 halbiert und auf der zweiten halben Strecke ein rechtwinkliges Dreieck mit der Schenkellänge der blauen Strecke errichtet. Die grüne Hypotenuse des Dreiecks beträgt dann √5/2. Klappt man dann diese Strecke in Richtung der Ausgangsstrecke, ist die Summe der blauen und roten Strecke $\frac{1}{2}+\frac{\sqrt{5}}{2}\approx 1,618$.

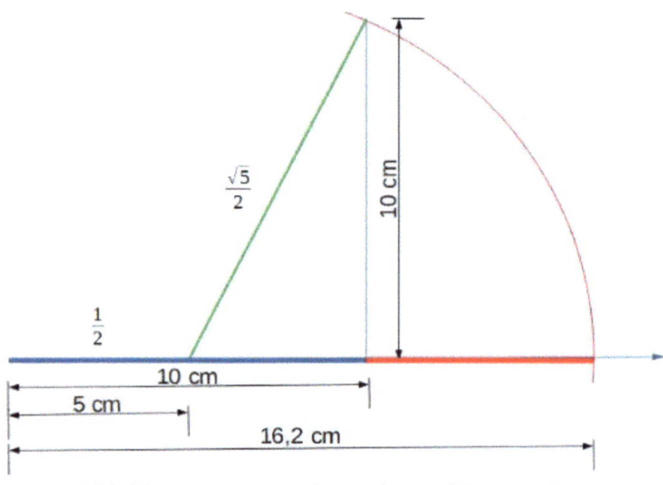

Abbildung 2: Konstruktion des Goldenen Schnitts

Die Konstruktion nach Abb. 2 wird als äußere Teilung nach Euklid bezeichnet.

Es gibt aber auch ein Verfahren der inneren Teilung nach Heron von Alexandria, wie Abb. 3 zeigt. Nimmt man nun den Ausgangspunkt der Teilung und schlägt mit dem Abstand der blauen Ausgangsstrecke als Radius in dem Quadrat einen Kreisbogen und teilt die senkrechte Kante des Quadrats wieder im Verhältnis 1,62, nimmt den Ausgangspunkt dieser Teilung wieder, um einen Kreisbogen zu konstruieren und fährt so fort, erhält man eine Spirale, die als ein natürliches Gestaltungselement überall zu finden ist und die nach Leonardo Fibonacci, einem italienischen Rechenmeisters des Mittelalters benannt wurde.

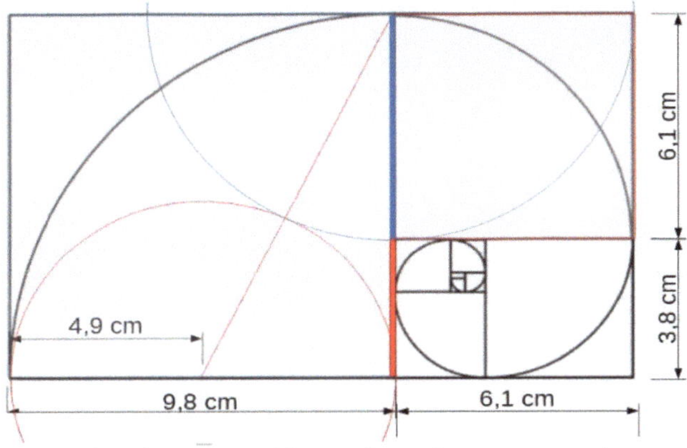

Abbildung 3: Goldene oder Fibonacci-Spirale

Das Pentagramm ist eines der ältesten magischen Symbole der Kulturgeschichte. Es steht in einer besonders engen Beziehung zum Goldenen Schnitt. Zu jeder Strecke und Teilstrecke im Pentagramm findet sich ein Partner, der mit ihr im Verhältnis des Goldenen Schnittes steht. [16])

---

16   A. Beutelspacher, B. Petri: *Der Goldene Schnitt.* 2., überarbeitete und erweiterte
       Auflage. Spektrum Akademischer Verlag, 1996, ISBN-13 : 978-3860254042
       S. 44–45.

Das Gestaltungselement des Goldenen Schnitts ist auch eines der Grundprinzipien in der Natur, weshalb wir es als ästhetisch empfinden. Wir finden es in der Form von Wirbelarmen in Galaxien bis hinunter in die Wachstumsprozesse von Lebewesen, wie wir in Abb.4 sehen können und sogar bis zu den Kristallstrukturen der Elemente. Wenn dieses Gestaltungsprinzip über so viele Größenordnung gilt, muss ein grundlegendes Naturgesetz dahinter stehen. Es drückt sich in der Ähnlichkeit der Strukturen über riesige Skalenbereiche aus, die sowohl den Makrokosmos als auch den Mikrokosmos umfassen.

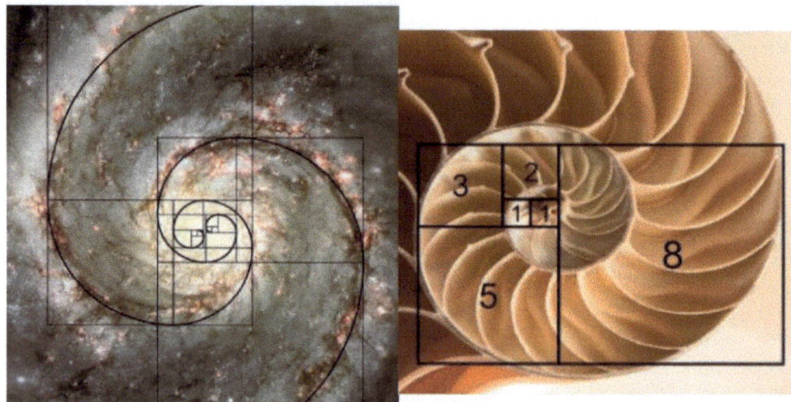

Abbildung 4: Die Goldene Spirale in der Natur   Quelle: D.   Gwiggner 2017

In der Kunst kann man den Goldenen Schnitt als Gestaltungselement für Dynamik und Harmonie benutzen. Offensichtlich kann die Dynamik in der Physik auch davon profitieren.

Dass Schönheit auch eine Sache der Ansicht im Auge des Betrachters ist, erinnerte ich mich, als ich vor dem Taj Mahal in Akra stand. So entschloss ich mich, das Grabmal nicht vom üblichen Standpunkt aus zu fotografieren, wo die Symmetrie dieses Totentempels zur Geltung kommt, sondern aus einem anderen Blickwinkel. In Abb. 5 habe ich über das Foto die Fibonacci-Spirale gelegt, um das Kompositionsprinzip der Harmonie sichtbar zu machen. Mathematisch ausgedrückt habe ich eine Transformation meines Standortes vorgenommen, um aus einer symmetrischen Abbildung eine asymmetrische Abbildung zu machen. Es handelt sich dabei um eine Ähnlichkeitstransformation.

Abbildung 5: Taj Mahal komponiert nach dem Goldenen Schnitt
- Quelle:M. Hüfner 2010

Die Relativitätstheorie versucht, mittels Transformation aus einer asymmetrischen Realität eine symmetrische Abbildung zu schaffen. Dagegen wäre noch nichts einzuwenden, aber man will uns glauben machen, dass dieses Bild die dinghafte Wirklichkeit sei und diese Transformation bei allen hohen Geschwindigkeiten anzuwenden wäre. Das erinnert mich an die Lügengeschichten vom Baron Münchhausen, der auf einer Kanonenkugel ins feindlich Lager geritten sein wollte, um es auszuspionieren.

Es mag Zufall sein, aber die Proportionen des Goldenen Schnitts findet man schon an der Venus von Willendorf aus der Wachau, einer etwa 30000 Jahre alten Statuette (Abb. 6). Auch wenn der

Zeitgeschmack sich über die Jahrtausende geändert hat, kann man eines davon ablesen:

Schönheit ist das Versprechen auf Fruchtbarkeit.

Breite Hüften und große Brüste gelten auch nach 30000 Jahren bei Frauen als Schönheitsideal. Schönheitschirurgen werden das bestätigen können. Brust- und Gesäßvergrößerungen sind bei Frauen unserer Zeit die angesagtesten Schönheitsoperationen.

Für die Physik ist daraus abzuleiten, eine schöne Theorie ist eine solche, die sich in der Praxis bewährt und viele Anwendungen hervorbringt.

Welche Theorie wird danach wohl den Preis der Schönheitskönigin erhalten? – die Maxwellsche!

In diesem Büchlein wollen wir mit unserem neu gewonnen Schönheitsideal Schritt für Schritt eine realistische Sicht auf die Physik zurückgewinnen, die im 20. Jahrhundert der Mehrzahl der Physiker abhanden gekommen ist.

Es schadet nicht, wenn der fortgeschrittene Leser das angelernte Wissen erst einmal vergisst, um es in neuem Zusammenhang wieder zu entdecken.

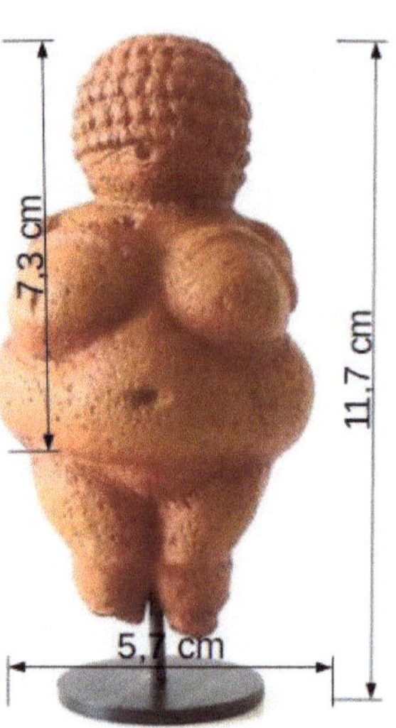

Abbildung 6: Venus von Willendorf 11,7÷7,3=1,6
Foto: Museumsreplikat Willendorf

Beginnen werden wir im Teil 1 mit den Grundbegriffen der Physik, um sie dann im Teil 3 in den drei Theorien über die Dynamik, in der Elektrodynamik, in der Thermodynamik und der Mechanik anzuwenden. Im Teil 2 beschäftigen wir uns damit, wie und warum die Physik sich von der Kausalität abgewandt hat.

Teil 1 Grundbegriffe der Physik

1.1 Die Masse

»Jeder Rationalist muss mit Kant sagen: Die Philosophie kann man nicht lehren - höchstens das Philosophieren; das heißt, die kritische Einstellung.« Karl Popper

Seit dem großen französischen Denker René Descartes teilen wir die Welt in die innere geistige Welt und die äußere materielle Welt. Folglich bezeichnen wir das Äußere als Materie.

Materie unterteilt sich in Masse und eine physikalische Kraft, (in der Folge nur als Kraft bezeichnet), wobei wir diese Kraft nur an der Bewegung der Massen gegeneinander erkennen und sie ihre Ursache in den Elementarladungen hat. Insofern kann man die alten philosophischen Denkmuster nicht so einfach auf die Physik übertragen, weshalb die moderne Physik keine brauchbare Antwort geben kann, was Masse ist. Sie faseln da von einem Higgs-Feld und komplizierten Gleichungen.

Das ist insofern schlimm, weil die Masse der zentrale Begriff der Physik ist. Man liest:

»Die Masse gibt an, wie leicht oder schwer und wie träge ein Körper ist.«

Das erklärt die Wirkung der Masse aber nicht die Masse selbst! Masse wird hier mit Kraft verwechselt.

Wenn ich zum Baumarkt fahre, um Schrauben zu kaufen, habe ich die Möglichkeit, sie nach Sorten auszuwählen und nach meinem Bedarf abzuzählen und alle zusammen in eine Tüte zu packen. Doch an der Kasse macht man sich nicht die Mühe, mein Schraubensortiment aus der Tüte nachzuzählen. Die Tüte wird einfach auf eine Waage gelegt, um die Masse zu ermitteln, denn der Preis für ein Sortiment ist in Kilogramm angegeben.

Ich habe die Menge meines Schraubenbedarfs abgezählt. Wenn man auf Zählen verzichten muss, wird die Masse bestimmt.

Bei der Masse geht es darum:

Abbildung 7: Ägyptisches Relief aus der Zeit um 2500 v. Chr. - Quelle; Orientalisches Institut der Universität von Chicago

Wie kann ich einen nicht abzählbaren Stoff doch abzählbar machen?

Man muss die Masse mit einer anderen Masse vergleichen, indem man beide Massen an einen Balken hängt, um den Einfluss der Schwerkraft zu eliminieren und beide Massen auszubalancieren, sie in eine Beziehung mit vereinbarten Masseneinheiten zu bringen, die dem Vergleich mit meiner unbekannten Mas-

38

se dienen. Davon bekommt man heutzutage an einer Kasse nichts mehr mit. Das ist uraltes Kulturwissen, was offensichtlich in der Neuzeit verloren gegangen ist.

Wir finden in den antiken Hochkulturen bildliche Darstellungen von Balkenwaagen, Die ältesten bekannten Abbildungen von Waagebalken mit Gewichten stammen aus dem Grab des Hesyre, (Abb. 7) eines hohen ägyptischen Beamten aus der Zeit um 2650 v. Chr.[17]) Möglicherweise war die Balkenwaage schon viel früher im Gebrauch. Beim Übergang zur Sesshaftigkeit des Menschen und der Getreideproduktion als Lebensgrundlage stand man vor der Notwendigkeit, die Dinge des Lebens abzählbar zu machen. Es musste das Land für den Anbau des Getreides aufgeteilt werden, der Zeitpunkt von Aussaat und Ernte bestimmt werden und das Erntegut verteilt werden. Die Balkenwaage stellte eine Beziehung zwischen der Masse des geernteten Korns und vereinbarten Gewichten her. So wurde die unzählbare Masse der Getreidekörner in zählbare Masseneinheiten überführt. Masse ist ein sehr abstrakter Begriff, hinter dem sich alle möglichen Stoff-Teilchen verbergen können.

Es müsste daher stets ‚*Masse von ...*' heißen.

Dabei stehen die drei Punkte hinter *von* für eine Stoffqualität, die in der Physik nicht von Interesse ist und auf eine Ursubstanz zurückgeführt wird.

So beantworteten schon im 5. Jahrhundert v. Chr. Leukipp und Demokrit die Frage nach dem kleinsten Teilchen, was nicht mehr teilbar ist, dem Atom (griechisch *átomos*, das Unteilbare).

---

17 H. R. Jenemann - *Zehntausend Jahre Waage?, in: Maß und Gewicht* ,16/1990, S. 470-487

Demokrit war der Schüler von Leukipp, der eigentlich den Atomismus begründete. Demokrits zentrale Aussage dazu lautet:[18]

»Nur scheinbar hat ein Ding eine Farbe, nur scheinbar ist es süß oder bitter; in Wirklichkeit gibt es nur Atome und leeren Raum.«

Nach Demokrit unterschieden sich die Atome quantitativ in Form und Größe, waren aber aus derselben Ursubstanz und haben scheinbar eine Struktur. Nur dafür interessierte sich die Physik über Jahrhunderte nicht. Dafür gab es die Geometrie.

Doch leerer Raum? Nennen wir ihn doch besser die ‚Intimzone‘ des Atoms. Es ist der Bereich, in dem sich das Atom entsprechend seines Bewegungsdranges aufhält und die Distanz zu seinen Nachbarn auf Grund seiner elektrischen Eigenschaften wahrt.

Das 20. Jahrhundert bescherte uns die Erkenntnis, dass die Atome weiter teilbar sind. Als stabile Elementarteilchen wurden trotz intensiver Suche allerdings nur negativ geladene Elektronen und positive Protonen identifiziert. Aber dann endete ihre Teilbarkeit trotz größter Anstrengungen der Hochenergiephysik.

Doch dazu später.

---

18   W. Capelle: *Die Vorsokratiker,* Fragmente und Quellenberichte - Leipzig: Kröner, 1935. (Kröners Taschenausgabe Band 119) - S. 135

1.2 Zur Erfindung der Zeit

Der Begriff ‚Zeit' stammt ursprünglich aus dem Altgriechischen χηρονοσ ‚chronos'. Man findet heute noch den Begriff Chronometer für eine Uhr. Chronos war der Sohn von Gaia der Erdgöttin und Uranus dem griechischen Himmelsgott, und er war in der Götterwelt für die Landwirtschaft zuständig. Für Aristoteles war Zeit das Maß der Bewegung und Veränderung. Im Germanischen kommt das Wort von ‚tide', dem Zyklus von Ebbe und Flut.

Zeit ist das Intervall zwischen zwei zyklischen Ereignissen, wie zum Beispiel dem Sonnenaufgang und dem Sonnenuntergang an einem bestimmten Ort oder dem Takt einer Schwingung. Ihre Basiseinheit ist die Sekunde. Laut Schweizerischer Physikalischer Gesellschaft gelang es erstmals 1585 Jost Bürgi eine Uhr mit Sekundenzeiger zu konstruieren.

Die Erfindung der Zeit begann jedoch mit einem viel größeren Zeitintervall, dem Kalender. Das Wort ist abgeleitete vom Lateinischen Wort ‚calare' - ausrufen. In der römischen Antike wurde der erste Tag eines Monats ausgerufen. Die Kalenderberechnung beruht auf den Beobachtungen der Bewegung von Mond und Sonne, der Zählung der Mondphasen und der Sonnenaufgänge.

Der Kalender, wie wir ihn in der Gegenwart kennen, ist der Ursprung des Zeitmaßes. Da unserer Zeitmaß sexagesimal eingeteilt wird, geht es auf die Babylonier zurück, die das Jahr in 360 Tage eingeteilt haben. Doch seine Ursprünge liegen im Dunklen der Geschichte. Anhand von archäologischen Funden können wir jedoch seine Entwicklung in groben Zügen rekonstruieren.

Zur Beobachtung der Zeit brauchte der Mensch einen festen Beobachtungsort. Der erste feste Bezugspunkt der Menschen beim Übergang zur Sesshaftwerdung war eine Wasserquelle in Form eines Brunnens, der durch einen Steinkreis gesichert wurde. Damit hatte man den ersten Beobachtungsort, um die Bewegung der Gestirne zu beobachten. Je größer diese Steinkreise wurden, desto genauer konnte man die Bewegung der Gestirne beobachten. Gleichzeitig konnte man beginnen zu zählen und die Bewegung der Gestirne in Beziehung zum irdischen Leben zu setzen. Diese Beziehung brachte Ordnung und Struktur in das Leben der Menschen.

Was wir Zeit nennen, ist also eine Ordnungsrelation zwischen zwei Bewegungszyklen.

Noch heute finden wir in archäologischen Hinterlassenschaften aus den antiken Hochkulturen der Flusslandschaften von Ägypten bis zum Indus Zeugnisse aus dieser Epoche, die bis zu 10.000 Jahre zurückreicht. Das Paradies der Bibel wird auch ‚Garten Eden‘ genannt. Im Sumerischen bedeutet ‚edin‘ die Steppe, womit ein Grünland mit domestizierten Tieren gemeint war, und zur Tränke von Tier und Mensch waren Brunnen nötig.

In den kulturellen Anfängen beschäftigte die Menschen insbesondere die Geburt und die Existenzsicherung. In der Zeit des Übergangs vom Jagen und Sammeln zur Sesshaftigkeit etwa vor 9500 Jahren in Kleinasien sahen die Menschen einen Zusammenhang zwischen Mond als Wettermacher, dem Mutterleib als dem Ursprung des Lebens und dem Stier als der männlichen Kraft, wobei die Hörner des Stiers als die Mondsichel gedeutet wurden. Der Stierkult wurde besonders in der kretischen Kultur gefunden. Der Mondkalender verbreitete sich insbesondere in den Kulturen Kleinasiens bis Persien. Selbst in der Bibel findet man noch Spuren davon. Wenn man das Sterbealter von Adam,

Methusalem und Noah aus dem Alten Testament entnimmt, das im Durchschnitt mit 950 Jahren angegeben wird, als Mondphasen annimmt, und diese in Jahre umrechnet, kommt man auf ein Alter von 79 Jahren. Der Stoff dieser Geschichten stammt aus Mesopotamien. Auf Moses kann man diese Umrechnung dagen nicht anwenden. Seine Geschichte stammt aus Ägypten, wo der Sonnenkalender galt. Er soll der Sohn der Pharaonin Hatschepsut gewesen sein und eine hebräische Amme gehabt haben. Andere Quellen verorten Moses in die Zeit der Herrschaft Echnatons etwa einhundert Jahre später.

Archäologen konnten nachweisen, dass um 6000 v. Chr. die Menschen begannen, in den bis dahin schwach besiedelten Ebenen der Flusstäler des südlichen Vorderasiens Viehzucht zu betreiben. Dadurch und durch den ca. 10000 v. Chr. aufkommenden Ackerbau wurde es möglich, mehr Menschen zu ernähren. Doch dazu wurde die Bestimmung des besten Zeitpunktes für die Aussaat notwendig.

Die freiwerdenden Kapazitäten konnten für Handel, Handwerk und Bautätigkeit eingesetzt werden. In Sachsen-Anhalt fand man in der Nähe von Gosek eine 7000 Jahre alte Kreisgraben-Anlage, die mit Holzpalisaden gebaut war, ohne das da ein Brunnen gefunden wurde, die bereits dem Zweck der Sonnenbeobachtung diente. Die Doppelreihen von Holzpalisaden hatten Tore, die vom Beobachtungszentrum nach dem Sonnenaufgang und Sonnenuntergang der Sommer- und Wintersonnenwende ausgerichtet waren. (Abb. 8)

Durch die Beobachtung hatte man in Mesopotamien schon ein Jahr von 12 Mondphasen mit 30 Tagen gefunden. So ergab

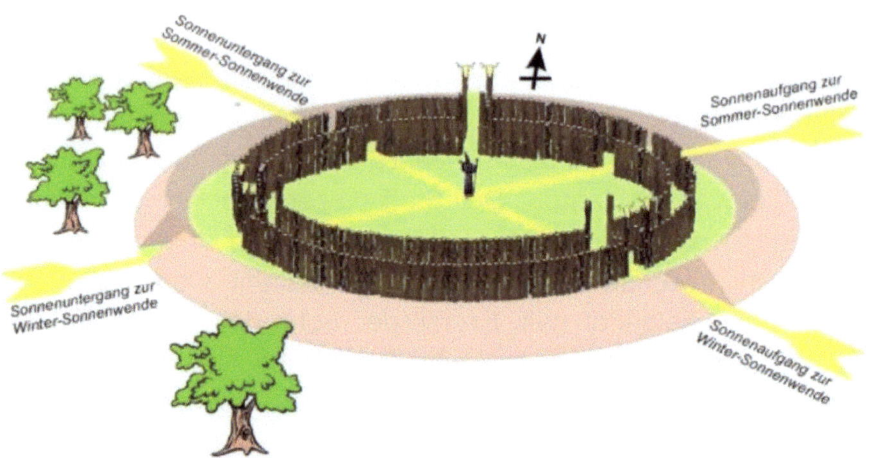

Abbildung 8: Das Sonnenobservatorium in Goseck   Sachsen-Anhalt –
Quelle: Böttner Lène ;
https://das-universalprinzip-buch.de/newsletter/weihnachten.php
(abgerufen am 22.02. 2023)

ein Jahr 12 Monde mal 30 Tage einen Sonnenkreis zu 360 Tagen. Das war nun aber eine recht ungenaue Zeitangabe und dieser Kalender stimmte mit dem wahren Sonnenkreis nicht überein. Eine der ältesten Kulturen mit einer Zeitrechnung über einen Sonnenzyklus finden wir im Niltal. Für die Aussaat dort war die Zeit der Nilschwemme von immenser Bedeutung. Da der Mondkalender sich nicht mit dem Nilhochwasser synchronisieren ließ, musste eine andere Art der Zeitbestimmung gefunden werden.

Die nach der Jahrtausendwende entdeckte Kultstätte in Napta Playa im Süden Ägyptens 100 km westlich von Abu Simbel wurde vor mindestens 6000 Jahren errichtet und ist damit der älteste bekannte astronomische Steinkreis, der zur Bestimmung der Sommersonnenwende in Ägypten diente. Auf diese Weise fand man den Sonnenzyklus des Jahres.

Es gab vor etwa 5000 Jahren auf der geographischen Breite von Memphis einen Stern, der am Tag der Sommersonnenwende sich zusammen mit der aufgehenden Sonne zeigte und genau an diesem Tag begann das Wasser im Nil zu steigen. Damit konnten die Ägypter die Länge eines Jahres zu 365 bestimmen. Der Stern erhielt den Namen Sopdet (Sirius) oder griech. Sothis bzw. Satis. Damit war das Sothisjahr entstanden, das im Mittel mit 365,25 Tagen in etwa dem julianischen Kalender entsprach. Die Ägypter teilten das Jahr jedoch nicht in Monate ein, sondern zunächst in drei Teile: die Zeit der Überschwemmung - Achet, die Zeit der Aussaat – Peret und die Zeit der Ernte – Schemu ein.

Abbildung 9: Sopdet mit Nilschlüssel Quelle: Wikipedia

Sopdet wurde als eine Gottheit eingeführt. Im Nutbuch [19]) lesen wir dazu:

> *»Was getan wird am 1. Achet angesichts des Hervorkommens von Sopdet: Alle Sterne entstehen durch das Hervorkommen der Sopdet. Es ist doch so, dass Sopdet gemeinsam mit Re beim Aufgang erscheint und den Weg der Sterne zieht, der beschrieben ist im Buch der Auflösung.«*

Sopdet war gleichzeitig Schutzgöttin des verstorbenen Pharaos und sie half ihm bei seinem anschließenden Himmelsaufstieg und sitzt mit ihm im Boot, wenn er täglich über den Himmel gleitet (Abb. 10). Somit ist Sopdet auch die Göttin der Fruchtbarkeit, Wiedergeburt und des Ursprungs der Welt. Doch der Stern

---

19 A. von Lieven – *Grundriss des Laufes der Sterne – Das sogenannte Nutbuch.* Kopenhagen 2007, S. 61.

Sopdet (Sirius) wanderte weiter und somit verlor sie in den Jahrtausenden ihre Bedeutung für die Synchronisation der Jahreszeit.

Abbildung 10: Die Sterne-tragende Himmelsgöttin Nut, gestützt vom Luftgott Schu, erhebt sich über den liegenden mit Schilf bewachsenen Erdgott Geb, der den lebenden Pharao stützt. Aus der Dunkelheit kommend, gleitet über den Himmel die Sonne Re im Himmelsboot begleitet von Sopdet. Sirius geht gerade auf und der Mond geht unter.

Schließlich wurde im römischen Reich der Julianische Kalender im Jahr 45 v. Chr. eingeführt, der auf Julius Cäsar zurück geht, nachdem er Ägypten erobert hatte.

Die Tageslänge wurde von Sonnenauf- und Untergang dann über tausend Jahre bestimmt. Die Tageszeit wurde mittels Sonnenuhren unterteilt und für die Nacht waren Stundengläser und Kerzen im Gebrauch. Unser Zeitverständnis geht auf den Energiefluss des Lichtes zurück, und hat damit eine energetische Struktur.

*Abbildung 11: Foliot -
Quelle: Wikipedia*

Bereits im Mittelalter wurde die genaue Einteilung des Tages immer dringender. So kamen mechanische Uhren in Gebrauch, die Räderuhren mit Kronenrad-Hemmung und später mit Pendel und Anker. Sie zeigten anfangs nur die Stunden an.

Eine Drehwaage mit einer Rückholfeder und einer Kronenrad-Hemmung ist die früheste bekannte Art mechanischer Hemmung, auch Foliot genannt. Als Antrieb dienten Gewichte. (Abb. 11) Die Kronenrad-Hemmung in einer mechanischen Uhr hat die Aufgabe, die Geschwindigkeit der Uhr zu steuern, indem sie dem Räderwerk erlaubt, in regelmäßigen Intervallen oder „Ticks" vorzurücken. Ihr Ursprung ist unbekannt. Kronenrad-Hemmungen wurden vom späten 13. Jahrhundert bis Mitte des 19. Jahrhunderts in Uhren und Taschenuhren verwendet.

Vor dem Kronenrad befindet sich eine vertikale Stange mit zwei Metallplatten, den Paletten, die an gegenüberliegenden Seiten in die Zähne des Ankerrads eingreifen und es hemmen. Die Paletten sind nicht parallel, sondern mit einem Winkel so an der Stange befestigt und ausgerichtet, sodass jeweils nur eine der Paletten die Zähne erfasst. Dies ist der Zeittakt der mechanischen Uhr.[20]

---

20   https://en.wikipedia.org/wiki/Verge_escapement (abgerufen am 23.02.2023)

Zeit war also nie eine kontinuierliche Größe, sie war immer diskret gequantelt, da sie auf dem Zählen von Zyklen beruht.

Moderne elektrische Uhren haben einen Schwingquarz als Taktgeber. Das bewirkt eine feinere Quantelung und eine höhere Ganggenauigkeit. Zeit ist also das Intervall zwischen zwei Ereignissen. Das Intervall nennen wir Takt. Die Idee, dass die Zeit kontinuierlich sei, kommt aus der Infinitesimalrechnung mit ihrer Forderung nach Stetigkeit. Die Zeitdefinition wurde den Bedürfnissen der gängigen Mathematik angepasst. Zeit ist relativ, denn sie steht immer in Relation zu einem bestimmten Ort. Das Missverständnis, dass Zeit von der Erdbewegung unabhängig sein könne, kam wahrscheinlich erst zu Beginn der Einführung des künstlichen Lichts in die Arbeitswelt auf.

Physikalisch wird Zeit durch einen getakteten Energiefluss oder als Energiequanten ausgedrückt. Als Max Planck das zum ersten Mal 1895 in der Formel

$$E = h_e \cdot \nu \qquad\qquad (1.01)$$

ausdrückte, erschütterte das die Welt der Physik, obwohl mechanische Uhren schon seit dem Mittelalter nach dem gleichen Prinzip wie Atomuhren arbeiteten, nur dass ihr Wirkungsquantum wesentlich größer war und ihre Taktfrequenz viel geringer.

Dass Elektronen in den Atomen nach dem gleichen Prinzip funktionieren, war für die in der Elektrotechnik unkundigen Physiker zur damaligen Zeit ungeheuerlich, so dass sie die alten Prinzipien der Kausalität über Bord warfen, weil »...*ihnen die folgerichtige Anwendung der damals bekannten Naturgesetze nicht zu sinnvollen Resultaten zu führen schienen*«, wie Werner Heisenberg in seinen Erinnerungen zur Geschichte der Quantentheorie schrieb [21]).

---

21   W. Heisenberg - *Physik und Philosophie* S.47 S. Hirzel Verlag Stuttgart, 2000
     ISBN 978-3-7776-2153-1

Das Wesen der Zeit wird auch in Zukunft ein Streitthema der Philosophen bleiben. Als Materialist sehe ich die Zeit als eine geistige Ordnungsrelation zwischen Energiequanten und natürlichen Zahlen, ohne die wir Bewegungsabläufe in unserem Bewusstsein nicht abbilden könnten.

Ich werde oft nach dem Anfang der Zeit gefragt. Natürlich kann man ein Anfangsereignis definieren, aber ein Anfang von etwas Neuem ist gleichsam das Ende vom Vorangegangenen. Unser abendländisches Denken hat hier ein Problem, was die indische Philosophie nicht hat. Sie verstand Zeit schon vor mehr als dreitausend Jahren als einen Zyklus von Werden und Vergehen. Wenn wir diese Idee mathematisch abstrahieren, können wir sagen:

Zeit ist der Ausdruck einer fraktalen Ähnlichkeit auf verschiedenen Skalen, wenn man sie mit einer Projektion einer Schwingung auf eine eindimensionale Menge zwischen 0 und 1 mal 2π vergleicht, die positiven Werte der Schwingung 1 setzt und die negativen Werte der Schwingung 0 setzt. Das Ergebnis ist dann in unserer modernen Informationsgesellschaft genau 2 Bit.

Abbildung 12 ist unser Uhr-Zeitmodell. Stellen wir uns die Erde als den roten Pfeil vor, erhalten wir als $\pi/4$ jeweils eine Jahreszeit oder aber als den mittleren Nacht-Tag-Rhytmus mit einer Länge von π auf einer anderen Skala. Alle anderen Zeitabläufe sind durch Ähnlichkeitstransformationen aus diesem Modell entstanden. Es ist also müßig, danach zu fragen, wann die Zeit begann. Sie begann, als wir uns ihrer bewusst wurden, weil sie einer menschlichen Idee entsprang, einer Idee, die auf dem Energiefluss der Sonnenstrahlen beruht. Man kann in einem Kreis mit

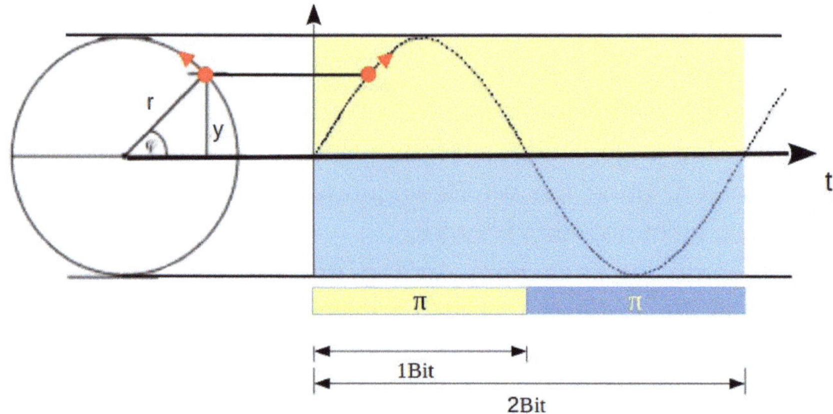

Abbildung 12: Zeitmodell - Ereignis: Nulldurchgang

dem Radius *r* = 1 ein Ereignis wählen und von da ab Zyklen der Länge 2π zählen und sie mit unserer Zeitskala ins Verhältnis setzen, bis man ein weiteres Ereignis als den Abschluss dieser Zykluskette definiert. Dann ist die Anzahl der Zyklen die Zeit, die zwischen zwei Ereignissen vergangen ist. So haben wir eine Datumsgrenze und eine Einteilung in Zeitzonen auf der Erde eingerichtet. Zeit ist relativ. Moderne Astrophysiker glauben an eine absolute Zeit nach dem der Startpunkt ein Urknall gewesen sein soll, den der jüdische Gott Jahwe durch seinen Ausspruch *„Es werde Licht"* ausgelöst haben soll. Inzwischen sollen darüber 13,8 Milliarden Jahren vergangen sein. Doch zu diesem gedachten Zeitpunkt gab es weder ein Zeitmaß noch die Idee von Jahwe. Solche pseudowissenschaftliche Erklärungen halten einer fundierten Kritik nicht stand.

Im indischen Kulturkreis hat man die Zyklen nicht gezählt, da man glaubte, dass sowieso jeder Mensch in anderer Gestalt wiedergeboren würde. Dort bestand das Trachten darin, aus diesem Zyklus heraus zu kommen. Nach diesen Vorstellungen haben zwei Götter, Vishnu und Shiva den Zyklus von Werden und Vergehen gesteuert.

Als das größte Kuriosum fand ich in der relativistischen Theorie die Erfindung der Raumzeit, dass Raum und Zeit voneinander unabhängig seien, was bedeuten würde, dass die Zeit senkrecht auf dem Weg stehen würde, weshalb dann alle Ortsveränderungen ohne Zeitverlust wie Magie erfolgen würden. Alle Geschwindigkeiten wären dann unendlich. Also man startet 12.00 Uhr in Berlin und landet 12.00 Uhr in New York. Aber die Borduhr zeigt eine vergangene Zeit von 6 Stunden an und jeder Fluggast hat das auch so empfunden.

Nur würde ich nicht daraus den Schluss ziehen, dass Zeit unabhängig vom Ort wäre. Wenn wir uns die Einheit der Zeit anschauen, stellen wir fest, dass wir zwar von Zeit als einem Zeitpunkt wie von einem Ort sprechen, aber unsere Maßeinheit Sekunde beschreibt ein Intervall zwischen zwei Orten auf der Uhr. Während ein Ort statisch ist, drückt der Drehwinkel mit seinen beiden Schenkeln auf der Zeitachse in Abb. 12 die Dynamik aus. Das sind zwei völlig verschiedene Qualitäten.

Zeit ist der Abstand zweier Ereignisse in Bezug auf den Erdumlaufzyklus

In der Informatik ist das Zeitmaß zwischen den Ereignissen hell und dunkel gerade ein Bit. In der Anfangszeit der Rechentechnik habe ich noch die Lampenregister des Computers zwecks Fehleranalyse der Algorithmen beobachtet.

1.3 Die Ur-Elle als erste Längeneinheit

Während die Priester des alten Ägyptens und Mesopotamiens ihre Augen zum Sternenhimmel erhoben, um den Kalender zu berechnen und den Himmel mit Göttern zu bevölkern, benötigten sie für sehr irdische Zwecke stabile Längenmaße, nämlich um damit der irdischen Bevölkerung Agrarland zur Bewirtschaftung zuzuweisen und um Gebäude zu errichten.

Ein Großteil des altägyptischen Maßsystems basiert auf demjenigen Mesopotamiens und hatte starken Einfluss auf das griechische System. Ein Kupferstab über 5000 Jahre alt, die *Nippur-Elle*, das älteste bekannte Referenzmaß definiert die sumerische Elle zu 518,6 mm, die im dritten vorchristlichen Jahrtausend weit verbreitet war. Diese konnte in 30 Teile (Fingerbreiten = Ubanu, Ninda, Digitus) unterteilt werden. Die Nippur-Elle ist daher der älteste uns überkommene Maßstab. Im Verlaufe jahrzehntelanger Forschung hat sich herausgestellt, dass sich aus dieser ältesten Längeneinheit alle anderen vormetrischen Längeneinheiten ableiten lassen. Für das verbindliche Längenmaß stellte der Herrscher einen Prototyp bereit.

Von der Projektgruppe *Maße - Musik - Mathematik* (MMM) wurden weltweit 872 dingliche Maßstäbe (Skalen) gesammelt. Rechnet man aus ihnen auf die Nippur-Elle zurück, erhält man eine Länge von 518,30 mm ± 0,87 mm bei einem Variationskoeffizienten von 0,168 %.[22] Davon leitet sich der Fuß zu 16 Finger ab.

Im Mittelalter variierte die Länge der Elle in den einzelnen europäischen Staaten beträchtlich. Nach dem Beginn der Koloniali-

---

22 Die mathematische Behandlung aufgemessener Längen zur Rückgewinnung der alten Maßeinheit ; Rottländer, Rolf C. A.. (1991) - In: Ordo et mensura 1 S. 52-64

sierung von Amerika nahm der Seeverkehr über den Atlantik zu, und dazu war eine zuverlässige Navigation unerlässlich. Vor der Entdeckung Amerikas verliefen die Schiffsrouten alle in Küstennähe. Einen Monat auf offener See ohne Orientierung in Ost-West-Richtung war schon ein großes Abenteuer, dass mitunter ein tödliches Ende nahm. Für große Distanzen war die Angabe in Ellen nicht geeignet. Da griff man auf die Zeitmessung zurück, wie noch heute an alten Postsäulen zu lesen ist. Ganz besonders wichtig war eine genaue Zeitmessung für die Seefahrt.

Obwohl schon Johannes Kepler einen Sextanten zur Messung von Sternpositionen benutzte, wurde erst Mitte des 18. Jahrhunderts ein Sextant entwickelt, mit dessen Hilfe auf hoher See die geografische Breite mit großer Genauigkeit durch Messen der Höhe der Sonne über dem Meeresspiegel bestimmt werden konnte. So war es möglich, die Mittagslinie, den Meridian zu bestimmen, wenn man eine genaue Uhrzeit hatte und eine Referenzzeit. Mit Hilfe von Breitenkreisen und Längenkreisen, also den Mittagslinien kann man jeden Punkt auf der Erde genau bestimmen. Damit wurde es erst möglich, Küstenlinien genau zu bestimmen, was für die Seefahrt und den Fernhandel wichtig war. Nur waren die bis dahin gebräuchlichen Pendeluhren für die Seefahrt untauglich.

Das englische Parlament hatte deshalb 1714 mit dem *Longitude Act* bis zu 20000 Pfund Preisgeld für eine praktikable Lösung des *Längenproblems* ausgelobt.[23] John Harrison, ein engli-

---

23 Wichtigkeit und wirtschaftliche Tragweite des Problems lassen sich daran
    abschätzen, dass ein einfacher Arbeiter damals rund 10 Pfund im Jahr verdiente

scher Uhrmacher, nahm sich des Längenproblems an. Aber erst sein viertes Model von 1759 genügte den Ansprüchen. Der Chronometer war mit 13 cm Durchmesser und 1,45 kg Gewicht weitaus kleiner und leichter als jedes seiner früheren Stücke. Prinzipiell konnte man nun mit der Vermessung der Erde beginnen. Carl Friedrich Gauß hatte zwar schon die Methode der Triangulation erarbeitet und im Königreich Hannover von 1721 bis 1725 erfolgreich erprobt, aber es fehlte eine international verbindliche Längeneinheit.

So wurde am 26. März 1791 von der verfassunggebenden Versammlung in Paris auf Vorschlag der französischen Akademie der Wissenschaften die Einführung einer universellen Längeneinheit beschlossen. Diese sollte sich am Erdmeridian orientieren, denn inzwischen sollte die Erdoberfläche exakt vermessen werden. Dieses Längenmaß sollte der zehn-millionste Teil der Strecke vom Pol bis zum Äquator sein. Dazu sollte der Meridianbogen von Dünkirchen bis Barcelona von zwei französischen Astronomen neu vermessen werden.

Als Ergebnis wurde 1793 das Meter eingeführt und das darauf basierende System hat sich bei uns durchgesetzt. Das sogenannte Urmeter von 1799 ist ein Platinstab, der einfach genau bestimmt, was ein Meter ist. Während aus dem Altertum das Sexagesimalsystem auf die Winkelteilung übernommen wurde, sind sowohl das Kilogramm als auch das Meter dezimal geteilt.

Das führte 1832 über die Jahrhunderte zum ersten weltumspannenden standardisierten Einheitensystem der Physik, dem **c**entimeter-**g**ramm-**s**ekunde-System, das mit dem Namen des großen Mathematikers Carl Friedrich Gauß verbunden ist. Es

und ein seegängiges Schiff mittlerer Größe etwa 2000 Pfund kostete. Das Preisgeld entspräche heute einem größeren zweistelligen Millionenbetrag.

vereinheitlichte die Einheiten für Masse, Strecke und Zeit. Ebenso wie die Masse mussten Strecke und Zeit als Relationen zwischen einer Standardeinheit und der zu messenden Einheit fest vereinbart werden. Es gab eine Unmenge von Maßsystemen, innerhalb politischer Einheiten, bis man sich auf das dezimale metrische System einigte, was man in Frankreich im 18. Jahrhundert entwickelt hatte. Damit kam eine wichtige Entwicklungsetappe zu einem Abschluss. Bessere Vergleichsmöglichkeiten zwischen den regionalen Unterschieden in der Nahrungsmittelproduktion regten zur Intensivierung der Landwirtschaft an, was wiederum Arbeitskräfte mit Erfindergeist freisetzte. So stimulierte die Physik die Voraussetzung für die erste Stufe der industriellen Revolution, weil sie die theoretische Grundlage für die Entwicklung der Technik gab.

In der Gegenwart benutzen wir das **M**eter-**K**ilogramm-**S**ekunde-System. Es handelt sich um ein absolutes metrisches System mit den drei Basiseinheiten zur Durchführung von Messungen. Im Fortgang der industriellen Revolution kamen weitere Basiseinheiten hinzu. Doch ehe wir uns mit ihnen beschäftigen können, müssen wir die ersten Beziehungen besprechen, die diese drei Basiseinheiten miteinander eingehen können.

1.4 Abhängigkeiten, Kausalität und Krümmung

»Die Philosophie ist ein Kampf gegen die Verhexung unseres Verstandes durch die Mittel unserer Sprache.«   Ludwig Wittgenstein

Wenn der Vollkreis an der himmlischen Uhr in 360 Tage zu 12 Monden zu je 30 Tagen analog zum mesopotamischen Jahr eingeteilt ist, erhalten wir mit 30°, 60° und 90° eine Winkelsumme von 180° und dazu ein rechtwinkliges Dreieck. Eine Zeigerlänge (Vektor) kann man dann durch zwei andere von einander unabhängige Zeigerlängen $\vec{x}, \vec{y}$ beschreiben, indem man ein rechtwinkliges Dreieck mit den Kantenlängen 3,4,5 erzeugt. Das fand bereits Pythagoras vor zweieinhalb Jahrtausenden heraus, dass nämlich $3^2 + 4^2 = 5^2$ ist.

Zwei spiegelsymmetrische Dreiecke $\vec{r}=\vec{x}+\vec{y}\,'$ und $\vec{r}\,'=\vec{x}+\vec{y}$ mit einer gemeinsamen Kathete x liefern dann zwei parallele Längen y und y'. Verlängert man diese beliebig, erhält man das Euklidischen Parallelenaxiom. Ein Axiom ist die Bezeichnung für einen einfachen einsichtigen Satz, der keines Beweises bedarf. Das Parallelenaxiom ist aber kein einfacher Satz, sondern aus zwei Teilsätzen über rechtwinklige Dreiecke zusammengesetzt.

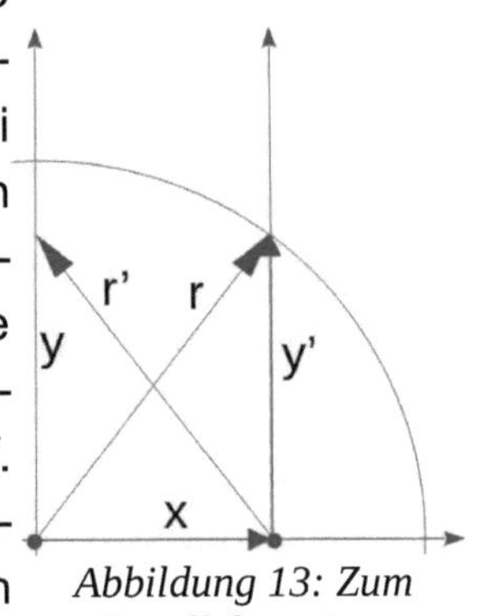

Abbildung 13: Zum Parallelenaxiom

Folglich kann man das euklidische Parallelenaxiom auch durch einen einfacheren Satz ersetzen. (Siehe Abb. 13) Nämlich:

Die Winkelsumme eines ebenen Dreiecks beträgt 180°.

Carl Friedrich Gauß fiel bei der Triangulation für die Erdvermessung jedoch auf, dass dieser geometrische Satz nur für die

Ebene gilt, er aber Triangulation auf einer Kugeloberfläche betrieb. Wenn man eine Kugeloberfläche in Breitenkreise und Meridiane, die senkrecht aufeinander stehen, einteilt, erhält man Dreiecke mit einer Winkelsumme von mehr als 180°. Folglich gibt es eine Geometrie der Ebene und eine Geometrie der gekrümmten Oberfläche mit einer Nicht-Euklidischen Geometrie.

Dieser Umstand faszinierte seinen Schüler Bernhard Riemann und er entwickelte eine Funktionentheorie und allgemeine Geometrie gekrümmter Oberflächen im Raum. Nur besteht zwischen Oberfläche und Raum ein grundlegender Unterschied, der erst erkannt wurde, als sich die Menschen in die Lüfte erheben konnten. Simpel gesagt ist der Raum das Gefäß, in dem sich eine Oberfläche befindet, die vielleicht einen Teilraum einschließt oder abtrennt. Die mathematische Beschreibung einer Oberfläche ist eine Funktion von zwei unabhängigen Variablen, die einer abhängigen Variablen zugeordnet ist. Im einfachsten Fall erhält man auf der Ebene eine Linie. Versteht man die unabhängigen Elemente als Ursachen und die abhängige Variable als Folge, so kann man damit einen kausalen Zusammenhang formulieren.

Eine Funktion ist demzufolge eine kausale Beziehung zwischen zwei Mengen. Das Problem für den Mathematiker ist die Umkehrfunktion. Kausale Beziehungen sind nicht symmetrisch. Allerdings konnte Riemann Oberflächen noch nicht von Räumen unterscheiden, weshalb er von gekrümmten Räumen statt von gekrümmten Oberflächen sprach. Nach Aristoteles war der Raum eines Körpers die innerste Grenze eines angefüllten Volumens, wobei ihm ein Weinfass vorschwebte. Das ist aber genau die Oberfläche eines Körpers. Isaac Newton unterschied dann zwischen Körpern und dem absoluten leeren Raum, der noch in Sphären eingeteilt war. Erst René Descartes führte das Kartesische Koordinatensystem mit seinen unabhängigen Koordinaten ein, dass unsere heutige Vorstellung vom mathematischen Raum als einem Ordnungs- und Maßsystem bestimmt, in dessen Ursprung sich der konkrete oder fiktive Beobachter befindet. Folglich kann der Maß-Raum dann nicht absolut sein.

Der mathematische Raum ist dann als das ‚Gefäß‘ einer Funktion zu verstehen. Er ist unabhängig von seinem Inhalt. Funktionen dagegen drücken kausale Zusammenhänge aus, da Wirkungen abhängig von ihren Ursachen sind.

Der Raum schließt die Funktion ein oder anders ausgedrückt, die Funktion trennt den Raum in zwei Teilräume, wobei der eine in der Regel größer und der andere kleiner ist. Die Gleichheit ist der Funktion vorbehalten. Sie stellt die Trennfläche der Teilräume dar. Diese fehlende Unterscheidung zwischen Raum und Oberfläche hatte fatale Auswirkungen auf die weitere Entwicklung der Physik. In der Physik besteht eine Beziehung zwischen Massenpunkten und Raumpunkten. Sie bilden eine Ordnungsrelation zu den Massenpunkten. Der Unterschied ist: während man sich Raumpunkte im Raum als dicht verteilt vorstellen kann, gilt das für Massenpunkte nicht, da nach Definition der Masse eine nicht-abzählbare Menge von Punkten einen Massenpunkt repräsentieren.

Wenn wir eine Strecke $\vec{s}$ in der Ebene haben, hat $\vec{s}$ eine Länge und eine Richtung. Betrachten wir nun nur die Richtung dieser Strecke, dann müssen wir eine Basisrichtung wählen. Damit können wir den Winkel φ zwischen der Basisrichtung und der Richtung von $\vec{s}$ bestimmen,

$$\vec{s} = f(\vec{s}, \phi) \Leftarrow (s \cdot \cos\phi)\vec{e} \qquad (1.02)$$

oder wir verwenden zwei voneinander unabhängige Basisrichtungen und stellen unsere Strecke $\vec{s}$ als Summe von zwei unabhängigen Strecken $\vec{x}$ und $\vec{y}$ dar. Die Unabhängigkeit zweier Vektoren, so heißen mathematische Variable mit Betrag und Richtung, ist gegeben durch die Forderung, dass ihr Skalarprodukt $\vec{x}\cdot\vec{y}=0$ verschwindet. Das bedeutet, dass beide Vektoren senkrecht aufeinander stehen. Das Produkt aus Betrag s und Richtung $\vec{e}$ ergibt $\vec{s}$, falls der Winkel φ gleich Null Grad ist. Einen Vektor der Länge 1 nennen wir den Einheitsvektor $\vec{e}$. Wir können dann unsere Strecke $\vec{s}$ in einer ebenen Fläche auch nach Pythagoras folgendermaßen darstellen.

$$\vec{s} = f(x,y) \Leftarrow \left(\sqrt{x^2+y^2}\right)\vec{e} \qquad (1.03)$$

was sich für die Berechnung der Vektorlänge als vorteilhaft erweist. Gewöhnlich wird das Gleichheitszeichen bei Funktionen verwendet, um die Eindeutigkeit einer Funktion zu charakterisieren. Aber mathematische Funktionen sind auch bijektiv. Ihre Eindeutigkeit ist umkehrbar. Definitions- und Wertebereich sind bei bijektiven Funktionen symmetrisch.

In der Natur ablaufende Prozesse sind gewöhnlich kausal eindeutig. Sie sind dagegen selten bijektiv.

Der Begriff Prozess wird im Kapitel System- und Prozessbeschreibung behandelt. Hier nur soviel: Prozesse sind zeitabhängig und die Zeit ist an die Bewegung der Erde gebunden. Die Erde wechselt ihre Bewegungsrichtung nicht.

Während in der Mathematik die abhängige Variable durch den Buchstaben y oder das Funktionssymbol *f(..)* gekennzeichnet wird, fehlt die klare Unterscheidung in der Physik. Um jedoch die kausale Abhängigkeit zu charakterisieren, ist der Doppelpfeil

Wirkung $\Leftarrow$ *Ursache* besser geeignet als das Gleichheitszeichen. Kausalität und Vektor bedingen einander. Das wird uns noch öfter begegnen.

Wenn wir den Betrag des Vektors $\vec{s}=const=\vec{r}$ konstant halten und nur die Richtung ändern, beschreibt die Pfeilspitze einen Kreisbogen mit der Krümmung $K=1/r$ um den Fußpunkt des Vektors. Die Krümmung ist daher eine Funktion des Radius. Eine Gerade hat dann die Krümmung $K=0$, da hier r gegen unendlich strebt, $r \to \infty$. Die liegenden Acht ist keine Rechengröße sondern lediglich ein Symbol für etwas nicht Erfassbares.

Wenn wir nun von der ebenen Fläche zum Raum gehen, können wir den Satze von Pythagoras durch Hinzunahme einer weiteren unabhängigen Richtung verallgemeinern, die dann senkrecht auf der ebenen Fläche stehen muss. Man beachte: eine Verallgemeinerung ist die Hinzunahme einer Quantität mit gleicher Qualität.

$$\vec{s} = f(x,y,z) \Leftarrow \left(\sqrt{x^2+y^2+z^2}\right)\vec{e} \qquad (1.04)$$

Wenn wir hier $\vec{s}=const=\vec{r}$ konstant halten, beschreibt die Pfeilspitze eine Kugelfläche mit der Krümmung $K=1/r^2$ eigentlich $K=(1/r_1)\cdot(1/r_2)$, aber da bei der Kugel die Radien in die Richtung der senkrecht aufeinander stehenden Großkreise gleich sind, ist $r_1=r_2$ und deshalb ist die Krümmung der Kugeloberfläche:

$$K \Leftarrow 1/r^2 \qquad (1.55)$$

Das Volumen der Kugel weist jedoch keine Krümmung auf. Je kleiner die Kugel ist, desto größer ist die Krümmung ihrer Oberfläche. Eine Ebene hat dagegen, wie auch die Gerade, die Krümmung $K=0$. Da man eine Ebene mit $K=0$ durch zwei von einander unabhängige Richtungen beschreiben kann,

kann man eine Ebene auch als einen Unterraum des Raumes R^3 auffassen.

Die Tatsache, dass die Ebene eine Sonderstellung zwischen Raum und Oberfläche einnimmt, führte in der Vergangenheit zu den verhängnisvollen Verwechslungen zwischen Raum und Oberfläche, die eine Akzeptanz der Allgemeinen Relativitätstheorie erleichterte. Aber sobald eine Krümmung ins Spiel kommt, wird die Unterscheidung zwischen Oberfläche und Volumen wieder eindeutig.

Es ergibt keinen Sinn, wenn man eine gekrümmte Oberfläche untersuchen will, den Raum, also das Vergleichs-Muster, ebenfalls zu krümmen. Versucht man ein Volumen zu krümmen, müssen dazu Kräfte von außen eingesetzt werden, die im Inneren Spannungen und Brüche verursachen. Wir fassen zusammen:

Oberflächen weisen Krümmungen auf, Räume nicht.

Das ist eine Binsenweisheit, aber für praxisferne Akademiker offensichtlich schwer zu verstehen. Mit Bezug auf Einsteins Zitat von dem Tollhaus[24] fragt sich dann doch ein Mensch einfachen Gemüts, ob er sich innerhalb oder außerhalb dieser Art Haus befindet. Ich werde in Beziehung zu Coulombs und Newtons Kraftgesetz auf die Krümmung zurückkommen.

---

24 „Ich habe schon wieder was verbrochen in der Gravitationstheorie, was mich ein wenig in Gefahr setzt, in einem Tollhaus interniert zu werden."
Quelle: https://beruhmte-zitate.de/zitate/127169-albert-einstein-ich-habe-schon-wieder-was-verbrochen-in-der-gravit/ (abgerufen am 23.02.2023)

1.5 Einstein und die Bewegung

Was unter Heraklits ‚Alles' gemeint ist, haben wir in den vorangegangen Kapiteln besprochen. Massen fließen. (Sand rinnt, Wasser fließt, Luft weht, Feuer flackert) Das ‚Fließen' können wir nicht mittels einer einzelnen Einheit darstellen. Dazu benötigen wir zwei Basiseinheiten, die zur Beschreibung der Bewegung eines Objektes eine spezielle Beziehung untereinander eingehen müssen, nämlich d*er zurückgelegte Weg* und *das zugehörige Zeitintervall*, die wir mittels Operator *Division* ins Verhältnis setzen. Dieses Verhältnis beider Basiseinheiten nennen wir Geschwindigkeit $\vec{v}$. Die Geschwindigkeit ist eine dynamische Funktion, da wir den reziproken Faktor Zeit berücksichtigen. In der Ebene stellen wir die Geschwindigkeit eines Massenpunktes als eine Funktion dar. Bewegung quantifizieren wir mittels Geschwindigkeit.

$$\vec{v} = \frac{\Delta s}{\Delta t}\vec{e} = \frac{1}{\Delta t}\,f\,(\vec{x},\vec{y}) \Leftarrow \frac{\sqrt{(x_1-x_2)^2+(y_1-y_2)^2}}{\Delta t}\vec{e} \qquad (1.6)$$

Seit 1799 setzte sich für den Weg das Streckenmaß Meter in den meisten Staaten der Welt durch und für das Zeitmaß die Sekunde, wobei man das Zeitmaß als eine Anzahl von Zyklen verstehen muss, denn eine Vektordivision ist nicht erklärt.

In den beiden vorangegangen Kapiteln habe ich die wechselseitige Entwicklung von Zeit- und Längenmaß mit der Absicht dargestellt, um die unmittelbare Abhängigkeit beider Größen voneinander zu vermitteln. Multiplizieren wir die obige Gleichung (1.06) mit dem Zeitintervall, erhalten wir $\vec{v}\cdot\Delta t = \vec{s}$. Mit einer konstanten Geschwindigkeit kann man die vergangene Zeit für die Entfernungsmessung einsetzen, wie schon im vorangegangen Kapitel beschrieben, weshalb der Genauigkeit der Uhren eine wachsende Bedeutung zukam. Doch zu Beginn des 20. Jahrhunderts wurde nämlich durch Einsteins Relativitätstheorie diese Abhängigkeit geleugnet, aber gleichzeitig durch den Faktor $t \cdot c$ wieder eingeführt und damit die Relativität ad absurdum geführt.

Plötzlich sollte die Zeit vom Weg unabhängig sein und zu einer Dimension erhoben werden. Anstelle von Bewegung wurde tote Symmetrie gepredigt. So lautet der erste Satz von Einsteins Aufsatz von 1905 über die *Elektrodynamik bewegter Körper:*[25])

> *»Daß die Elektrodynamik Maxwells - wie dieselbe gegenwärtig aufgefaßt zu werden pflegt - in ihrer Anwendung auf bewegte Körper zu Asymmetrien führt, welche den Phänomenen nicht anzuhaften scheinen, ist bekannt. «*

Doch, gerade diese Asymmetrie beschreibt das Phänomen der Bewegung durch die elektrodynamische Kraft. Es ist wie beim Fahrrad fahren, es bedarf einer Asymmetrie um die Balance zu halten. Nun steht die Balance beim Radfahren aber senkrecht zur Bewegungsrichtung ebenso wie die elektrische und die magnetische Kraftkomponente. Es hat den Anschein, als ginge der normale Menschenverstand beim akademischen Studium verloren. Das hat Halton Arp[26]), einen bedeutenden Astronomen zu dem Satz hinreißen lassen:

---

25 A. Einstein - *Zur Elektrodynamik bewegter Körper ;* Annalen der Physik 1905 V322 I10 p,891ff .
https://onlinelibrary.wiley.com/doi/10.1002/andp.19053221004 (abgerufen am 23.02.2023)

26 https://www.spaceandmotion.com/cosmology/halton-arp-seeing-red-errors-big-bang.htm (abgerufen am 3.04. 2023)

Dynamik erfordert Asymmetrie der Kräfte, aber Balance ist keine Symmetrie, sondern ein dynamisches Gleichgewicht.

Das mathematische Gleichheitszeichen steht für statische Symmetrie. Hier versagt die konventionelle mathematische Beschreibung und der Lernende wird in die Irre geführt.

Maxwell hat deshalb ein gekoppeltes partielles Differentialgleichungssystem zur Beschreibung gewählt, was die Asymmetrie in Richtung des E-Feldes durch eine Stromquelle ausdrückt, die er den Verschiebestrom nennt. Wenn sich der fiktive Beobachter mit diesem Feld bewegt, scheint es ihm, dass er eine Symmetrie hergestellt hätte. Nun hat sich die Asymmetrie der Kraft nur auf den Beobachter übertragen. Die Physik hat sich nicht verändert.

Messen wir Einstein überdurchschnittliche Intelligenz zu, müssen wir schlussfolgern, dass er uns mit seiner Relativitätstheorie an der Nase herumführen wollte, was mich an *des Kaisers neue Kleider* im Märchen von Hans Christian Andersen erinnert. Dort spielte die Masse auch keine Rolle. Das Gewebe, aus dem die Kleider waren, war rein ideell, weshalb die Dummköpfe es nicht sehen konnten.

Ein anderes aufschlussreiches Zitat ist:

»Mein Verständnis der fundamentalen Gesetze des Universums kam nicht aus meinem rationalen Verstand.«   Albert Einstein

Schon als Junge im Gymnasium rebellierte er gegen die Autoritäten seiner Lehrer, denen er manchmal besser hätte zuhören sollen. Ihm schwebte schon in Aarau vor, dass er auf einer Lichtwelle surfen wollte, schrieb er kurz vor seinem Tod in seinen Erinnerungen. Er hätte dann ein zeitunabhängiges Wellenfeld vor sich und jede Dynamik wäre für ihn aufgehoben.

»Dies war das erste kindliche Gedankenexperiment, das mit der Relativitätstheorie zu tun hat. Das Erfinden ist kein Werk des logischen Denkens, wenn auch das Endprodukt an die logische Gestalt gebunden ist.«[27])

Also wer meint, eine Naturwissenschaft wie die Physik müsste erfunden werden, versteht nichts von der Natur. Sie funktioniert besser als alles, was Menschen je erfunden haben. Man muss nur genau hinschauen und das Gesehene logisch in Kausalketten beschreiben. Warum werden Einsteins ‚Eseleien' nach über einhundert Jahren eigentlich immer noch für Geniestreiche der Wissenschaft gehalten?

Eines kann man wohl feststellen:

Mathematiker wollen nichts von Physik verstehen, denn sie negieren Kräfte und Physiker offensichtlich nichts von Geometrie, denn sie können Oberflächen nicht von Räumen unterscheiden.

---

27   A. Einstein - *Erinnerungen Souvenirs* Festrede zum 100jährigen Bestehens der ETH Zürich 1955
https://library.ethz.ch/archivieren-und-digitalisieren/archivieren/hochschularchiv-der-eth-zuerich.html (abgerufen 23.02.2023)

1.6 Dynamik ist bewegte Masse

Mit den beiden Basis-Einheiten für Strecke und Zeitintervall konnte man die Bewegung einer Masse endlich als *Geschwindigkeit* quantifizieren und zwar als das Verhältnis von Strecke und Zeit und nicht als ihr Produkt. wie ihre Einheit in der Umgangssprache liederlich als Stundenkilometer bezeichnet wird.

Kommentar: Als Eselsbrücke kann man sich daran erinnern, dass als ein Verhältnis in der Umgangssprache das Übereinanderliegen von zwei verschiedenen Geschlechtern gemeint ist.

Der richtige Sprachgebrauch ist die Voraussetzung für korrektes Denken.

An alten Postsäulen findet man nur das Zeitmaß für die Entfernungen. Man bezog sich auf die Dauergeschwindigkeit einer Pferdekutsche. Sehr große Entfernungen werde auch heutzutage noch als Zeitmaße angegeben, wie zum Beispiel in Lichtjahren.

Eine neue Präzession des Zeitmaßes war nicht nur durch den Fernhandel auf See sondern auch durch den Einsatz der Dampfmaschine als Antriebsmittel im 18. Jahrhundert notwendig geworden. Die Ankunft und Abfahrt von Zügen in einem Eisenbahnnetz zwang zu einer Richtungsunterscheidung an einem Eisenbahnknotenpunkt. Folglich muss man Entfernungen und Geschwindigkeiten von Massen nicht nur nach ihren Zählgrößen sondern auch nach ihren Richtungen unterscheiden. Die Zeit dagegen ist eine einfache Zählgröße ohne Richtung. Eine solche Größe wird Skalar genannt. Selbst der Blick in die Vergangenheit lässt die Zeit nicht rückwärts laufen. Was würde da wohl für eine Richtung herauskommen, wenn man zwei Vektoren durcheinander dividieren wollte?

Eine Vektordivision gibt es nicht!

Anders verhält es sich bei der Multiplikation von Vektoren. Dort unterscheiden wir zwischen Skalarprodukt, wo das Ergebnis eine Zählgröße ist und Vektorprodukt, wo das Ergebnis ein neuer Vektor ist, der auf beiden zu multiplizierenden Vektoren senkrecht steht.

Nun gibt es mehrere Kombinationsmöglichkeiten von Masse und Geschwindigkeit, die der Physik als Grundbegriffe der Dynamik dienen, die da sind: *Impuls*, *Kraft* und *Drehmoment* sowie die *Energie.*

In den folgenden Abschnitten werden wir diesen Grundbegriffen auf allen Skalen immer wieder begegnen. Nur werden wir sie unter verschiedenen Gesichtswinkeln betrachten und analysieren. Ausgehend von der Wirklichkeit bedienen wir uns der Logik und Mengenlehre als Werkzeuge, um ein ideelles Abbild in unserem Bewusstsein zu schaffen.

Idealistische Physiker, wie Dürr gehen den umgekehrten Weg. Sie leugnen die Realität und vermitteln den Eindruck, als würden sie glauben, dass die Wirklichkeit eine Annäherung an ihre teils zweifelhaften Berechnungen sei. Deshalb bezeichne ich solche ‚Wissenschaftler' als Magier, da sie die Fähigkeit besitzen, die Sinne ihres Publikums zu täuschen. Sie folgen Arthur Schopenhauer, dessen Hauptwerk den Titel hat *Die Welt als Wille und Vorstellung*[28]) In diesem Buch bemüht sich Schopenhauer unter der Maßgabe Immanuel Kants Philosophie zu vollenden, die Ideen der Aufklärung auf den zu Kopf zu stellen und zu verreißen.

---

28 A. Schopenhauer – *Die Welt als Wille und Vorstellung;* https://docplayer.org/4262-Die-welt-als-wille-und-vorstellung.html (abgerufen am 24.02.2023)

Ein lehrsames Spiel

Alles hängt mit allem zusammen. Von 1998 bis 2009 veranstaltete der niederländische Fernsehsender Endemol zusammen mit RTL ein großes Spektakel, den Domino Day, der in 13 europäische Länder übertragen wurde.

Vielleicht kann sich der Leser noch daran erinnern, es ging um den Weltrekord im Umwerfen von Dominosteinen mit einem einzigen Impuls. Millionen von Zuschauern fieberten dem Ereignis entgegen und hofften darauf die alte Bestmarke vom vergangen Jahr zu überbieten, während noch unzählige Helfer Millionen von Steinen zu kunstvollen Bildern und Figuren zusammenstellten.

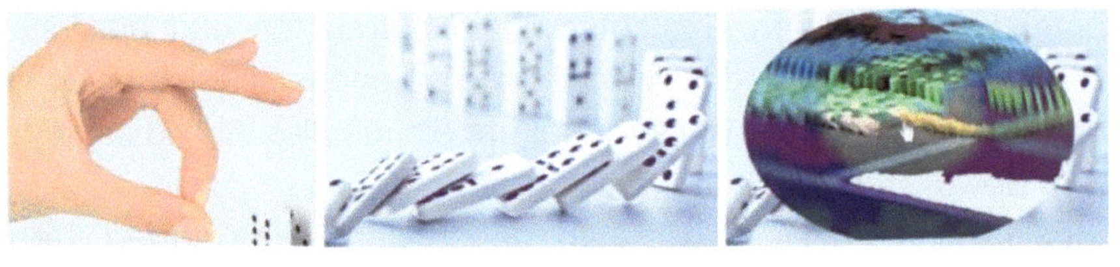

$$m \cdot \frac{dv}{dt} \qquad m \cdot v \qquad m \int v\, dt$$

Abbildung 14: Domino Day als Beispiel für eine Impulsübertragung

Robin Paul Weijers und sein Team tüftelten in der Vorbereitung zum Domino Day die zahlreichen Variationen des Dominoeffekts aus.[29] Während der Kettenreaktion sollte keine Energie durch Menschen, Motoren oder sonstige Elektronik von außen das Projekt beeinflussen, sondern jeder Effekt sollte rein mechanisch durch den einen ursprünglich angestoßenen Dominostein ausgelöst werden. (Abb. 14)

---

29   https://de.wikipedia.org/wiki/Domino_Day (abgerufen am 24.02. 2023)

Wenn ich mit meinen Enkelkindern einen Turm baute, waren das weniger als 10 Elemente, die dabei umfielen. Beim Domino-Day 2008 wurden 4,5 Millionen Steine aufgebaut und es wurden mit **4.345.027 gefallenen Steinen (96,56 %)** in der FFC-Halle der WTC-Expo in Leeuwarden, der niederländischen Provinz Friesland ein neuer Weltrekord erreicht.

Die Kettenreaktion der zusammen agierenden Dominosteine ist das physikalische Grundprinzip aller komplexen Naturvorgänge, angefangen vom Lichtimpuls bis zur Kernexplosion schwerer Atomkerne. Dabei zeigt Abb. 14 rechts schon deutlich, dass sich Impulse vervielfältigen können. Diese Neigung zu Kettenreaktionen werde ich im folgenden mit dem Begriff Stigmergie versehen. Der Begriff stammt von den griechischen Wörtern Stigma (στιγμα) für Markierung und Ergon (εργον) für Arbeit ab. Es handelt sich bei Stigmergie also um den markierten Anstoß zur Zusammenarbeit von vielen ausgewählten Einzelelementen über eine Übertragungskette von einer Kraftquelle zur Energiesenke, wo die Arbeit verrichtet wird.

In der Folge werden wir uns nun mit den einzelnen dynamischen Elementen dieser Stigmergie näher befassen.

Der Impuls

Damit etwas in Bewegung bleibt, bedarf es eines ständigen Impulses p und einer Impulskette, wie uns die Kettenreaktion der fallenden Dominosteine deutlich vor Augen geführt hat. Der Impuls ist als das Produkt aus Masse und Geschwindigkeit mit der Einheit $kg \cdot m \cdot s^{-1}$ oder einwirkende Kraft mal Zeit mit der abgeleiteten Einheit Ns definiert. (Erklärung: siehe nächster Abschnitt) Nun ist das in der Sprache der Mathematik formuliert.

Der gleiche Effekt wie bei den Dominosteinen tritt bei einem Untersee-Beben auf. Der einzige Unterschied ist, dass wir hier keine eindimensionale Kette, sondern eine dreidimensionale Kugelwelle haben, mit der sich der durch die tektonische Aktivität ausgelöste Impuls ausbreitet. Dieser Impuls breitet sich im umgebenden Wasser mit großer Geschwindigkeit nach allen Richtungen aus, ohne jedoch Schaden anzurichten, solange er nicht abgebremst wird. Erst wenn dieser Impuls auf ein Hindernis trifft, baut sich die zerstörerische Kraft auf, die zu einer gewaltige Welle am Strand wird. Der Strand, also der Phasenübergang vom Wasser zum Festland ist der Ort, wo die Wirkung des Impulses spürbar wird, weil dort die Welle abgebremst wird. Was hier für die Stoßwelle im Wasser gilt, gilt ebenfalls für die Lichtwelle im kosmischen Plasma. Es gibt keine Lichtteilchen in einem leeren Raum, dafür aber noch genügend Atome im Vakuum, deren Elektronen den Impuls weiterleiten können. Im Gegensatz zu den Dominosteinen, kehren die Atome, Moleküle und die Elektronen in ihre Ausgangslage zurück und da die Elektronen nicht abgebremst werden, breitet sich der Lichtimpuls ebenso unbemerkt aus wie der Tsunami auf hoher See. Erst wenn der Impuls auf eine Phasengrenze fällt, wird seine Wirkung sichtbar. Der Impuls ist abgesehen von seiner physikalischen Wirkung auch Träger einer Information, wie wir später noch erkennen werden.

Der Impuls bleibt erhalten und da er das bestreben hat, sich nach allen Richtungen auszubreiten, ist die Gesamtsumme aller Impulse Null. Das bedeutet, dass auf jede Aktion eine Reaktion folgt. Der einzelne Impuls hat eine Richtung und erzeugt einen Impuls in Gegenrichtung. Das macht man sich beim Antrieb von Raketen zu Nutze, indem man dem Impuls durch die Bauart der Rakete in einer kontrollierten Explosion nur eine Vorzugsrichtung für die Ausdehnung des Treibstoffs gibt. Da das System nur in einer Richtung offen ist und in der anderen Richtung begrenzt, wird der Impuls des austretenden Gases stark abgebremst und die entstehende Kraft $\vec{F}$ treibt die Rakete an, indem die Masse des Behälters in die andere Richtung beschleunigt wird.

$$-\frac{d\vec{p}}{dt} \Rightarrow \vec{F} \qquad (1.07)$$

Mathematisch drücken wir so ein Verhalten durch Vektoren aus. Die Masse dagegen wird mathematisch als eine skalare Maßzahl ohne Richtung behandelt.

**Impulse transportieren Kräfte, ohne dass
Massen transportiert werden müssen.**

Der Impuls ist zuständig für die gleichförmige Bewegung und er ist gleichzeitig Träger von Information.

Die Kraft

Die Kraftquelle ist die Ursache aller Bewegung. Denken wir uns ein Fahrrad. Ohne die Arbeit unserer Beinmuskeln wird sich das Fahrrad nicht in Bewegung setzen. Wir müssen das Rad beschleunigen. Das Gegenteil ist das Abbremsens einer Geschwindigkeit. In beiden Fällen ist die Kraft das Ergebnis einer Geschwindigkeitsänderung. Die Kraft bewirkt eine Änderung der Wegstrecke Δs bei gleichbleibendem Zeitintervall Δt. (Abb. 15)

Abbildung 15: Zur Bestimmung der Geschwindigkeit

Mathematisch wird das mittels der Differentiation des Impulses über die Geschwindigkeit nach der Zeit mal der Masse mit der zusammengesetzten Einheit *kg m s⁻²* ausgedrückt. Der Differentialquotient der Geschwindigkeit, also die Änderung der Geschwindigkeit, im Allgemeinen als Beschleunigung mit positivem oder negativem Vorzeichen bezeichnet, multipliziert mit der Masse ergibt die Kraft. Wenn die Impulsänderung, also die Differentiation in alle Richtungen erfolgt, kann man von einer Kraftquelle sprechen. Folglich ist eine Masse der Multiplikator der Kraftquelle, und je größer die Masse desto stärker ist auch die Quelle der

Kraft. Die Idee zur Kraft und ihrer Berechnung verdanken wir Isaac Newton. Er hat auch die Schwerkraft beschrieben. Auf Grund seiner Masse unterliegt jeder Körper auf der Erde der Schwerkraft, die die Erdbeschleunigung auf alle Massen auf der Erdoberfläche ausübt. Zu Ehren des Entdeckers dieses Zusammenhangs wird diese zusammengesetzte Einheit als *Newton* bezeichnet.

Massen können, sobald sie in Bewegung sind, beim Abbremsen selbst Kräfte entfalten, aber sie erzeugen auch eine Fernwirkung wie die Schwerkraft, die auch als Gravitation bezeichnet wird. Wenn wir von Fernwirkung sprechen, müssen wir an die Impulskette der Stigmergie denken, die den Zusammenhalt der Materie garantiert. Den Zusammenhalt nehmen wir als Kraftfeld wahr.

Wenden wir uns nun dem Phänomen der Schwerkraft zu, wie es Isaac Newton verstanden hat. Dazu müssen wir bis zu den Anfängen der griechischen Philosophie zurückkehren.
Aristoteles nahm an, dass Körper umso schneller fallen, je schwerer sie sind. Nach Aristoteles bestehen die Sonne, der Mond und die Planeten ebenso wie die Sternen aus Feuer, das sich vom Weltenmittelpunkt, nach antiker Vorstellung von der Erde wegbewegt. Das scholastische Mittelalter hielt an dieser Idee fest. Erst Giovanni Battista Benedetti (1530–1590) widerlegte 1554 in seinem Werk *Demonstratio proportionum motuum localium contra Aristotilem et omnes philosophos*[30]*)* in

---

30   https://books.google.de/books/about/
     Demonstratio_proportionum_motuum_localiu.html?
     id=t8arMwEACAAJ&redir_esc=y (abgerufen am 24.02.2023)

einem simplen Gedankenexperiment diese aristotelische Annahme.

Den Umschwung in der Physik leitete Galileo Galilei ein, indem er 1647 die von Aristoteles aufgestellte Hypothese widerlegte. Galilei entdeckt bei seinen Versuchen mit einer Fallrinne und einer Holz- und einer Bleikugel, dass die Beschleunigung etwas völlig verschiedenes von der Geschwindigkeit ist und stellte 1638 fest,

> *»dass, wenn man den Widerstand des umgebenden Mediums ganz aufhöbe, alle Stoffe mit derselben Geschwindigkeit fallen würden.«*[31])

Johannes Kepler, indem er sich auf Tycho Brahes exakte Beobachtungen der Planetenbewegungen stützen konnte, gelang es dann, seine drei Keplerschen Gesetze der Planetenbewegungen zu formulieren.

Aber erst in der 1687 veröffentlichten Schrift *Philosophiae Naturalis Principia Mathematica* von Newton, in die er Galileis Fallgesetz und Keplers 3. Gesetz integrierte, hat er mit dem Trägheitsprinzip das Fundament der klassischen Mechanik errichtet, das die aristotelischen Annahmen ersetzte.

Newtons Ideenwelt war eine Welt der Kräfte und das gilt noch heute. Kräfte sind die Ursache für die Dynamik im Universum. Für jegliche Veränderung in der Welt ist eine Kraft sowohl verantwortlich als auch nötig. Das gilt für die drei akademischen Hauptdisziplinen der Physik, Mechanik, Thermodynamik und auch Elektrodynamik.

Newton postulierte:

Für alle Kräfte gilt: Kraft ist Masse mal Beschleunigung.

---

31 A. Hermann: *Fallgesetze.* In: Armin Hermann (Hrsg.): *Lexikon Geschichte der Physik A–Z. Biographien und Sachwörter, Originalschriften und Sekundärliteratur.* 2. Aufl. Aulis Verlag Deubner, Köln 1978, S. 102.

Angewendet auf die Gravitation, sollte auch sie eine Kraft von dieser Art sein. Damit war die "Schwerkraft" geboren. Die physikalische Krafteinheit ist ihm zu Ehren das Newton genannt worden. Ein **Newton** ist die Kraft, die benötigt wird, einen Körper der Masse 1 kg mit der Beschleunigung $1 m/s^2$ zu beschleunigen.

Kräfte wirken in eine bestimmte Richtung, weshalb sie durch Vektoren dargestellt werden. Folglich kann man Kräfte auch nur nach ihrem Betrag und ihrer Richtung unterscheiden. In der Newtonschen Mechanik wird die Kraft jedoch eindimensional entlang des orbitalen Radius verstanden. Dazu hier eine kleine Anekdote:

John Conduitt, Newtons Assistent in der königlichen Münzanstalt und Ehemann von Newtons Nichte, konnte folgendes über das Ereignis berichten, als er über das Leben von Newton schrieb:

>*»Im Jahr 1666 zog Newton sich wieder aus Cambridge zurück ... zu seiner Mutter in Lincolnshire und während er in ihrem Garten grübelte, kam ihm der Gedanke, dass die Kraft der Gravitation (die einen Apfel vom Baum zum Boden fallen lässt) nicht auf einen gewissen Abstand zur Erde einzuschränken ist, sondern viel weiter reichen müsste als immer angenommen wurde. Warum sollte sie nicht so groß sein, dass sie bis zum Mond reicht, dachte er sich und wenn das so ist, müsste sie seine Bewegung beeinflussen und ihn vielleicht auf seiner Umlaufbahn halten, woraufhin er berechnete, was die Wirkung dieser Überlagerung wäre, ...«*[32])

---

32 R.G. Keesing - *The History of Newton's apple tree*, Contemporary Physics, Nr. 39, S. 377-391, 1998

Newton beobachtete: der Mond kreist um die Erde. Da seine scheinbare Größe sich nicht ändert, bleibt sein Abstand etwa gleich und deshalb muss seine Umlaufbahn einem Kreis ähneln. Um den Mond auf diesem Kreis zu bewegen, muss die Erde eine **Anziehung** auf ihn ausüben, diese Kraft nannte Newton **Gravitation**. In der modernen Formulierung von Newtons Gravitationsgesetz taucht die Gravitationskonstante G auf. Newton selbst hat das nach ihm benannte Gesetz mathematisch anders formuliert und hat die Gravitationskonstante überhaupt nicht benutzt. Sie wurde erst viel später eingeführt.

Er selbst schrieb im Rückblick auf seine Entdeckung:

> *»Im selben Jahr (1666) begann ich darüber nachzudenken, ob die Schwerkraft bis zur Umlaufbahn des Mondes reicht. Nachdem ich herausgefunden hatte, wie die Kraft abzuschätzen ist, mit der eine in einer Kugel umlaufende Kugel auf die Kugel der Oberfläche drückt, leitete ich aus Keplers Regel, nach der sich die periodischen Zeiten der Planeten im Verhältnis drei zu zwei zum Abstand vom Mittelpunkt ihrer Umlaufbahn verhalten, ab, dass die Kräfte, die die Planeten in ihren Umlaufbahnen halten, dem Quadrat ihrer Abstände von jenen Zentren, um die sie laufen, reziprok sein müssen.«*

In seiner Berechnung sieht das Gesetz folgendermaßen aus:

$$\vec{F}_{EM} \;\Leftarrow\; -m_M \cdot \frac{4 \cdot \pi^2}{C_E} \cdot \frac{1}{r^2_{EM}}\, \vec{e} \qquad (1.08)$$

wobei F_{EM} die Anziehungskraft zwischen Erde und Mond ist, m_M die Massen des Mondes, C_E die Keplerkonstante für die Erde und r_{EM} der Abstand zwischen Erde und Mond ist.

Anstelle des Gleichheitszeichens verwende ich die Relation $\square \Leftarrow \square$ um die Kausalität zu betonen.

Da das Produkt aus Masse und Keplerkonstante für alle Körper im Planetensystem relativ zum Zentralkörper gleich ist, kann man die obigen Formel etwas umformen:

$$\vec{F}_{EM} \Leftarrow -\frac{4 \cdot \pi^2}{C_E \cdot m_E} \cdot \frac{m_M \cdot m_E}{r^2{}_{EM}}\vec{e} = -G \cdot \frac{m_M \cdot m_E}{r^2{}_{EM}}\vec{e} \qquad (1.09)$$

Zu Newtons Zeiten war aber die Masse der Erde noch unbekannt, da die Gravitationskonstante G noch nicht bestimmt war.

Etwa 100 Jahre nach Newton gelang es Henry Cavendish 1798 diese Konstante G mit einer Apparatur zu messen, die auf Charles Augustin de Coulomb und John Michell zurückgeht.[33] Cavendish konnte sich auf Coulombs Torsionsexperimente aus dessen Memoiren von 1785 stützen, als er die Gravitation nach demselben Messprinzip bestimmte, das Coulomb zur Bestimmung der elektrischen Kraft verwendete.[34] Er erhielt einen viel kleineren Wert von 6,754 ×10^{-11} N·m²·kg^{-2}. Mittels G konnte er erstmals die Masse der Erde bestimmen und so den Zusammenhang von Gravitationskonstante und Fallbeschleunigung g (von 9,81 Metern/Sekunde Quadrat) herstellen.

$$g \Leftarrow \frac{G \cdot m_E}{r^2} \qquad (1.10)$$

Die Rechnung dazu findet der interessierte Leser bei „Leifiphysik".

Nun wissen wir zwar, warum der Apfel des Newton zur Erde fällt und mit welcher Geschwindigkeit er die Erde verlassen kann,

---

33 https://www.leifiphysik.de/mechanik/gravitationsgesetz-und-feld/geschichte/gravitationskonstante-historisch (abgerufen am 25.03.2023)
34 https://www.ifi.unicamp.br/~assis/Coulomb-in-English.pdf (accessed on 09/04/2023)

aber der Mond fällt nicht wie der Apfel zur Erde. Er scheint da kräftefrei ohne Erdbeschleunigung zu schweben. Das ist ein Widerspruch, denn nach Newtons Gesetzt würde sich ein Körper beim Fall auf die Erde ständig beschleunigen, was ihm eine unbegrenzte Fallgeschwindigkeit erteilen müsste, was nach dem Prinzip von der Erhaltung der Energie nicht möglich ist. Aus den Raketenstarts wissen wir, dass eine Raumsonde wie die Internationale Raumstation einen Startimpuls mitbekommt, damit sie schwerelos auf ihrer Bahn im Orbit kreisen kann. Doch woher hat der Mond seinen Impuls bekommen und warum stürzen die Elektronen nicht in den Atomkern, sondern bleiben in der Atomhülle? Newton erklärt es am Schluss des dritten Buches seiner Prinzipien so:

> *»Tota rerum conditarum pro locis ac temporibus diversitas ab ideis et voluntate entis necessario existentis solum modo oriri potuit«* (Principia Lib. III. p. 675)
> Übersetzung: *Das ganze Universum , erschaffen aus der Vielfalt der Zeiten und Orte, könnte sich nur aus den Ideen und dem Willen eines notwendigerweise existierenden Wesens ergeben.*

Folglich nahm Newton als Ursache der Gravitation und der molekularen Fernwirkungen eine ‚geistige Kraft' an, von deren Stärke und Veränderungen die Schwerkraft und alle molekularen Kräfte abhängen sollten. Diese Kraft kann nach den Vorstellungen seiner Zeit nur ein Gott aufbringen!

Auf dieser Magie baut letztlich noch heutzutage das Geschäftsmodell der Kirche auf, nachdem Charles Darwin schon die kirchliche Schöpfungslehre durch die Evolution ersetzt hatte. An diese nebulöse geistige Kraft glaubte auch Albert Einstein noch, als er die Gravitation von den physikalischen Kräften löste und mit der nichteuklidischen Geometrie verknüpfte.

Zu Beginn des 20. Jahrhunderts wurden dann die akademische Grenzen zwischen Himmelsmechanik und Elektrodynamik abgesteckt und die Restauration der Metaphysik konnte schrittweise beginnen, mit dem Ziel, die Physik mit der Religion zu versöhnen, was im Jahr 2020 gelungen schien, wenn man dem Zitat von Peter van Priel Glauben schenken will [35].

»Jahrhundertelang versuchte die Theologie sich so zu verändern, dass sie zur modernen Naturwissenschaft kompatibel war. Bis sich die Naturwissenschaften so änderten, dass sie wieder zur Religion kompatibel wurden. «

So war Einsteins Idee, dass der Betrag der Kraft aus der Krümmung einer Kugel herrühren sollte, die er aus Formel (1.4) und Formel (1.9) herleitete,

$$|F_{EM}| \propto K \;\; ?? \qquad\qquad (1.11)$$

und nicht aus der Existenz der Massen, schon in ihrem historischen Rahmen reichlich provokant[36], und dessen war sich Einstein bewusst. Aber eigentlich schon nach dem damaligen Erkenntnisstand wäre das völlig haltlos, wenn er nicht einflussreiche Unterstützer dieser Idee wie Max Planck und den Priester George Lemaître mit seinem *„primordialem Atom"* [37] gehabt hätte. (Abb. 16)

---

35 Peter van Briel - *Heureka, die Lösung: Die Versöhnung von Religion und Wissenschaft – durch eine neue Physik;* https://gut-katholisch.de/glauben/die-versoehnung-von-religion-und-wissenschaft-durch-eine-neue-physik/ (abgerufen am 25.02.2023)

36 „Ich habe schon wieder was verbrochen in der Gravitationstheorie, was mich ein wenig in Gefahr setzt, in einem Tollhaus interniert zu werden." Quelle: https://beruhmte-zitate.de/zitate/127169-albert-einstein-ich-habe-schon-wieder-was-verbrochen-in-der-gravit/ (abgerufen am 25.02.2023)

37 G. Lemaitre - *Das urzeitliche Atom* http://mugglebibliothek.de/index_htm_files/Lemaitre%20de.pdf (abgerufen am 25.02.2023)

Das würde bedeuten, dass je kleiner eine Kugel unabhängig von ihrer Masse ist, desto größer wäre die Kraft, die sie auf die Umgebung ausübt. Das war die Geburtsstunde des Schwarzen Loches oder der Sieg der Mathematik über die Physik und den klaren Menschenverstand.

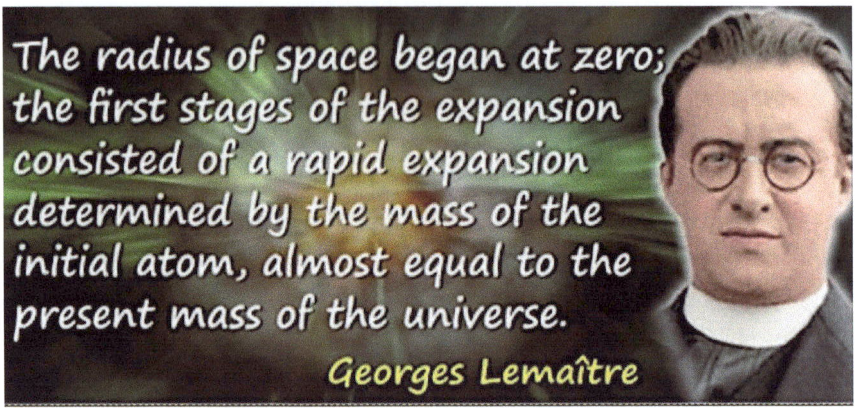

Abbildung 16: Masse hat Volumen, sie kommt nicht aus einem mathematischen Raum - Quelle todayinsci.com

Die Beziehung zwischen Kraft und Krümmung ist nicht kausal. Die Krümmung ist nicht Ursache einer physischen Kraft. Das widerspricht Newton und ist ein Bruch mit den Gesetzen der klassischen Physik.

Die Ladung der Masse ist die Ursache der Kraft, wie schon Charles Augustin Coulomb 1785 bei Experimenten mit der Drehwaage noch vor Cavendish erkannt hatte. Doch lange Zeit erschien die Herkunft der Kraft den meisten Physikern rätselhaft. So unterscheiden konventionelle Lehrbücher noch heutzutage die Kräften nach ihrer Herkunft in mechanische, gravitative, elektrische und atomare Kräfte und in den Atomen in die starken und schwachen Kernkräfte. Mit der Entdeckung des negativ geladenen Elektrons und des positiv geladenen Protons als einzig stabile Teilchen ergibt sich eine Erklärung für die Herkunft der Kraft. Die unterschiedliche elektrische Ladung der Elementarteilchen ist dafür verantwortlich. Jedes Atom besteht aus einem positiven Kern und einer negativen Hülle aus Elektronen. Um für die Umgebung im Kräftegleichgewicht zu stehen, müssen sich die Ladungen die Waage halten. Die Hülle muss genau soviel negative Ladungen besitzen, wie der Kern positive Ladungen beinhaltet. Während der Kern sich in relativer Ruhe befindet, umkreisen die Elektronen den Kern in vergleichsweise großem Abstand zum Kernradius von etwa 3 Zehnerpotenzen. Kommen sich nun die Kraftfelder zweier Atome ziemlich nahe, dann verformen sich die Kraftfelder, dort wo sie sich berühren. Die Konsequenz ist, dass sich die Kerne aus ihren Zentren verschieben und aus neutralen Atomen werden Dipole. Die Folge ist, dass sich Atome über die Wechselwirkungen ihrer Hüllen zu größeren Einheiten zusammenschließen können. Diese Atomverbände sind dann nicht mehr neutral, sondern haben eine residuale Anziehungskraft. (Abb. 17)

Wenn nun mehrere größere Atomverbände sich aneinander reiben, können Elektronen aus der Hülle von oberflächlichen Atomen herausgerissen werden und auf andere Atomverbände übergehen. Um nun beide Arten von Ladungen zu unterscheiden, sprechen wir bei der ersten

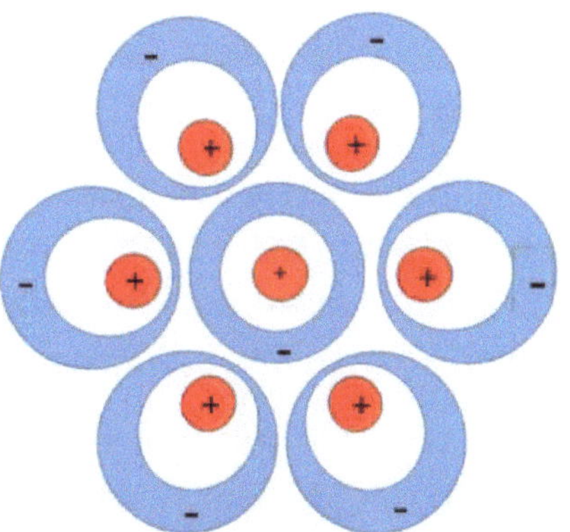

Abbildung 17: Erklärung der residualen Anziehung aus der Ladungsverteilung

Art von gebundener Ladung und bei der zweiten Art von freier Ladung. Diese beiden Arten verhalten sich völlig unterschiedlich. Während es im ersten Fall nur anziehende Kräfte gibt, können sich auf Grund der unterschiedlichen Oberflächenladungen Atomverbände anziehen und auch abstoßen. Wir nennen die Wirkung gebundener Ladungen Schwerkraft, weil sie zum Masseschwerpunkt gerichtet ist und die Wirkung von Oberflächenladung elektrostatische Kraft. Eine beschleunigte Bewegung einer freien Ladung erzeugt noch eine weitere Kraft – eine magnetische. Die magnetische Kraft steht auf der elektrostatischen Kraft senkrecht und erzeugt ein Drehmoment. Die Kombination beider Kräfte bezeichnen wir als Lorentzkraft. Damit verlassen wir die Ebene.

Newton postulierte auch, dass ein kräftefreier Körper in Ruhe bleibt, oder sich geradlinig mit konstanter Geschwindigkeit bewegt. Diesen Satz übernahm Albert Einstein auf sein Inertialsystem. (Inertialsystem bedeutet Trägheitssystem) Aber ein Inertialsystem hat ein Kraftzentrum. Folglich gilt eine geradlinige Bewegung gegenüber dem Zentrum stets als eine beschleunigte Bewegung.

Deshalb muss das Postulat für ein ruhendes Inertialsystem dahingehend abgeändert werden, dass ein Körper sich kräftefrei bezüglich dieses Systems auf einer Kreisbahn bewegt. Astronauten können das bestätigen.

Dazu bedarf es aber einer weiteren Kraft, die senkrecht zur Schwerkraft an dem Körper angreift. Diese Kraft lernen wir nun beim Drehmoment kennen.

Das Drehmoment

Das Drehmoment ist eine zusammengesetzte Einheit aus Kraft und Abstand vom Drehpunkt, weshalb es in Newtonmetern gemessen wird. Den Abstand kann man auch durch das Produkt von Geschwindigkeit und Zeit ausdrücken, wie oben besprochen.

Bisher haben wir bei unseren Betrachtungen die Richtung der Kraft konstant gehalten. Doch was passiert, wenn sich die Richtung der Kraft ändert. Vor dieser Aufgabe stand der Erfinder der ersten Dampfmaschine. Er musste aus dem Auf und Ab des Deckels eines Dampfkessels unter Druck eine Drehbewegung machen. Im Jahr 1690 präsentiert der Franzose Denis Papin den ersten Prototyp eines **Dampfkessels**, der mittels Kolben und Zylinder funktionierte. 1698 legt der britische Ingenieur Thomas Savery mit einer dampfbetriebenen Vorrichtung nach, die dabei helfen sollte, das Grundwasser aus Bergwerken abzupumpen. James Watt ergänzte die Vorrichtung durch ein Planetengetriebe, das die Auf- und Ab-Bewegung des Kolbens in eine Rotation überführte.

Jeder Autofahrer macht die Erfahrung, wie sich die Kräfte bei Richtungsänderung verhalten. Um überhaupt eine Richtung ändern zu können, bedarf es einer störenden Kraft, welche die Trägheit überwindet und die in einem Winkel auf die Ausgangskraft einwirkt. Diese störende Kraft erzeugen wir, indem wir am Lenkrad des Autos drehen. Aber Vorsicht! Wenn wir das Lenkrad gar zu kräftig drehen, erzeugen wir eine Kraft senkrecht zur Fahrbahn und das Auto verliert die Bodenhaftung und überschlägt sich. In diesem Augenblick entfaltet das Drehmoment seine Wirkung.

Wie kann man die resultierende Kraft berechnen? Wir haben es also plötzlich mit drei Kräften zu tun, der Ausgangskraft $\vec{F}_a$, der störenden Kraft $\vec{F}_s$ und der resultierenden Kraft $\vec{F}_r$. Außerdem haben wir zwischen $\vec{F}_a$ und $\vec{F}_s$ einen Winkel φ. Wir berechnen die resultierende Kraft $\vec{F}_a \times \vec{F}_s = \vec{F}_r$ mit dem Betrag des Vektors $|F_r| = |F_a| \cdot |F_s| \sin(\phi)$ als dem Flächeninhalt des aufgespannten Parallelogramms und der Richtung senkrecht zur Parallelogramm-Fläche. Das nennen wir ein Vektorprodukt, weil dieses Produkt zweier Vektoren wieder einen Vektor ergibt, im Gegensatz zum Skalarprodukt $\vec{F}_a \circ \vec{F}_s = |F_a| \cdot |F_s| \cos(\phi)$, wo man nur einen Betrag erhält. Das erscheint auf den ersten Blick etwas willkürlich. Die Ausdrücke sin(φ) und cos(φ) sind einander komplementäre Winkelfunktionen mit den Eigenschaften, dass der Sinus von einem rechten Winkel gerade Eins ist und der Cosinus dann gerade Null. Genauere Erläuterungen zu Winkelfunktionen findet man unter dem Stichwort Trigonometrie in jedem Mathematiklexikon. Wenn das Skalarprodukt zweier Vektoren verschwindet, bedeutet das, der Winkel zwischen den Vektoren beträgt 90° und der Cosinus ist Null. Das bedeutet, dass die Vektoren voneinander unabhängig sind.

Dann ist aber das Vektorprodukt gerade maximal, weil der Sinus von 90° Eins ist. Ist jedoch das Vektorprodukt Null, bedeutet das, dass beide Vektoren parallel sind. Wenn also eine Kraft senkrecht an einem Radiusvektor angreift, ist sie unabhängig von der Zentrifugalkraft, bzw. Anziehungskraft, die entlang des Radiusvektors wirkt, wie etwa Newtons Kraft. Dann bezeichnet man das Vektorprodukt aus Radiusvektor und senkrecht angreifender Kraft als Drehmoment. Beim Autofahren wirkt das Drehmoment also gerade entgegengesetzt der Schwerkraft der Erde, was zur Destabilisierung einer Kurvenfahrt führt und im schlimmsten Fall dazu, dass sich das Auto überschlägt. Es ist also sehr vernünftig, den Drehmoment-Vektor senkrecht zur Richtungsänderung zu definieren.

Nun können wir uns dem Prinzip der Drehwaage widmen. Voraussetzung ist, dass man die Eigenschaft Gravitation skalieren kann. Das bedeutet, dass alle Massen vom Atom bis zur Sonne und darüber hinaus, die gleiche Eigenschaft Schwere besitzen, (von lateinisch gravitas für „Schwere" auch als Gravitation bezeichnet)

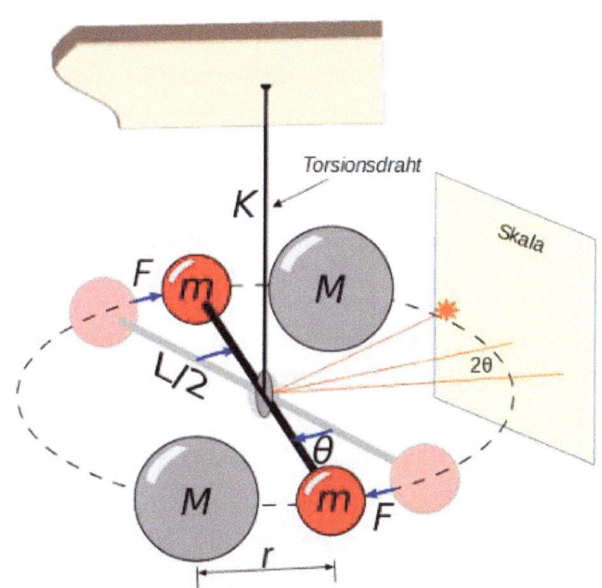

Abbildung 18: Funktionsprinzip einer Drehwaage

Das Funktionsprinzip der Drehwaage, abgeguckt vom Foliot (Abb. 18), ist nun folgendes: Zwei gleichgroße, stationäre Massen in Form zweier Bleikugeln ziehen zwei kleinere Kugeln gravitativ an. Dazu wird ein Waagebalken von der Länge L des Abstandes zwischen den Mittelpunkten der beiden großen Massen mittig an einem *Torsionsdraht* aufgehängt und an dessen Enden jeweils zwei kleine Massenkugeln befestigt. Nun wird der Torsionsdraht genau in der Mitte zwischen den beiden großen Massen so aufgehängt, dass zwischen den großen und kleinen Kugeln ein Abstand r besteht. Das Drehmoment $\vec{L} \times \vec{F}$ muss dann entgegengesetzt gleich dem Torsionsmoment sein. Die gegenseitige Anziehung der Massen bewirkt dann eine waagerechte Auslenkung bzw. Drehung des Waagebalkens um den Winkel θ, der dem Torsionsmoment des Drahtes $\vec{D} \cdot \theta$ entgegensteht. Der Betrag von D ergibt sich näherungsweise aus dem Kehrwert der Drahtlänge $1/K$. Aus dem Drehwinkel θ und der Schwingungsdauer lässt sich dann die Gravitationskonstante berechnen.[38]) Da die zu erwartenden Auslenkung sehr klein ist, wird am Torsionsdraht noch ein Spiegel angebracht, der einen Lichtstrahl auf einen entfernten Schirm reflektiert, damit man die Auslenkung auch möglichst genau messen kann.

Die Drehwaage hatte John Michell bereits um 1760 zum Zwecke der Bestimmung der Gravitationskonstante erfunden, ohne jedoch irgendwelche Messungen vorzunehmen. Noch bevor Henry Cavendish dann die Gravitationskonstante damit bestimmen konnte, hat schon Charles-Augustin de Coulomb 1784 zur Bestimmung der elektrischen Kräfte das Prinzip der Drehwaage benutzt und beschrieben, indem er die Kugeln elektrostatisch aufgeladen hatte. Das war also 13 Jahre früher als Cavendish die Gravitationskonstante bestimmen konnte.[39] Vergleicht man

---

38 Drehwaage-Experiment; Universität Göttingen
    https://lp.uni-goettingen.de/get/text/3577 (abgerufen am 18.04.2023)
39 *Ch. de Coulomb – First Memoir on Electricity and Magnetism: Construction and Use of an Electric Balance Based on the Property that Filaments of Metal Produce a Reactive Force in Torsion Proportional to the Angle of Twist;* Übersetzer: A.K.

Newtons Kraftgesetz mit Coulombs Kraftgesetz unter dem Aspekt, dass freie Ladungen auf der Oberfläche einer Masse vorkommen, so unterscheiden sich beide durch die enorme quantitative Größe der elektrischen Kraft gegenüber der Gravitation

$$\vec{F}_{1,2} \Leftarrow \frac{1}{4\,\pi\cdot\epsilon} \cdot \frac{q_1 \cdot q_2}{r^2{}_{1,2}}\,\vec{e} \qquad\qquad (1.12)$$

und statt Masse steht Ladung. Es gibt daraus nur die Schlussfolgerung. *Masse enthält elektrische Ladung und Gravitation ist eine residuale elektrische Kraft*, wie es bereits der italienische Physiker Ottaviano Fabrizio Mossotti formulierte. Zumindest berichtete davon der Leipziger Physiker Carl Friedrich Zöllner um 1882 [40]). Das wird auch verständlich, wenn man die Masse bis auf Atomniveau herunter skaliert. Das Atom besteht aus einer negativ geladenen Hülle und einem massereichen positiv geladenen Kern und im Massenverhältnis 1:1837. Im Normalzustand ist die Ladung ausgeglichen. Aber schon, wenn sich zwei Atome gegenüber liegen, werden sich die Ladungen verschieben und es entstehen elektrische Dipole, die auf ihre Umgebung eine kleine anziehende Kraft ausüben. Diese Kraft empfinden wir als Gravitation und haben ihr die Maßeinheit Newton gegeben.

Die elektrostatische Kraft kommt daher, dass einige Elektronen durch Reibung aus den oberflächlichen Atomhüllen; beispielsweise bei Bernstein, herausgerissen wurden. Gegenüber

---

T. Assis https://www.ifi.unicamp.br/~assis/Coulomb-in-English.pdf (abgerufen am 01.07.2023)

40 F. Zöllner –„*L'attraction universelle elle mê peut découler comme une déduction des principes qui règlent les forces électriques."* - Erklärung der universellen *Gravitation aus den statischen Wirkungen der Elektrizität und die allgemeine Bedeutung des Weberschen Gesetzes;* Leipzig 1882 Commisionsverlag S. XXVI

der gebundenen Ladung bei der Gravitation handelt es sich im anderen Fall um freie Ladungen. Da man diese Erscheinung schon in der griechischen Antike beschrieben hat und der Bernstein ήλεκτρov Elektron hieß, erhielt die Erscheinung der Bewegung freier Ladungsträger im 17. Jahrhundert den Namen Elektrizität und das Elementarteilchen, das dafür verantwortlich ist, wurde Elektron genannt. Folglich sind Masse und Ladung äquivalent. Man spricht dann vom Ionisierungsgrad der Masse und dieser kann weniger als 1% betragen, dann geht die Masse schon in die Plasmaphase über, die durch ihr Rekombinations-Leuchten wahrgenommen wird.

Freie Ladungen können fließen, wobei der Elektronenfluss leichter zu bewerkstelligen ist, als der Fluss neutraler Massen oder als Ionenfluss, denn es gilt der Erhaltungssatzes des Impulses.

$$m_e \cdot v_e = m_p \cdot v_p \qquad (1.13)$$

Das hat etwas unterschiedliche Konsequenzen. Wenn die Elektronengeschwindigkeit 99% der Lichtgeschwindigkeit erreicht, erhalten wir für die Protonengeschwindigkeit v_p aus der Impulsgleichung (1.13)

$$(300.000 \text{ km/s} \times 0,99) \times 0,000544 = 161,676 \text{ km/s}$$

Der Faktor hinter der Klammer ergibt sich aus dem Massenverhältnis von Elektron zu Proton. Damit erhalten wir die untere translatorische Grenze der Protonengeschwindigkeit. Aus der Energieerhaltung bekommen wir eine Geschwindigkeit von 6929,500 km/s als die obere Protonengeschwindigkeit, die sich aus Translation und Rotation zusammensetzt. Wenn wir daraus das geometrische Mittel bilden, erhalten wir eine mittlere Plasmageschwindigkeit von 1058,460km/s. Wir können daher sicher sein, dass massive Körper eine Geschwindigkeit von etwa 1000 km/s auf ihrer spiralförmigen Bahn nicht überschreiten.

Wenn Elektronen fließen, sprechen wir vom elektrischen Strom, wobei die Stromrichtung entgegen dem Elektronenfluss definiert ist. Ein Ionenstrom ist entsprechend seiner Masse dann noch langsamer, es sei denn äußere Felder beschleunigen die Protonen und Ionen. Der auf die Erde auftreffende Protonenstrom des Sonnenwindes hatte am 3. April 2023 eine Durchschnittsgeschwindigkeit von 531,5 km/s. [41]

Die Kraft und das Drehmoment resultieren aus der entgegengesetzten Ladung von Elektron und Proton

Ein zweite Schlussfolgerung ist folgende. Das Newtonsche Kraftgesetz gilt für zwei neutrale Massepunkte, da sich in Keplers Himmelsmechanik alle Planeten voneinander unabhängig bewegen. Angeblich wäre es mit Newtons Gleichungen nun aber theoretisch möglich, all diese Wechselwirkungen zu berechnen und ein reales Bild der Bewegung der Planeten zu erhalten. Es gelang allerdings niemand, diese Gleichungen auch tatsächlich zu lösen. Die größten Mathematiker der letzten Jahrhunderte haben sich daran versucht und blieben erfolglos. Trotzdem hält man daran fest, dass Galaxien sich nach Newtons Gesetzen drehen müssen und weil sie das nicht tun, wird zusätzliche dunkle Materie außen herum und im Zentrum Gravitationsmonster erfunden, die das Bewegungsprofil erklären sollen. Schaut man jedoch auf eine Spiralgalaxie, so bildet ihre Spirale eine feste

---

41 https://www.spaceweather.com/ (abgerufen am 4.04.2023)

Struktur. Das bedeutet, sie ist zumindest in den zentralen Bereichen ein Festkörperwirbel.

Also setzen wir mal einen Festkörper für die große Masse in Newtons Kraftgleichung ein: Nehmen wir den einfachsten Fall für unser Modell an. Die Galaxie nähern wir durch eine Zylinderscheibe an. Dann ist die Masse der Galaxie das Produkt aus dem Volumen V und der mittleren Dichte ρ über den Zylinderradius r. Das Volumen ergibt sich zu $V = 2\pi r^2 \cdot d$, woraus folgt $M = 2\pi r^2 \cdot d \cdot \rho$. Aus Newtons und Coulombs Kraftformel können wir schlussfolgern, dass die Massendichte ρ_m proportional der Ladungsdichte ρ_q ist. Setzen wir nun den gewonnenen Ausdruck für M in

$$\vec{F} \propto \frac{M \cdot m}{r^2} \vec{e} \tag{1.14}$$

ein, erhalten wir als Kraftbetrag die Proportionalität

$$|F| \propto d \cdot \rho_q(r) \cdot m_q \tag{1.15}$$

Da nun die Kraft das Produkt aus Masse und Beschleunigung ist, erhalten wir für Gesamtbeschleunigung unserer Probemasse am Rand des Zylinders in Zylinderkoordinaten:

$$b = \left(\frac{\partial v_r}{\partial t} + \frac{\partial v_\phi}{\partial t} + \frac{\partial v_z}{\partial t} \right) \propto d \cdot \rho_q(r) \tag{1.16}$$

Die Beschleunigung ist dann proportional der radialen Dichteverteilung und der Dicke des Zylinders aber nicht mehr abhängig vom Radius. Wenn wir über die Zeit integrieren, erhalten wir:

$$v_r + v_\phi + v_z \propto d \cdot \rho_q(r) \tag{1.17}$$

Das stimmt mit den Messungen der Winkelgeschwindigkeiten der Galaxien überein, wie Abbildung 19 zeigt. Die Galaxie ist ein riesiger Staubsauger, der an der Peripherie die Masse ansaugt und sie im Zentrum in einem kosmischen Jet-Strom ausstößt. Es besteht kein Grund für die Annahme von irgendwelcher dunkler Materie, die nur gravitative Eigenschaften hat, noch existieren singuläre Polstellen in Galaxien, in denen die Masse verschluckt wird. Im Zentrum der Galaxie, wo die Winkelgeschwindigkeit geringer wird, nimmt die Geschwindigkeit des Massenstromes senkrecht zur Rotationsebene zu.

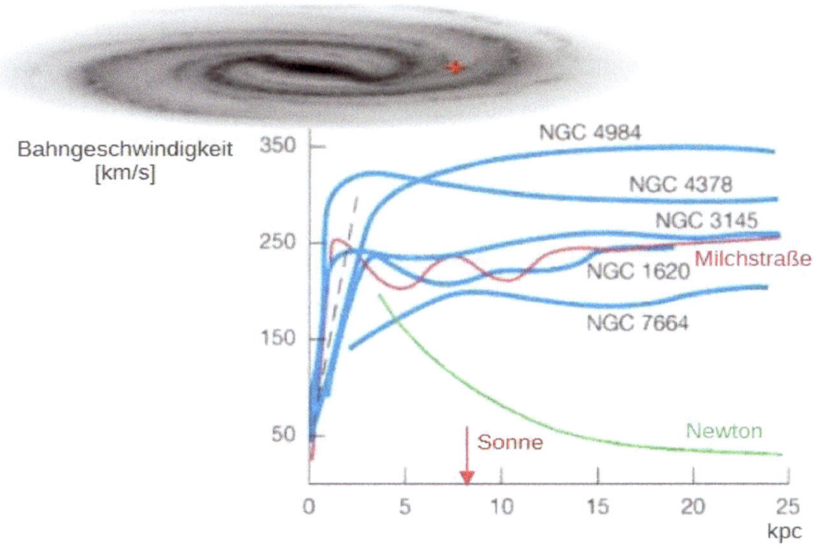

Abbildung 19: Winkelgeschwindigkeiten von Galaxien nach Folz & Eckardt
https://www.atomicprecision.com/Numerical/Paper238b-de.pdf
(abgerufen am 2.03. 2023)

Anhand der Struktur der Galaxie erkennen wir einen Festkörperwirbel, der zum Rand hin erst zu einem Potentialwirbel mit sinkender Winkelgeschwindigkeit wird. Das bedeutet, dass Newtons Formel (1.14) nur für sehr große r mit Massenpunkten anwendbar ist. Eine Singularität, wie sie in der Relativitätstheorie angenommen wird, kann es in der Realität nicht geben.

Die Energie

Während das Drehmoment aus einer Kraft und einem Abstand zusammengesetzt ist, ist die Energie das Skalar-Produkt aus einem Impuls und einer Geschwindigkeit und damit in erster Linie eine dynamische Einheit, aber als potentielle Einheit auch das Skalar-Produkt aus einer Kraft und einem Weg.

Als dynamische Einheit hat die Energie
in der Mechanik die Einheit $\qquad$ 1 Nm $\qquad$ = 1 kg m^2 s^{-2}
in der Thermodynamik die Einheit $\quad$ 1 Joule [J] = 1 Nm $\qquad$ = 1 Ws
in der Elektrodynamik die Einheit $\quad$ 1 Wattsekunde [Ws] = 1 VAs

An der Entwicklung des Energiebegriffes sind eine Reihe von Wissenschaftlern des 19. Jahrhunderts beteiligt gewesen, durchdringt er doch die gesamte Dynamik in allen vier Phasen der Materie. Zuerst sprach man von der lebendigen Kraft, ehe sich der Begriff kinetische Energie im Gegensatz zur potentiellen Energie durchsetzte.

Im 20. Jahrhundert kommen noch zwei Namen hinzu: relativistische Energie und Strahlungsenergie, ausgedrückt durch Albert Einsteins missverstandene Formel $E = m{\cdot}c^2$ und Max Planck Formel $E = h{\cdot}v$.

Es geht der Mythos um, dass man Energie in Masse und Masse zurück in Energie überführen könne. Dieser Mythos hat sich in den Köpfen der Menschen festgesetzt, weil mathematische Symmetrie auch Akausalität einschließt und das Gleichheitszeichen für umkehrbare Eindeutigkeit steht. Merkwürdigerweise akzeptiert man, dass die Thermodynamik nicht umkehrbar ist, aber weigert sich, diese Eigenschaft auf die gesamte Dynamik auszudehnen.

Dynamik ist kausal aber nicht symmetrisch.

Im Jahr 1960 hat die DEFA diesen Mythos in dem Science-Fiction-Film *Der schweigende Stern* thematisiert. In den 60er Jahren brach dann eine Euphorie betreffs der unbegrenzten Nutzung der Atomenergie aus, bis dann die anfallenden radioaktiven Abfälle zu einem Erwachen führten.

Einstein gilt offiziell als der bedeutendste Physiker des 20. Jahrhunderts, insbesondere als Begründer der speziellen (1905) und der allgemeinen Relativitätstheorie (1916). Sein größter Verdienst bestand aber wohl darin, dass er den Jahrhunderte dauernden Streit zwischen den Anhängern eines geozentrischen Weltbildes und den Anhängern eines heliozentrischen Weltbildes mit seinen Theorien relativiert hat. So wurde er in Verbindung mit dem Priester-Gelehrten George Lemaître, der die Wissenschaft mit der Religion versöhnen wollte, zum Aushängeschild einer Pseudowissenschaft, die der katholische Kirche zur theoretischen Grundlage des christlichen Glaubens diente.[42] Das hat der Entwicklung der Physik als Wissenschaft im 20. Jahrhundert nachhaltig geschadet.

Doch zurück zur Energie. Was bedeutet Einsteins Formel nun wirklich? Wenn ein Elektron einen Lichtimpuls $m_e \cdot c \Rightarrow p_c$ auslöst, dann verbreitet sich dieser Impuls mit Lichtgeschwindigkeit über die ganze Materie. Folglich handelt es sich bei Einsteins Formel um eine dynamische kausale Beziehung, aber nicht um

---

42 November 1951 – *Papst Pius XII erkennt den Urknall an;*
https://www1.wdr.de/stichtag/stichtag-papst-pius-urknall-schoepfung-100.html
(aufgerufen am 04.04.2023)

eine umkehrbare Beziehung. Man muss diese Formel daher so schreiben:

$$E_c \Leftarrow p_c \cdot c \tag{1.18}$$

Wenn sich die Energie mit Lichtgeschwindigkeit wie ein Tsunami in der Masse verteilt, dann hat die Lichtgeschwindigkeit keine bevorzugte Richtung. Dazu passt auch die ursprünglich nur für Elektronen vorgesehene Energieformel von Max Planck:

$$E_c \Leftarrow h_e \cdot \nu \tag{1.19}$$

Wenn ein Impuls an einer dichteren Phase abgebremst wird, entwickelt er eine Wirkung entsprechend seiner Wiederholfrequenz. Das erfährt jeder Heimwerker mit seiner Schlagbohrmaschine. Betrachten wir die Einheit von h, so erhalten wir die Einheit Watt. Da in h die dynamische Masse vorkommt, kann man nicht von einer Naturkonstanten sprechen, höchsten von einer Systemkonstanten. Wenn nach Hermann von Helmholtz die Energie erhalten bleibt, können wir folglich auch einen Erhaltungssatz aus Plancks Energieformel formulieren:[43]

$$h_1 / \lambda_1 = h_2 / \lambda_2 \tag{1.20}$$

Diese Beziehung ist besonders wichtig, wenn man den Übergang von der Strahlungsenergie zur Wärmeenergie und Elektroenergie verstehen will.

Da wir es nicht mehr mit Massen, sondern mit abzählbaren Mengen bzw. Quanten zu tun haben, können wir schlussfolgern: Wenn h_1 das Wirkungsquantum eines Elektrons ist, dann hat ein Proton ein Wirkungsquantum h_2, das 1836 mal größer ist als das des Elektrons. Wenn eine Haushalt-Mikrowelle 2,5 GHz liefert, hat sie eine Wellenlänge von 12,0 cm. Das entspricht 120×10^6 nm. Setze ich $h_1 = 1$ Js und $\lambda_1 = 486$ nm, dann erhalte ich für h_2:

---

43 Die Quantentheorie sieht das Wirkungsquantum h als eine Konstante an, die sie aber nicht sein kann, da sie in ihrer Definition die Masse enthält.

$$h_2 = h_1 \cdot \frac{\lambda_2}{\lambda_1} \quad \rightarrow \quad 1200 \times 10^5 : 486 \text{ Js} \approx 2{,}47 \times 10^5 \text{ Js} \qquad (1.21)$$

Oder wenn ich Plancks Konstante $h_e = 6{,}626 \times 10^{-34}$ nehme, erhalte ich für das Proton $h_p = 4{,}042 \times 10^{-28}$ Js. Mit einer solchen Wirkungsverstärkung kann ich nicht nur Wasser, sondern auch größere Moleküle in Schwingungen versetzen. Das ist die Ursache dafür, dass man mit Laserlicht Material abtragen kann. Es ist das Resonanzphänomen, was über riesige Frequenzbereichen gilt und auch schon Brücken zum Einsturz gebracht hat, weshalb es verboten ist, dass eine Kompanie Soldaten im Gleichschritt über eine Brücke marschiert.

Die Voraussetzung zur Emission von Strahlung ist ein Dipol, wie Untersuchungen von Heinrich Hertz 1886 zeigten, also eine mechanische Anordnung, die zwei diskrete, unterschiedlich polarisierte Ladungspunkte erfordert,[44] die zu Schwingungen angeregt werden. Wie wir auf Seite 81 schon besprochen haben, wird diese Kraft bei Atomen gemeinhin als Gravitationskraft bezeichnet, ohne dass der ursprüngliche Zusammenhang mit der Elektrostatik erkannt wurde. Der Hertzsche Dipol wurde allerdings mittels freier Ladungsträger über eine Funkenstrecke erzeugt. Er bestätigte damit die Existenz von elektromagnetischen Wellen, die Maxwell vorausgesagt hatte.

Gemeinhin wird das Wirkungsquantum des Elektrons als eine Naturkonstante in der Quantenmechanik angesehen. Nun lässt sich aus Leistungsaufnahme und Frequenz eines Bohrhammers ganz leicht dessen Wirkungsquantum bestimmen, wenn er auf

---

44 H. Hertz. - *"Die Kräfte elektrischer Schwingungen, behandelt nach der MAXWELL'schen Theorie"*. Ann. Phys. u. Chem. 1889, No. 1

die Betonwand gerichtet wird. So kann auch jeder Heimwerker zum Quantenmechaniker aufsteigen.

Was wir hier erkennen, ist das es eine Energiequelle gibt, ein Drehmoment, eine Impulsübertragung und eine Wirkung an der Wand. Die geläufigste Art der mechanische Energieübertragung kann aber auch durch ein Transmissionsgetriebe (Abb. 20) wie etwa einen Kettenantrieb beim Fahrrad oder einen Riemenantrieb erfolgen.

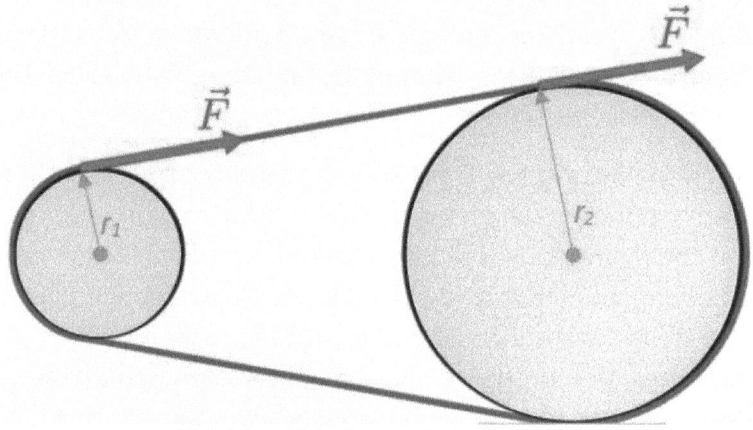

Abbildung 20: Transmissionsgetriebe

$$r_1 \cdot n_1 = r_2 \cdot n_2 \tag{1.22}$$

Wir finden immer wieder das gleiche Grundprinzip in verschiedenen technischen Abwandlungen. Kraftquelle, Impulsleitung, Energiesenke mit Energiewandlung. Anstelle der Frequenz steht hier die Drehzahl n und statt der Wirkungsquanten stehen die Drehmomente, wenn man die Gleichung (1,22) mit der Kraft multipliziert.

Energiewandlung

Das Beispiel mit der Haushalt-Mikrowelle hat gezeigt, wie Elektroenergie in Bewegung der Moleküle gewandelt werden kann und unsere Erfahrung hat uns gelehrt, dass wir diese spezielle Bewegung als Wärme empfinden.

Der mechanische Energiebegriff als Grundbegriff der Dynamik ist wohl der wichtigste Begriff für eine Industriegesellschaft, seit die zweite Stufe der industriellen Revolution begann. Diese Stufe ist dadurch gekennzeichnet, dass Energie in Form von elektrischer Energie praktisch an jedem Ort verfügbar ist. Das führte dazu, dass wir in heutiger Zeit von der Elektroenergie in dem Maße abhängig sind, dass ohne diese das ganze soziale Leben zusammenbräche. Doch wer von denen, die das soziale Leben organisieren müssen, beherrscht heute die physikalischen Grundlagen noch?

Als Energie verstehen wir den nutzbaren Massenfluss bzw. Ladungsfluss durch einen Querschnitt in einer Zeiteinheit. An unserem Stromzähler lesen wir die Kilowattstunden ab. Aus Sicht des Nutzers steht der Energiebegriff für eine Reihe verschiedener Transporterscheinungen. Wir sprechen von mechanischer, pneumatischer, thermischer, chemischer, atomarer und elektrischer Energie und der Energieerzeuger steht oft nicht am Ort des Energienutzers.

Wir sprechen von einem Energieerzeuger, einem Übertragungskanal und einem Energieempfänger. Dazwischen wird eine Impulsfolge übertragen, die für den Energietransport zuständig ist. Eine der wesentlichen Errungenschaften der 2.Stufe der industriellen Revolution ist der Energietransport über große Strecken. Dabei wurde ein Verständnis für die Energieverluste entlang des Übertragungskanals und ihre Minimierung gewonnen. Dabei hat es sich als günstiger erwiesen, statt der Masse selbst nur deren Information zu übertragen. Die Verluste betreffen dann sowohl Wirkung als auch Frequenz. Integriert man über alle Impulse in der Zeiteinheit, erhält man die lebendige Kraft, wie man im 19. Jahrhundert zu sagen pflegte. Heutzutage spricht man von kinetischer Energie, im Gegensatz zur potenzielle Energie. Die kinetische Energie verrichtet Arbeit und die potentielle Energie ist das Vermögen, Arbeit zu verrichten. Dabei wird die sich verteilende Energie, die als Wärme in die Umwelt entweicht, gewöhnlich nicht berücksichtigt. Bei der Wärme-Kraftkopplung ist das etwa ein Drittel der Primärenergie. Das Verhältnis verschlechtert sich bei der großtechnischen Atomkraft-Nutzung und bei langen Übertragungsleitungen noch. Deutlich besser sind dezentrale Umwandlungen mit gleichzeitiger Nutzung der Abwärme für Gebäudeheizung.

Wenn ein Elektron im Meer des kosmischen Äthers oder sagen wir besser im elektromagnetischen Feld der Atome einen ‚Tsunami‘ auslöst, dann verteilt sich die Energie mit Lichtgeschwindigkeit über den gesamten Kosmos. Von dieser Energie kann nur ein kleiner Teil zur Arbeit herangezogen werden, nämlich der Teil, dessen Impulse gerade in die Richtung des Empfängers weisen. Mit anderen Worten, die Lichtgeschwindigkeit wirkt in alle Richtungen und hat somit überhaupt keine Richtung, da sich die Richtungen gegenseitig neutralisieren. Folglich wird sie mathematisch durch einen Skalar dargestellt. Als das kosmische Übertragungsmedium hat man in der Vergangenheit den Äther bezeichnet, bis dann der Ätherstreit ausbrach und die

Physiker entzweite. Im Zusammenhang mit diesem Streit ist auch der Mythos entstanden, dass die Lichtgeschwindigkeit eine Konstante sei. Einstein entwickelte seine Relativitätstheorie unter der Voraussetzung, dass sie eine Konstante sei, weil seine relativistische Projektion ein konstantes Projektionszentrum benötigte. Er hat dabei die Gesetze der Optik nicht beachtet. Wilhelm Weber fand schon 50 Jahre früher, dass die Lichtgeschwindigkeit eine Materialkonstante und indirekt proportional der Wurzel der elektromagnetischen Stoffeigenschaften ist. Ich werde im Zusammenhang mit der spektralen Rotverschiebung darauf noch einmal gesondert zurückkommen.

Der am Empfänger brauchbare Teil der Energie setzt Impulse in annähernd gleiche Richtung voraus. Wenn wir uns an die Vektormultiplikation erinnern, ist das Skalarprodukt zweier Vektoren am größten, wenn der Cosinus des eingeschlossenen Winkels gleich 1 ist. Das aber ist der Fall, wenn die Vektoren parallel sind. Öffnet sich jedoch der Winkel zwischen den Wirk-Komponenten, wird die resultierende Wirkung auf den Empfänger kleiner. Alle Vektoren, die senkrecht zur Wirkrichtung stehen, gehen für den Wandlungsprozess verloren, da dort der Cosinus Null ist.

Trotzdem macht die von der Empfängermasse aufgenommene Energie etwas mit ihr. Die Masse dehnt sich aus, und das kann man zur Bestimmung der dissipativen Energie heranziehen.

Die Temperatur

Die Temperatur lässt sich nach Ludwig Boltzmann mikroskopisch als die mittlere Energie der atomaren oder molekularen Bestandteile eines Gases, einer Flüssigkeit oder eines Festkörpers auffassen.

Schwingen oder bewegen sich die Teilchen schneller, herrscht eine höhere Temperatur, sind sie langsamer, ist sie niedriger. Wir erinnern uns an Plancks Strahlungsformel $S \Leftarrow h \cdot v$.

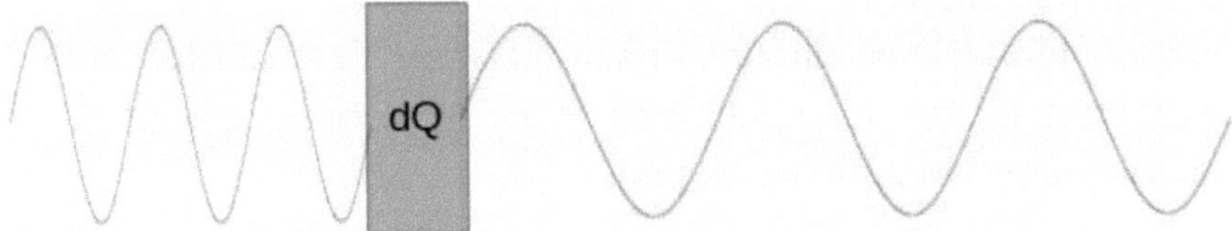

Abbildung 21: Frequenzwandlung in Wärmestrahlung

Die Frequenz der einfallenden Strahlung bringt die Atome entsprechend ihrer Freiheitsgrade in Resonanz-Schwingungen.

So wird die einfallende Frequenz des Lichtes in einer materiellen Phase in die Frequenz einer langwelligeren Wärmestrahlung umgesetzt, wie das Formel (1.20) beschreibt und in Abb. 21 dargestellt ist. Das hat zur Folge, dass sich das Volumen des Materials ausdehnt, da jedes Atom eine größere Intimzone für seine Schwingungen benötigt. Festkörper und Flüssigkeiten sind daher inkompressibel. Lediglich Gase sind kompressibel, da ihr Volumen nicht allein durch ihre Eigenschwingungen, sondern auch durch ihre freie Bewegung bestimmt wird.

Nun hat man festgestellt, dass sich Wärme entsprechend der Erhaltung der Strahlungsenergie von einem Volumen in ein anderes Volumen übertragen lässt, bis alles gleich warm ist. So konnte man die Ausdehnung eines Flüssigkeitsvolumen in einem dünnen Glaszylinder als eine Längenausdehnung messen. Diese Längenausdehnung wurde skaliert, nur konnte man ihr keine bisher verwendete Basiseinheit zuordnen.

Als erster verwendete der dänische Astronom Ole Rømer ein Thermometer mit zwei Fixpunkten, dem Gefrierpunkt des Wasser und seinem Siedepunkt. Es war auch Rømer, der 1676 die Endlichkeit der Lichtgeschwindigkeit erkannte, indem er die Verdunkelungsdauer des Jupitermondes einmal mit Erdbahndurchmesser und einmal ohne Erdbahndurchmesser beobachtete. Nach einem Besuch bei Rømer kam der deutsche Glasbläser und Gerätebauer Daniel Gabriel Fahrenheit auf die Idee, die Ausdehnung von Quecksilber als Referenz zu wählen, um Temperatur zu skalieren. Fahrenheit verwendete jedoch als Nullpunkt seiner Skala die tiefste Temperatur, die er mit einer Mischung aus Eis, Wasser und Salmiak erzeugen konnte: −17,8 °C, welche 0 °F entsprechen. Er wollte in seiner Skala keine negativen Werte haben, wie sie bei der Rømer-Skala auftreten konnten.
Auch eichte Fahrenheit seine Skala mittels dreier Fixpunkte, dem tiefsten Punkt, seinem Nullpunkt 0 °F, dem Gefrierpunkt des Wassers bei 32 °F und der Körpertemperatur eines gesunden Menschen bei 96 °F.

Der Schwede Anders Celsius definierte 1742 eine Temperaturskala mit den Fixpunkten, die durch den Übergang des Wassers in Eis und in Dampf festgelegt werden konnten. Entgegen zu der heutzutage gebräuchlichen Festlegung, wo der Gefrierpunkt bei 0 °C liegt und der Siedepunkt bei 100 °C hatte er die Skala gerade anders herum festgelegt. Die heutige Festlegung geht auf Carl von Linné zurück, der nach Celsius Tod 1745 die Skala umdrehte. Der Vorteil der Celsiusskala war, dass sie sich auf den Luftdruck bei 760 mm Quecksilbersäule bezog und somit exakte Messbedingungen garantiert wurden.

Eine dritte Temperaturskala wurde von William Thomson, dem späteren Lord Kelvin 1852 vorgeschlagen, nachdem dieser 1851 schon unabhängig von Clausius eine allgemeinere Formulierung des zweiten Hauptsatzes der Thermodynamik für geschlossene Systeme vorgestellt hatte. Nachdem Joseph Louis Gay-Lussac die Ausdehnung idealer Gase in Abhängigkeit der Temperatur beschrieben hatte, schlussfolgerte Thomson schon 1848 aus dem geradlinigen Anstieg der Volumenänderung, dass bei -273 °C das ganze Volumen eines idealen Gases zu einem Punkt zusammengezogen sein müsse. Damit ergab sich der Wert von -273 °C. als absoluter Nullpunkt der Temperatur. 1954 wurde das Kelvin zur Basiseinheit der Temperatur erklärt. Die Definition lautete seitdem:

> *»Das Kelvin, die Einheit der thermodynamischen Temperatur, ist der 273,16-te Teil der thermodynamischen Temperatur des Tripelpunktes des Wassers.«.*[45])

Damit der Mensch sich wohlfühlt, benötigt er eine Temperatur zwischen 20 und 25 Grad Celsius. Um die zu erreichen, wird eine bestimmte Wärmemenge benötigt. Zwischen Temperatur und Wärmemenge besteht eine enge Beziehung. Diese Beziehung erhält einen neuen Begriff. Das ist die **Entropie.**

Wir wollen uns nun mit der Beziehung zwischen Temperatur und Wärmemenge beschäftigen und finden, dass dieser Begriff im Zusammenhang mit den materiellen Phasen eine grundlegende Bedeutung für die Physik bekommt.

---

45 PTB - *Das Kelvin;* https://www.ptb.de/cms/de/forschung-entwicklung/forschung-zum-neuen-si/countdown-zum-neuen-si/das-kelvin.html (abgerufen am 04.04.2023)

Energiefluss und Entropie

Über die Bedeutung von Wärmemenge gab es lange Zeit eine Auseinandersetzung zwischen denen, die in der Wärme eine Substanz sahen und denen, die darin nur eine andere Art Energie sahen.

Nach der Entdeckung des Energieerhaltungssatzes (1. Hauptsatz der Thermodynamik) durch Julius Robert von Mayer, James Prescott Joule und Hermann von Helmholtz zeigte jedoch William Thomson (der spätere Lord Kelvin), dass zwischen Carnots Prozess und der Energieerhaltung ein Widerspruch bestand. Im Unterschied zur bis dahin vorherrschenden Meinung erkannte Thomson, dass Wärme kein unveränderlicher Stoff ist, sondern nur eine Form von Energie darstellt, die sich in die bekannten anderen Formen (Bewegungsenergie usw.) umwandeln lässt.

Schließlich erkannte Rudolph Clausius den Zusammenhang von Wärmemenge und Temperatur. Wenn nämlich sich die Wärmemenge durch Abfluss ändert, dann ist das Produkt aus Temperatur und einer inneren Strukturänderung des Atomgefüges dS infolge von Strahlungsenergie.

$$dQ = T \cdot dS \qquad\qquad (1.22)$$

Diese Gleichung ist auf den ersten Blick ziemlich unanschaulich.

Clausius erfand für diese Strukturänderung des Atomgefüges den Namen Entropieänderung und er erkannte, dass die Energie immer vom wärmeren zum kälteren Körper abfließt. Den Begriff Entropie leitete er aus dem Griechischen ab, was soviel wie Anwendung bedeutet. (Kunstwort altgriechisch ἐντροπία *entropía*, von ἐν *en* ‚an', ‚in' und τροπή *tropé* ‚Wendung') Dann ist die

103

Entropieänderung an einem Fixpunkt der Temperatur bei einem Phasenübergang gleich der Änderung der Wärmemenge.

$$dS = \frac{dQ}{T} \qquad (1.23)$$

Die Entropieänderung erklärt die Strukturänderung zwischen den Phasen der Materie. Diese Entropieänderung ist bei Wärmezufuhr positiv, bei Wärmeabfuhr negativ. Nun sagt der zweite Hauptsatz der Wärmelehre, dass in einem geschlossenen System die Entropieänderung nur positiv sein kann. In einem geschlossenen System gibt es weder einen Zufluss noch einen Abfluss von Wärme, folglich kann sich die Wärmeenergie dort nur gleichmäßig über das System verteilen, da sie nach dem ersten Hauptsatz nicht verloren geht.

2. Hauptsatz der Wärmelehre:
In einem geschlossenen System nimmt die Entropie zu.

Folglich ist die Gleichgewichtsthermodynamik eine unvollständige Theorie, da sie nicht erklären kann, warum Wasser in einem Topf gefrieren kann. Wir werden später darauf zurückkommen. Wenn aber Wärme abfließen kann, muss dann das System zwangsläufig offen sein.

Was passiert nun, wenn sich die Temperatur dem absoluten Nullpunkt nähert? Dann muss die Wärmeübertragung auch gegen Null gehen, sonst würde die Entropieänderung über alle Schranken wachsen. Das kann aber nicht sein, denn wir verstehen Temperatur als Bewegung der Atome, die am absoluten Nullpunkt zur Ruhe kommt.

$$\lim_{T \to 0} \frac{dQ}{T} \Rightarrow 0 \qquad (1.24)$$

Wenn die Bewegung aufhört, geht die mechanische wie thermische Energie gegen Null. Es gibt dann keine Strukturänderung mehr. Es muss also noch eine Beschreibung für die Entropie in offenen Systemen geben, die verhindert, dass die Entropie in Formel (1.23) ins Unermessliche wachsen kann. Wir werden im Abschnitt *Entropie in dynamischen Systemen* noch einmal darauf zurückkommen.

Doch wie beschreibt man eine Verteilung über ein System? Ludwig Boltzmann deutete die Entropie im Bild von sich bewegenden Atomen und Molekülen und begründete so die statistische Mechanik. Er entwickelte eine Beziehung zwischen der Entropie und einer thermodynamischen Wahrscheinlichkeit und kam zum Resultat, dass die Entropie proportional dem Logarithmus der thermodynamischen Wahrscheinlichkeit ist. Das ist nicht sofort einsehbar, weshalb wir einen kurzen Ausflug in die Wahrscheinlichkeitslehre oder Stochastik unternehmen müssen.

Kommentar: Als Ausgangspunkt der Lehre von der Wahrscheinlichkeit oder Stochastik gilt das Würfelspiel, dessen wesentliches Ziel darin besteht, mit einem oder mehreren Spielwürfeln ein bestimmtes numerisches Ergebnis zu erhalten. Der Chevalier de Méré, ein verarmter Adliger, der seinen Lebensunterhalt um 1654 durch Glücksspiele mit Würfeln bestritt und dafür immer neue Varianten erfand, bat die beiden Gelehrten Blaise Pascal und Piere de Fermat, ihm die Chancen für einen Gewinn oder Verlust der von ihm erfundenen jeweiligen Glücksspiele auszurechnen. Beispielsweise wollte de Méré mit seinem Gegenspieler wetten, dass bei viermaligem Würfeln wenigstens einmal die Sechs vorkommen würde, sonst sollte der Gegenspieler gewinnen. Deshalb bat er einmal Pascal zu untersuchen, ob dieses Spiel für ihn vorteilhaft sei. Pascal schloss: Die Wahrscheinlichkeit dafür, dass keine Sechs fällt, ist bei einmaligem Würfeln 5/6, bei viermaligem Würfeln $(5/6)^4 = 625 \div 1296 \approx 0{,}482$ und damit kleiner als ½. Die Gewinnaussichten für de Méré lagen also über der Hälfte.

Ein anderes Mal bat er Pierre de Fermat seine Gewinnchancen auszurechnen: Es sollte 24-mal mit zwei Würfeln gewürfelt werden. Gewonnen sollte sein, wenn wenigstens einmal ein Paar Fünfen fällt. Bei einem Wurf mit zwei Würfeln fällt mit einer Wahrscheinlichkeit von 35/36 keine Doppelfünf. Fermat zeigte, dass die Wahrscheinlichkeit, hierbei zu verlieren, $(35/36)^{24} = 0{,}5086$ betrug, also größer als ½ war und riet ab.

Wahrscheinlichkeit ist also ein quantitatives Maß zwischen 1 und 0 oder zwischen wahr und falsch. ½ ist dabei die Grenze der Ungewissheit. Ist die Wahrscheinlichkeit größer als ½ tendiert die Aussage mehr dazu, wahr sein zu können, während bei einer Wahrscheinlichkeit kleiner ½ sollte man der Aussage nicht vertrauen, da sie in Richtung Irrtum tendiert. Während man mit einem Würfel eine Gleichverteilung zwischen den sechs möglichen Ziffern erhält, verändert sich das in Abhängigkeit der Anzahl der verwendeten Würfel, wie die folgende Abbildung zeigt. Auf der Abszisse sind die möglichen Augenzahlen der Würfel abgetragen und auf der Ordinate wird die Wiederholung der jeweiligen Augenzahlen dargestellt.

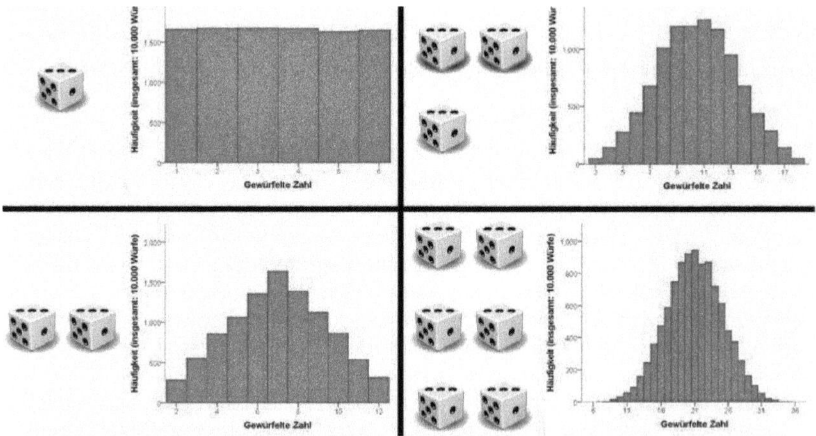

Abbildung 22 Verteilungen mit 10.000 Würfen erzeugt
Quelle: R. Grünwald

Je größer die mögliche Augenzahl ist, desto stärker bildet sich die Form einer Glocke heraus, wie aus Abb. 22 zu erkennen ist.

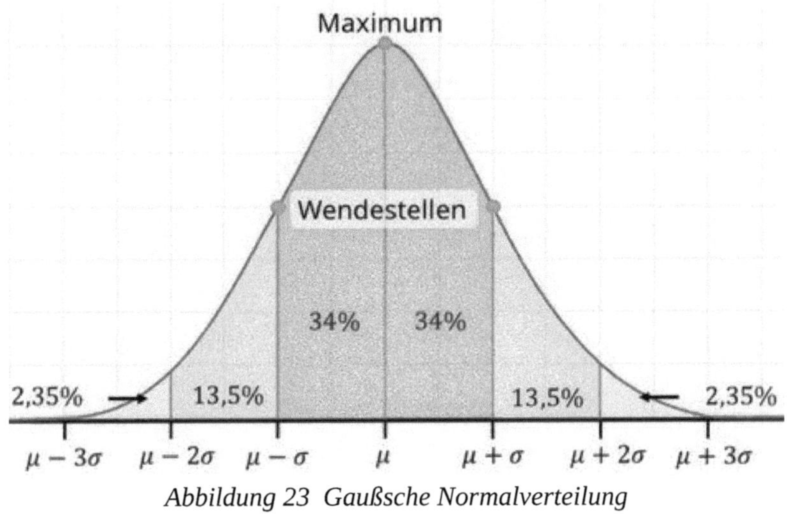

Abbildung 23 Gaußsche Normalverteilung

Nun haben Mikrozustände der Materie in ihrer Tendenz eine gewisse Ähnlichkeit mit Würfelspielen hoher Augenzahlen, da sie im Wiederholungsfall einer Messung niemals genau den gleichen Wert liefern. Das kann an Umwelteinflüssen, am Messverfahren oder auch an der Skalierung liegen. Je öfter man eine Messung wiederholt, desto mehr nähert sich der gewonnene Datensatz einer Gaußschen Normalverteilung mit einem Mittelwert μ an, wie in Abb. 23 gezeigt ist. Eine Gewissheit kann man dann aus dem Mittelwert und einem Intervall 2σ um den Mittelwert ableiten, dass mehr als 2/3 aller Messwerte umfasst. Die Gewissheit oder höchste Wahrscheinlichkeit besteht dann aus dem Mittelwert μ aller Messungen und dem mittleren Messfehler, der sich aus der Standardabweichung σ vom Mittelwert μ ergibt. Im Idealfall geht die Standardabweichung gegen Null. In der Realität muss man sich mit einer geringeren Standardabweichung begnügen, Dar-

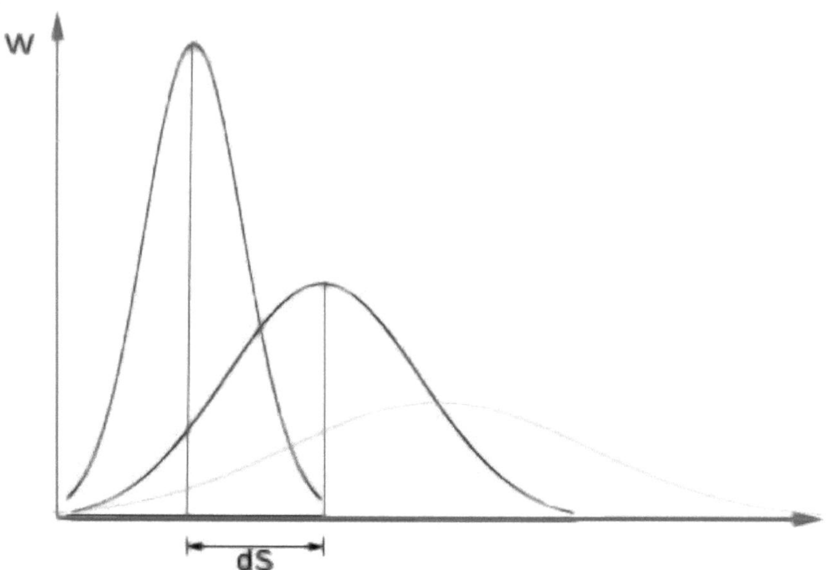

Abbildung 24: Exponentieller Abfall der Wahrscheinlichkeit

aus folgt eine hohe Wahrscheinlichkeit des Makrozustands, was auf eine hohe Ordnung hindeutet.

Wenn nun *dS* in einem geschlossenen System größer wird, muss sich die Glockenkurve unter Beibehaltung des Flächeninhaltes unter der Kurve exponentiell abflachen, wie Abb. 24 veranschaulicht. Um jedoch eine lineare Abhängigkeit zu bekommen, verwendet man eine logarithmische Skala.

Die Idee von Ludwig Boltzmann präzisierend, in der Max Planck das Verhältnis von Energie zu Temperatur als konstant annimmt, lautet nun [46]

$$S = k_B \log W \tag{1.25}$$

---

46 Max Planck – *Zur Theorie des Gesetzes der Energieverteilung im Normalspektrum.* Vortrag – Faksimile aus den Verhandlungen der Deutschen Physikalischen Gesellschaft 2 (1900). In: *https://onlinelibrary.wiley.com/*. 14. Dezember 1900, S. 237–245 (abgerufen am 14.12.2020).

Das heißt, die Entropie S des Makrozustands eines abgeschlossenen Systems im thermischen Gleichgewicht ist proportional zum Logarithmus des statistischen Gewichts W der entsprechend möglichen Mikrozustände. Das statistische Gewicht W ist ein Maß für die Wahrscheinlichkeit eines bestimmten Makrozustandes. Doch die Mikrozuständen lassen sich auch anders deuten. Sie bilden die mittlere dynamische Struktur des Übertragungskanals zwischen der Mikrowelt und der Makrowelt, in letzterer wir Messungen vornehmen, wie Claude Shannon 1948 in seiner Theorie[47]) festgestellt hat. Um eine Einheit für die Entropie zu erhalten, muss eine Basis für den Logarithmus gewählt werden. Standardmäßig verwendet man die Basis 10. Aber in der binären Informatik in einem Übertragungskanal mit zwei Mikrozuständen und damit der Einheit Bit müssen wir die Basis 2 wählen. Daher wandelt sich Formel (1.25) in

$$S = k_B \log_2 W \qquad (1.26)$$

Die Formel (1.25) für die Entropie findet sich zwar auf Boltzmanns Grabstein, steht aber nirgendwo explizit in seinen Werken. Er hat aber den Zusammenhang zwischen Entropie und der Zahl der Zustände klar erkannt, z.B. in den Sitzungsberichten der Wiener Akademie 1877 oder seinen Vorlesungen über Gastheorie.[48]) Das klinkt wirklich sehr akademisch. In der Umgangssprache beschreibt die Entropie die Ordnung von Objekten.

---

47   C. Shannon - *A Mathematical Theory of Communication*
     https://people.math.harvard.edu/~ctm/home/text/others/shannon/entropy/
     entropy.pdf (abgerufen am 25.02.2023)
48   L. Boltzmann - *Gastheorie*; Bd. 1, 1895, S. 40, siehe Ingo Müller *A history of thermodynamics*, Springer, S. 102.

Dazu ein Beispiel: In meiner Jugendzeit wurden die Briketts zum Heizen für die Winterzeit lose angeliefert. Da lag dann ein Berg Briketts vor dem Hauseingang. Die Aufgabe bestand dann darin, die Briketts in den Keller zu tragen und dort zu stapeln, denn sonst wäre kein Platz mehr für andere wichtige Güter. Damit haben wir damals mit unserer Arbeit nicht nur den Transport der Briketts in den Keller vorgenommen, sondern gleichzeitig die Entropie des Briketthaufens vor dem Hauseingang zum Stapel im Kellerraum verringert.

Im obigen Beispiel ging es um den Transport von einigen Dezitonnen Masse, aber auch der Transport von Energie durch ein offenes System funktioniert auf die gleiche Weise. Wir haben eine Kraftquelle, ein Transportsystem und einen Empfänger.

Ich erinnere an das schreckliche Unglück, was zu Weihnachten 2004 über die Anrainer des indischen Ozeans hereinbrach. Vor Sumatra, bei den Inselgruppen Nikobaren und den Andamanen schiebt sich die Indisch-Australische Platte, die einen großen Teil des Indischen Ozeans umfasst, in einer ca. 1.000 Kilometer langen Bruchzone im Durchschnitt mit etwa 33 mm pro Jahr in Richtung Nordosten unter die eurasische Platte. Durch das Unterwandern der Plattengrenzen bauten sich in der Subduktionszone Spannungen auf, die sich schlagartig mit einem Erdbeben entladen haben. Die dabei freigesetzte Energie entsprach rund 475 Megatonnen TNT, und 120 km² Landmasse versanken dabei im Meer. Der dabei erzeugte Impuls lief mit einer Geschwindigkeit von mehreren hundert Kilometern pro Stunde durch den Ozean und entfaltete seine Energie an den Küsten, wo er abgebremst wurde.

Andere Beispiele: Ein heißer Ofen erwärmt durch seine Wärmestrahlung das Zimmer oder die Sonnenstrahlen lösen den lichtelektrischen Effekt auf einer Lichtmühle aus. Eine Wechselstromquelle betreibt über eine Stromleitung einen Drehstrommotor.

Diese Beispiele haben eine Gemeinsamkeit. Sie beschreiben den Energietransport, dessen Lösung das zentrale Problem der zweiten Stufe der industriellen Revolution war.

Kraftquelle   –   Transportmedium   --   Empfänger
oder
input   –   dynamisches System --   output

In der zweiten Stufe der industriellen Revolution ging es um den Transport der Energie, um Energieerzeugung und Energieverbrauch zu dezentralisieren.

Wenn wir unsere natürliche Energiequelle betrachten, haben wir die Sonne als Strahlungsquelle, den nichtleeren Kosmos als das Übertragungsmedium und die Erdoberfläche als den Empfänger. Strahlungsenergie jeglicher Frequenz ist elektrische Energie von der Gamma-Strahlung mit 0,01pm Wellenlänge (10^{-14} m) aus dem Innern des Atomkerns über die Wärmestrahlung von Molekülen bis zu den Langwellen-Rundfunksendern mit Wellenlängen von mehreren Kilometern und Leistungen von bis zu 100 kW als dissipative Energieform. Als gerichtete Energieübertragungskanäle verwenden wir Kupferleitungen oder Glasfasern, seltener Richtfunkstrecken. So haben wir einen Übertragungskanal, der gleichzeitig zwei Aufgaben realisieren kann.

    1. Die Übertragung von Energie mit und ohne Massenfluss
    2. die Übertragung von Information.

Die Entropie charakterisiert den Übertragungskanal, und jeder Übertragungskanal hat Energieverluste.

Es gibt keine Fernwirkung von Kräften, wie etwa bei der Unbefleckten Empfängnis. In jedem Fall liegt ein stofflicher Übertragungskanal mit Impulsübertragung der ausgehenden Kraft vor. Das sehen wir auch bei der Ausbreitung der Wärme.

Ist Wärme mechanisch oder elektrisch?

Die wärme-spendende Kraft des Feuers ist dem Menschen seit Urzeiten vertraut. Dass Feuer jedoch zusammen mit Wasser auch eine mechanische Kraft entwickelt und zur Arbeit eingesetzt werden kann, ist eine Erkenntnis, die in die Zeit des 18. Jahrhunderts fällt. Es gelang Thomas Newcomen, den überhitzten Wasserdampf zur Entwässerung von Bergwerken einzusetzen, indem er einen Kolben mittels Dampfdruck hob und durch Kondensation des Dampfes den Kolben wieder in seine Ausgangslage brachte. Nach Vollendung des ersten Arbeitstakts unterbrach er die Dampfzufuhr und spritzte Wasser in den Zylinder, um den dortigen Wasserdampf zu kühlen und somit kondensieren zu lassen. Dadurch entstand im Zylinder ein Unterdruck, der zusammen mit dem von außen wirkenden Luftdruck der Außenluft dafür sorgte, dass der Kolben im Zylinder wieder in die Ausgangslage zurückkehrte. Somit war die Maschine vom Temperaturunterschied zwischen den beiden Arbeitstakten und der Wärmemenge für die Verdampfung des Wassers abhängig. James Watt beschäftigte sich ab 1759 mit der Dampfkraft und erfand auf Newcomens Grundlage dann die erste Dampfmaschine, deren Kolben von zwei Seiten mit Dampf betrieben wurde und dessen lineare Bewegung in eine Rotationsbewegung umgewandelt wurde. Ihr Wirkungsgrad betrug gerade mal 3%.

Mit dem Wirkungsgrad beschäftigte sich ab 1824 Nicolas Léonard Sadi Carnot theoretisch und bestimmte den maximalen Wirkungsgrad η_c einer idealen Wärmekraftmaschine (*Carnot-Maschine*)

Es gibt keine Wärmekraftmaschine, die bei gegebenen mittleren Temperaturen der Wärmezufuhr und Wärmeabfuhr einen höheren Wirkungsgrad hat als den aus diesen Temperaturen gebildeten Carnot-Wirkungsgrad.

$$\eta_c = 1 - \frac{T_{kalt}}{T_{heiss}} \qquad (1.27)$$

Rudolf Clausius entwickelte die kinetische Gastheorie weiter und fand 1850 den 2. Hauptsatz der Thermodynamik. Dieser Satz beschreibt die Richtung der Energieumwandlung. Wenn man einen fest verschlossenen Behälter betrachtet, in dem zwei Gase eingeschlossen sind, dann werden sich diese Gase mit der Zeit gleichmäßig durchmischen. Damit bekräftigt dieser Satz einerseits die Kausalität und andererseits die Zunahme von Unordnung in geschlossenen Systemen. Ludwig Boltzmann[49] leitete das Strahlungsgesetz aus der Maxwellschen Elektrodynamik ab und stellte eine Verbindung zur Mechanik der Atome her. Aber Boltzmanns Beschreibung der Wärme war eine mechanische Beschreibung und die akademische Welt blieb im Wesentlichen eine mechanische.

Doch die wärmende Eigenschaft des Feuers hat nicht nur eine mechanische Seite, sondern auch eine elektrische.

Nachdem man mittels Voltascher Säule genügend elektrischen Strom zur Verfügung hatte, war die erste Anwendung, ihn zur Beleuchtung mittels Kohlebogenlampe einzusetzen. Nur brannten die Kohlen ziemlich schnell ab. In den 1840er Jahren entwickelten William Edwards Staite und William Petrie eine Reihe von verbesserten Bogenlampen. Die Bogenlampe erzeugte

---

49   L. Boltzmann – *Ableitung des Stefan'schen Gesetzes, betreffend die Abhängigkeit der Wärmestrahlung von der Temperatur aus der electromagnetischen Lichttheorie.* In: *Annalen der Physik und Chemie.* Bd. 22, 1884, S. 291–294 https://onlinelibrary.wiley.com/doi/epdf/10.1002/andp.18842580616 (abgerufen am 03.08.2023)

neben Licht Temperaturen von 3000 °C und folglich auch große Mengen an Wärme.

Der Engländer James Prescott Joule, ein naturwissenschaftlich begabter Bierbrauer untersuchte die Wärmewirkungen des elektrischen Stroms und formulierte 1840 sein erstes Energie-Gesetz, nach dem die Wärme proportional dem Produkt aus dem Quadrat der elektrischen Stromstärke und dem Widerstand des Stromkreises ist.[50] Joule bewies, dass die von einer Batterie erzeugte Wärmemenge direkt mit der Menge des chemisch umgesetzten Metalls in der Batterie zusammenhängt.

Die Wärmemenge gibt an, wie viel thermische Energie von einem Körper auf einen anderen Körper übertragen wird. Dabei erfolgt die Übertragung der Wärme durch Strahlung, wie schon von Josef Stefan im Jahr 1879 experimentell entdeckt wurde.[51]

Die Wärme ist eine Prozessgröße, da sie den Transport der Energie zwischen Erzeuger und Empfänger über die Gleichung (1.20) beschreibt. Doch man wusste damals nicht so explizit, dass kinetische Energie proportional der Temperatur ist. Das hat erst Planck festgestellt. Der Proportionalitätsfaktor bekam den Namen Boltzmann-Konstante. Trotzdem blieben Thermodynamik und Strahlung zwei voneinander getrennte Welten.

Um aus Strahlungsenergie mechanische Energie zu erzeugen, benötigt man einen negativen Temperaturgradienten und um die gewonnene mechanische Energie zu übertragen, benöti-

---

50 D. Cardwell *–Viewegs Geschichte der Technik.* Springer-Verlag, 8. März 2013, ISBN 978-3-322-83123-1, S. 197

51 J. Stefan – *Über die Beziehung zwischen der Wärmestrahlung und der Temperatur.* In: *Sitzungsberichte der mathematisch-naturwissenschaftlichen Classe der kaiserlichen Akademie der Wissenschaften.* Bd. 79 (Wien 1879), S. 391–428.

gen wir das Drehmoment. In den ersten Jahren der technischen Revolution konnte man das Drehmoment nur mittels mechanischer Transmission übertragen. In einer Fabrikhalle standen unterhalb einer lange Antriebswelle die Maschinen und sie waren energetisch mit langen Treibriemen mit der Antriebswelle verbunden. (Abb. 25)

Abbildung 25: Dreherei in der Maschinenbauanstalt Maffei - Quelle: Leipziger Illustrierte Zeitung 1849

Meine Spielzeug-Dampfmaschine aus Kindertagen mit kleinen Werkzeugmaschinen, verbunden über eine Transmissionswelle, ist mir noch in lebhafter Erinnerung, ebenso wie dann später der Maschinensaal in der Altenburger Nähmaschinenfabrik, wo ich im Praktikum die Automaten mit Rohteilen bestückt hatte.

Es war von der Dampfmaschine mit den mechanisch geprägten Vorstellungen über die Wärme noch ein langer Weg, den die wissenschaftliche Erkenntnis zurücklegen musste, um die Zusammenhänge zu begreifen.

Die nächste Phase der technischen Revolution begann an der Wende zum 20. Jahrhunderts, als man die Transmissionswelle durch den elektrischen Stromkreis ersetzen konnte.

Zunächst entwickelte sich um 1880 jenseits akademischer Physik ein neues Wissensgebiet - die Elektrotechnik. Zu dieser Zeit richtete man auf Drängen von Werner von Siemens in Deutschland eigenständige Lehrstühle an Schulen des Maschinenbaus ein.

Abbildung 26:   Edisons erstes zentrales Kraftwerk für Gleichstrom in der Pearl Street, New York City. -
Quelle: Deutsches Museum

Als Thomas Alva Edinson 1882 mittels eines Dampfmaschinendynamos (Abb. 26) das nächtliche New York mit seinen Glühlampen erleuchten lies, war das zugleich der Beginn des

Kampfes des Vatikans gegen die Moderne, denn nur Gott durfte sagen: *Es werde Licht.*

Aber die Entwicklung der Ingenieurwissenschaften war nicht aufzuhalten. Nur für die Physik begann das dunkle Zeitalter nachdem Pius X. in Rom den Stuhl Petris bestiegen hatte. Seine Enzyklika *Pascendi Dominici gregis* von 1907 wurde zur Kampfansage gegen die Moderne.

Die Methoden wurden unter Pius XII. verfeinert. Anstelle der früheren Bestrafungsmethoden wurde ein Belohnungssystem eingeführt, und wissenschaftliche Veröffentlichungen wurden später durch ein Peer-Review-System unter der Leitung der Päpstlichen Akademie der Wissenschaften kontrolliert. Der erste Präsident dieser päpstlichen Akademie war der belgische Priester und Kosmologe George Lemaître, dessen Aufgabe es war, die Wissenschaft mit dem Glauben zu versöhnen.(Abb. 27)

Abbildung 27: G. Lemaître und Papst Pius XII. -
Quelle:https://inters.org/pius-xii-lemaitre (abgerufen am 4.04.2023)

Später behauptete Pius XII. in einer Diskussion, die im November 1951 in der Päpstlichen Akademie der Wissenschaften stattfand, dass die jüngsten astronomischen Entdeckungen die erste Seite des Buches Genesis bestätigen würden, wo sie die Erschaffung des Universums als *Fiat Lux* (*Es werde Licht*) beschreibt, womit er sich auf das Urknall-Modell bezog. Im Wesentlichen hätte die Wissenschaft nach dem Urteil des Papstes in den letzten Jahrzehnten Beweise für die Existenz Gottes geliefert. Papst Pius XII. argumentierte auf der Grundlage des 2. Hauptsatzes der Thermodynamik, dass es einen Schöpfer außerhalb des geschlossenen Systems der Wissenschaft geben müsse, da in einer Welt ohne Schöpfer die Unordnung nur zunehmen könne.

> »… *Schöpfung also in der Zeit und deshalb ein Schöpfer; und folglich Gott! Dies ist die Aussage, wenn auch nicht ausdrücklich oder vollständig,* **die wir von der Wissenschaft fordern** *und die die heutige Generation von Menschen von ihr erwartet.*«[52])

Das Wissenschaftsverständnis an den Universitäten bis in die sechziger Jahre des 20. Jahrhunderts kam aus dem christlichen Bildungswesen und Bildungsgedanken des mittelalterlichen Westeuropas, was einerseits die mechanistische Denkweise und andererseits die enge Verbindung zur katholischen Kirche erklärt. Folglich hatte dort die Elektrotechnik als eine anwendungsorientierte Disziplin keinen Platz.

So entwickelte sich die Elektrodynamik eigenständig als eine ingenieurtechnische Disziplin. Erst die Studentenbewegung der 68er brachte einige Neuerungen in die bundesdeutschen Univer-

---

52　Pius XII. - *Die Beweise für die Existenz Gottes im Lichte der modernen Naturwissenschaft* 1951; https://inters.org/pius-xii-speech-1952-proofs-god

sitäten. Das sozialistische Bildungswesen war dagegen gegenüber der anwendungstechnischen Fächern wesentlich aufgeschlossener, ohne jedoch in die traditionellen Fächer einzugreifen. Ich entsinne mich, dass ich als Student in den sechziger Jahren mit großem Interesse an der Leipziger Universität eine Vorlesung *Technische Physik* von Werner Holzmüller[53] besuchte. Von Haus aus eher mit praktischen Sinnen ausgestattet, hatte ich die revolutionäre Bedeutung technischen Gedankenguts an einer Universität jedoch nicht erkannt. Das wurde mir erst nach der Wendezeit bewusst, als man an der Jenaer Universität die ungeliebte Sektion Technologie abzuwickeln begann.

Unter dem Abschnitt *Physik und Philosophie* werde ich darauf detaillierter eingehen.

Um auf die im Titel gestellte Frage zurückzukommen:

Die Ursache der Wärmeenergie ist elektrischer Natur.

---

53 W. Holzmüller - *Technische Physik*. ein dreibändiges Lehrbuch, VEB Verlag
    Technik, 1959–1966

Elektrische Energie

Der italienische Arzt Luigi Galvani entdeckte durch Experimente mit Froschschenkeln die Kontraktion von Muskeln, wenn diese mit Kupfer und Eisen in Berührung kamen, wobei auch Kupfer und Eisen verbunden sein mussten. Damit schuf er die Voraussetzung für die Entwicklung elektrochemischer Zellen um 1800 (auch Galvanische Zellen oder Galvanische Elemente genannt) durch Alessandro Volta. Das wiederum gestatte Untersuchungen am Stromfluss in einem Stromkreis. Außerdem erfand Volta ein Elektroskop zur Messung kleinster Elektrizitätsmengen (1783), quantifizierte die Messungen unter Einführung eigener Spannungseinheiten (das Wort „Spannung" stammt von ihm) und formulierte die Proportionalität von aufgebrachter Ladung und Spannung im Kondensator.

Der französischen Mathematiker und Physiker André-Marie Ampère beschäftigte sich ausgiebig mit den Eigenschaften des elektrischen Stromes und ist der Entdecker der Elektrodynamik.

Damals verstand man noch nicht, dass die Elektronen für den Strom verantwortlich sind. Es bestand noch die Vorstellung, dass elektrischer Strom eine Art Flüssigkeit sei, die durch das Galvanische Element angetrieben würde.

Hermann von Helmholtz beschrieb als erster die elektrochemische Doppelschicht, die für die Ladungstrennung verantwortlich ist und bei allen kosmischen und biologischen Prozessen eine Rolle spielt.

Ladungstrennung ist Ursache für die Dynamik in der Welt.

Der Ausgleich dieser Ladungstrennung erfolgt über den Stromkreis. Mit verbesserter Versuchsanordnung konnte Ampère nun feststellen, dass sich die Magnetnadel eines Kompasses immer senkrecht zum stromdurchflossenen Leiter stellte. Ampère nahm nun als Modellhypothese an, dass jeder Magnetismus seine Ursache in elektrischen Strömen habe und Ströme Magnetfelder erzeugen. Ende 1820 konnte er in aufeinanderfolgenden Versuchen nachweisen, dass zwei stromdurchflossene Leiter eine Anziehungskraft aufeinander ausüben, wenn in beiden Leitern die Stromrichtung gleich ist, und dass sie eine Abstoßungskraft aufeinander ausüben, wenn die Stromrichtung entgegengesetzt ist. Im Jahr 1822 beschäftigte sich Ampère mit der Kraft zwischen zwei nahe beieinander liegenden stromdurchflossenen Leitern. Er konnte zeigen, dass diese Kraft zu dem Kehrwert des Abstands proportional ist. Nach ihm wurde eine weitere Basiseinheit in die Physik eingeführt. Das **Ampere** mit dem Einheitenzeichen A wurde im MKS-System als Basiseinheit der elektrischen Stromstärke.über die Lorentzkraft festgelegt.

1 A ist die Stärke des zeitlich konstanten elektrischen Stromes, der im Vakuum zwischen zwei parallelen, unendlich langen, geraden Leitern mit vernachlässigbar kleinem, kreisförmigem Querschnitt und dem Abstand von 1 m zwischen diesen Leitern eine Kraft von 2×10^{-7} Newton pro Meter Leiterlänge hervorrufen würde. Das aber ergibt keine Basiseinheit.

So wurde das Ampere 2019 als der Fluss von Elementarladungen pro Sekunde definiert.

Eine beschleunigte Ladung erzeugt ein Magnetfeld und ein sich änderndes Magnetfeld erzeugt ein elektrisches Feld. Während das Magnetfeld quellenfrei ist, hat das elektrische Feld die Ladung als Quelle. Das hat John Clerk Maxwell, sich auf die Ergebnisse von Ampere stützend, heraus gefunden. Das war vielleicht die größte Erkenntnis in der Physik, die das 19. Jahrhundert hervorgebracht hat. Sie war so herausragend, dass sie zu Beginn des 20. Jahrhunderts nur von wenigen Physikern überhaupt verstanden worden ist. Albert Einstein gehörte nicht zu jenen Physikern, die Maxwells Gleichungen verstanden haben.

Schon mit der Entdeckung des elektrodynamischen Prinzips 1866 durch Werner von Siemens[54]) wurden erstmals größere Mengen von elektrischer Energie verfügbar. Durch die Erfindung des Transformators 1881 von Lucien Gaulard und John Dixon Gibbs wurde auch der Transport von größeren Energiemengen über weite Strecken kostengünstig möglich. Für eine Ausstellung in Turin 1884 baute Gaulard eine 80 km lange Stromleitung von Turin nach Lanzo Torinese und zeigte damit erstmals, dass die verlustarme Stromversorgung mit seiner Technik auch über größere Entfernungen möglich war.

Denn mittels Transformatoren kann eine geforderte elektrische Wirkleistung durch eine höhere Spannung mit kleinerem Strom und somit mit geringeren Leitungsverlusten übertragen und beim Kunden wieder in kleinere Spannungen zurück transformiert werden. Diese Entwicklung der Elektrifizierung wurde 1887 mit der Erfindung des Zweiphasenwechselstroms durch Nikola Tesla und des Dreiphasenwechselstroms durch Michail von Dolivo-Dobrowolsky im Jahr 1888 bei der Firma AEG ergänzt. Darauf basieren die heute in der elektrischen Energietechnik und in Stromnetzen üblichen Zwei- oder Dreiphasensysteme.

---

54 W. Siemens - *Ueber die Umwandlung von Arbeitskraft in elektrischen Strom ohne Anwendung permanenter Magnete.* In: *Annalen der Physik.* 206, Nr. 2, 1867, S. 332–335,

Wenn es um die Anwendung der Elektroenergie geht, muss ein Name unbedingt hervorgehoben werden: **Nicola Tesla**. Er setzt die Erkenntnisse der Elektrodynamik aus dem 19. Jahrhundert in über 280 Patenten in technische Anwendungen um. Mit der Erfindung des Mehrphasenwechselstroms in den USA veränderte er die Energieübertragung grundlegend. George Westinghous wurde auf Tesla aufmerksam. So kam es 1890 zum sogenannten Stromkrieg in den USA zwischen Gleichstrom- und Wechselstromtechnik, vertreten durch Thomas Alva Edison und George Westinghouse. Während Gleichstrom aus Batterien kommt, wird Wechselstrom mithilfe rotierender Magnete erzeugt und ändert dadurch periodisch seine Fließrichtung, sodass Plus- und Minuspol in rascher Folge wechseln.

Letztendlich setzte sich die Wechselstromtechnik durch, da sie bei langen Leitungen wesentlich geringere Leitungsverluste hatte als die Gleichstromtechnik und die anliegende Spannung mittels Transformation über die Kopplung von Stromkreisen verlustarm erhöht und vermindert werden kann. Wir erkennen wieder das Transmissionsprinzip der Mechanik.

Eine Idee, die Tesla damals verfolgte und die ihn zeitlebens nicht mehr loslassen sollte, war, mittels hochfrequenter Wechselströme eine drahtlose Energieübertragung zu ermöglichen. Wenn das auch eine sehr ineffiziente Methode wäre. Für die Nachrichtentechnik war sie grundlegend. Am 20. März 1900 erhielt Tesla sein erstes Patent über die drahtlose Energieübertragung,[55] das heute als erstes Patent der Nachrichtentechnik gilt, obwohl er damit Energie zur Beleuchtung übertragen wollte.

Wir haben hier eine Klasse von Problemen, die nach dem gleichen Schema gelöst werden können, wenn wir uns auf eine

---

55 Patent US645576: *System of Transmission of Electrical Energy.*

höhere Abstraktionsstufe begeben, und dabei wird uns die Mengenlehre als eine Grundlage der Mathematik helfen. Ich habe schon öfter die Begriffe ‚System' und ‚Prozess' verwendet, ohne sie zu erklären.

Theoretisch ist es daher sinnvoll, die Dynamik nicht mehr in Mechanik, Thermodynamik und Elektrodynamik mit oft gleichartigen mathematischen Strukturen in verschiedene Fachgebiete aufzuspalten, sondern es ist eher sinnvoll, diese Strukturen zusammenzuführen, um ein allgemeineres Verständnis zu erlangen. (Abb. 28)

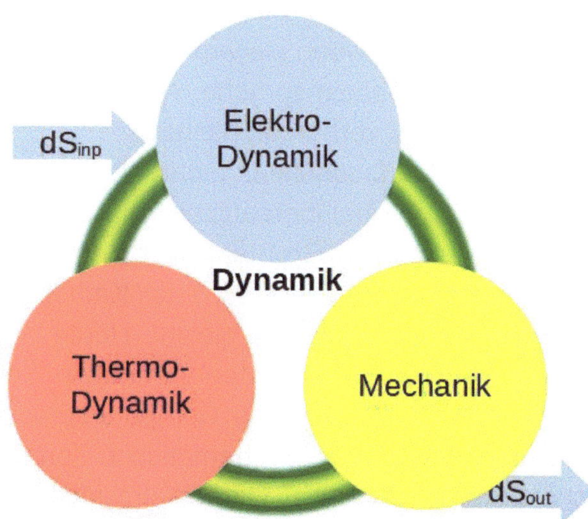

Abbildung 28: ein offenes dynamisches System

Dazu werden wir hier die schon intuitiv benutzten Begriffe System und Prozess formal mathematisch in die Physik einführen.

1.7 System- und Prozessbeschreibung

> *»Das Buch der Natur ist mit Symbolen der Mathematik ge-*
> *schrieben «,*

sagte einst Galileo Galilei, und die Vulgata[56]) war von Hieronymus um 400 n. Chr. in lateinischer Sprache verfasst. Daher galt in der katholischen Kirche das Latein wie die Mathematik als heilige Sprachen. Ein weiteres Galilei-Zitat bestätigt das.

> *»Mathematik ist das Alphabet, mit dessen Hilfe Gott das Univer-*
> *sum beschrieben hat.«*

Das Ziel einer Sprache ist die Verbreitung von Nachrichten. Sprachen haben unterschiedliche Mächtigkeiten. Je nachdem, welche Sprache man wählt, erreicht man unterschiedliche Zielgruppen. Mathematik ist, wenn sie wenig gebräuchliche Symbole verwendet, eine Art Geheimsprache. Also sollten die Geheimnisse der Natur vielleicht verborgen bleiben?

Um Geheimnisse aufzudecken, dient die Übersetzung von Sprachen. So war die Bibelübersetzung aus dem Lateinischen ins Deutsche eine wirkliche Großtat von Martin Luther und sie beendete die uneingeschränkte Macht der Katholischen Kirche. Andere Reformatoren taten es ihm gleich. Heute ist Englisch in der westlichen Welt die am weitesten verbreitete Sprache. Also ist es sinnvoll, dass algorithmische Computersprachen in Englisch geschrieben werden und mathematische Formeln in die algorithmische Sprache übersetzt werden. Im modernen Sprachgebrauch nennen wir das das Programmieren eines Computers.

Jede natürliche Sprache entwickelt sich an den Bedürfnissen der Menschen. Das gilt auch für die Mathematik. Physiker benutzen den Infinitesimalkalkül, doch der ist auf Stetigkeit und Rektifi-

---

56 Die Vulgata war die im Mittelalter gebräuchliche Bibelübersetzung.

zierbarkeit[57]) von Funktionen beschränkt. Als einziges mathematisches Ausdrucksmittel verwenden Physiker bisher die Gleichung.

Die Gleichung symbolisiert den Waagebalken. Sie ist die Relation, mit der man Naturkonstanten gefunden und beschrieben hat. Die Gleichung beschreibt eine Statik und Symmetrie beziehungsweise, was man tun muss, um Symmetrie herzustellen. So hat sich die Physik in der Vergangenheit auf das Auffinden von Naturkonstanten festgelegt und ihr Trachten ging dahin, physikalische Einheiten auf Naturkonstanten zurück zu führen. Lee Smolin sieht die Erklärung, warum der Betrag einer Naturkonstante gerade den und keinen anderen Betrag hat, in seinem Buch *Trouble with Physics* als eines der fünf Hauptprobleme der Physik an.[58]) Es handelt sich jedoch um ein Scheinproblem. Würden wir ein Zahlensystem auf einer Basis verschieden von 10 wählen, beispielsweise 12, 8 oder 2, erhielten wir andere Werte für die Naturkonstanten.

Die Haupteigenschaft der Materie ist aber ihre Dynamik und dynamische Zustandsbeschreibungen und Prozesse sind für die Physik ein Problem, da ihre mathematischen Ausdrucksmittel bisher im Wesentlichen auf Gleichungen beschränkt sind. Die Impulse für die Weiterentwicklung der Mathematik kamen daher auch nicht von der Physik, sondern von anderen Naturwissenschaften, wie Chemie und Biologie oder den technischen Wissenschaften.

---

57 Rektifizierbarkeit ist die Voraussetzung für die Bildung eines Differentialquotienten, wie der Geschwindigkeit. Um einen Differentialquotienten bilden zu können, muss die Kurve glatt sein.

58 L. Smolin - *The Trouble with Physics;* Mariner Book Edition 2007, Boston ISBN-13 978-0618-55105-7; S. 13

Für die Beschreibungen von Bewegungen standen bisher nur das unanschauliche partielle Differentialgleichungssystem zur Verfügung, dessen Komplexität nicht nur erhebliche Mühen bei der Berechnung machte, sondern auch im Verständnis. Als eines der fundamentalsten dieser Systeme sei hier das Maxwellsche Gleichungssystem der Elektrodynamik erwähnt, das bereits 1864 in der Royal Society veröffentlicht wurde, was lange Zeit nur von wenigen Physikern verstanden wurde.

Albert Einstein, wie schon im vorigen Kapitel erwähnt, hat Maxwell und die Elektrodynamik nicht verstanden, wie schon der erste Satz seiner speziellen Relativitätstheorie belegt. Dort heißt es:

> *»Dass die Elektrodynamik Maxwells – wie dieselbe gegenwärtig aufgefasst zu werden pflegt – in ihrer Anwendung auf bewegte Körper zu Asymmetrien führt, welche den Phänomenen nicht anzuhaften scheinen – ist bekannt.«* [59])

Die Asymmetrie ist jedoch die Voraussetzung für Bewegung. Einstein empfiehlt eine Transformation des Beobachters in ein bewegtes System, um so die gewohnte statische Symmetrie herzustellen. Nur ist Physik nicht eine Sache der Betrachtung, wie die positivistische Philosophie uns glauben machen wollte. Wir wären noch immer im Glauben, die Sonne drehe sich um die Erde.

Erst mit der Entwicklung der Computertechnik und der Theorie der zellulären Automaten bekommen wir ein einfacheres Werkzeug in die Hand, um solche komplexe Aufgaben mittels Algorithmen zu lösen.

---

59 A. Einstein – *Zur Elektrodynamik bewegter Körper* ; http://myweb.rz.uni-augsburg.de/~eckern/adp/history/einstein-papers/1905_17_891-921.pdf (abgerufen am 27.04.2023)

Der Systemgedanke

In der Umgangssprache benutzen wir den Systembegriff ohne darüber nachzudenken. Allgemein heißt es, ein System ist mehr als die Summe seiner Teile! Wenn ich den Begriff mathematisch fassen will, dann besteht ein System aus einer Menge von Teilmengen, deren Elemente miteinander durch Relationen verknüpft sind. Wenden wir diesen Gedanken nun auf die Physik an.

Die Masse ist die Bezeichnung für etwas Unzählbares. Durch Vergleich von Massen unterschiedlicher Mächtigkeit an einer Waage haben wir Masseneinheiten geschaffen, mit denen wir Massen zählbar gemacht haben. Mit anderen Worten: Wir haben eine Beziehung zwischen einer Zählgröße von Gewichtsstücken und einer Einheit Masse geschaffen. Eine mathematische Beziehung heißt Relation. Relationen können verschiedene Qualitäten haben. Die einfachste Relation ist die Anordnung.

Die Physik rechnet mit Relationen von Quantität und Qualität, die geordnete Paare bilden.

Eine zählbare Einheit von Qualitäten nennen wir Menge oder Quantum. Wir gehen allein dadurch, dass wir Einheiten schaffen, von einer kontinuierlichen Betrachtungsweise zu einer diskreten Betrachtungsweise über. In der heutigen Zeit der Digitalisierung ist das für uns kein Problem. Doch dieser Übergang hat den Physikern zu Beginn des 20. Jahrhunderts gewaltige Kopfschmerzen bereitet. Er begann offiziell 1911 mit der 1. Solvay-Konferenz, nach der sich die Physik in Relativitätstheorie und Quantenmechanik spaltete, und fand seinen Höhepunkt im „Black Hole

War", wo es vordergründig um die Frage ging, ob die Information in einem schwarzen Loch erhalten bleibt oder nicht. Aber eigentlich ging es um den Erhalt der Quantentheorie. Er endete mit der Kapitulation von St. Hawking, indem dieser erklärte, dass es keinen Ereignishorizont gäbe und damit auch keine Schwarzen Löcher entsprechend der Allgemeinen Relativitätstheorie. [60])

Um in der Beschreibung der Dynamik der Materie weiter zu kommen, müssen wir nun eine höhere Abstraktionsstufe erklimmen. Am Energietransport haben wir gesehen, dass, egal ob es um den mechanischen oder elektrischen Transport geht, die stets gleichen Elemente benötigt werden: Eine Energiequelle, ein Wandler, eine Übertragungsstrecke, ein Rückwandler und ein Empfänger. Diese Objekte gilt es mathematisch zu beschreiben und in Relationen zueinander zu setzen. Ein konkretes Objekt kann mathematisch durch den Begriff der Menge abgebildet werden.

Um mit Mengen zu operieren, hat die Mathematik die Mengenlehre geschaffen, die zusammen mit der Logik zur mathematischen Grundausrüstung eines Physikers gehören sollte.

Ich war jedenfalls tief beeindruckt von ihrer Klarheit; als ich sie bei Dieter Klaua[61]) als Student in Leipzig hören durfte. Das ebnete mir den Zugang zur *Geschichte der Systemtheorie.*[62]) von Gerhard Wunsch.

Dazu werden wir nun zwei neue Begriffe in die Physik einführen: *System* und *Prozess*.

Betrachten wir zwei unterschiedliche Mengen X und Y mit ihren Elementen x_i und y_i ., in unserem obigen Beispiel Zahlen und Einheiten, wobei i die natürlichen Zahlen bis zu einer Mäch-

60 St. Hawking - *Information Preservation and Weather Forecasting for Black Holes;* https://www.semanticscholar.org/paper/Information-Preservation-and-Weather-Forecasting-Hawking/d545549ee1b64d234d61b2345330083f7fd849fa (abgerufen am 17.07.2023)
61 D. Klaua - *Allgemeine Mengenlehre.* Akademie-Verlag, Berlin 1964.
62 G. Wunsch - *Geschichte der Systemtheorie;* Akademie-Verlag Berlin 1985

tigkeit m für alle x_i und n für alle y_i durchläuft. Dann kann man Tupel (x_i, y_i) aus den beiden Mengen bilden. Es ist eine Variation mit Wiederholung. Die neue Menge nennen wir Potenzmenge $P(X \times Y)$, weil ihre Mächtigkeit durch die Potenz m^n bestimmt ist.

Eine Teilmenge dieser Potenzmenge nennen wir dann ein System S bestehend aus Relationen zwischen den Elementen beider Mengen und schreiben

$$S \subset X \times Y \tag{1.29}$$

Das Mengenoperationszeichen $\square \subset \square$ sagt, dass S in der Potenzmenge $X \times Y$ enthalten ist.

Wir haben oben vom physikalischen Einheitensystem gesprochen und gesehen, dass es aus der Menge reeller Zahlen und der Menge der definierten Basiseinheiten besteht, die geordnete Paare miteinander bilden und damit Teilmenge der Potenzmenge sind.

Als einfachstes physikalisches System kann man sich zum Beispiel eine Menge von Elektronen und eine Menge von Protonen vorstellen, die sich zu einem chemischen Element verbinden. Dieses System ist statisch, denn es beschreibt noch nicht, wie es zu der Vereinigung gekommen ist und es beschreibt auch nicht, wie das Elektron sich um das Proton bewegt.

Der Vorteil des Systemgedankens, der übrigens in der Elektrotechnik schon lange angekommen ist, ist, dass man verschiedene Phänomene hinsichtlich ihrer Ähnlichkeit untersuchen kann, um sie zu Systemklassen zusammen zu fassen. So kann man induktive Schlüsse über Skalenbereiche hinweg ziehen und allgemeine physikalische Gesetzmäßigkeiten besser erkennen.

Der Raum als statisches System

Ein anderes Beispiel für ein System: Hermann von Helmholtz hatte beobachtet, dass man aus farbigem Licht dreier Primärfarben rot, gelb und blau jede beliebige andere Farbe mischen kann. Wenn wir drei Mengen von natürlichen Zahlen *(r,g,b)* zwischen 0 und 255 nehmen, dann ist das System geordneter Tripel von der Mächtigkeit n^3 ein Farbraum. Diese drei Grundfarben sind voneinander völlig unabhängig. Es gibt keine Möglichkeit, eine dieser drei Farben durch Mischung der jeweils beiden anderen herzustellen. Auf dieser Grundlage funktioniert unser Farbsinn und die technische Anwendung des Farbbildschirms.

In unserem natürlichen Raum gewann die dritte Dimension, die Höhe, erst eine Bedeutung, als sich die Menschen durch die Pionierarbeiten von Otto Lilienthal am Ausgang des 19. Jahrhunderts in die Luft erhoben.

Das Tupel aus Länge, Breite und Höhe *(x,y,z)* aus drei Mengen reeller Zahlen und einer Abstandsfunktion der Gestalt

$$r^2 = x^2 + y^2 + z^2 \qquad (1.30)$$

bildet einen metrischen Raum. Dieser Raum wird metrisch genannt, weil man über die Methode der Triangulation von Abständen und Winkeln diesen Raum ausmessen kann. Der Farbraum hat keine solche Abstandsfunktion.

Die Abstandsfunktion teilt den Raum in eine innere Menge für alle Abstände, die kleiner als *r* sind und eine äußere Menge für die alle Abstände größer als *r* sind. Eine Funktion beschreibt also nicht den Raum, sondern den Rand einer inneren Menge respektive eine zweidimensionale gekrümmte Oberfläche im natürlichen Anschauungsraum.

Die Unabhängigkeit dieser den Raum aufspannenden Mengen ist durch die Linearkombination

$$\vec{x}\cdot\vec{y}+\vec{x}\cdot\vec{z}+\vec{y}\cdot\vec{z} = 0 \qquad\qquad (1.31)$$

gegeben. Um Ausdruck (1.31) zu erfüllen, müssen die drei Mengen, die den Raum beschreiben, Vektoren enthalten, die auf Vektoren der jeweils anderen Menge senkrecht stehen. Damit wird der Cosinus des jeweils eingeschlossenen Winkels Null und die Skalarprodukte Null trotz Vektorbeträgen, die verschieden von Null sind.

Ein metrischer Raum ist ein statisches System von Relationen zwischen drei Mengen reeller Zahlen.

Eine Relation zwischen einer abhängigen Menge Y und unabhängigen Mengen X_i nennen wir eine Funktion. Diese Abhängigkeit drücken wir durch eine eindeutige Relation aus, die wir Funktion nennen. Dazu wird in der Mathematik das Gleichheitszeichen verwendet. Das Gleichheitszeichen steht für eine bijektive Beziehung, also eine symmetrische Beziehung.

Doch jede Funktion im metrischen Raum stellt eine eindeutige Abhängigkeit der linken Seite von der rechten Seite der Gleichung dar, wobei gewöhnlich die abhängige Variable durch den Buchstaben y gekennzeichnet wird und die unabhängige Variable durch den Buchstaben x. Wenn man andere Bezeichnungen wählt, sollte man die Abhängigkeiten besser anstelle des Gleichheitszeichens durch einen Richtungspfeil kennzeichnen, damit die Folgerungsrelation klar erkennbar ist.

$$\textit{Abhängige Variable} \;\Leftarrow\; \textit{unabhängiger Ausdruck}$$

Eine Abstandsfunktion beschreibt genau den Rand einer abgeschlossenen Menge gegenüber ihrer Umgebung. Folglich teilt eine Funktion einen Raum in zwei Teilräume. Die Abstandsfunktion **im** R^3 bildet eine Menge mit einer konvexen Krümmung zum Zentrum von r und einer konkaven Krümmung zur Umgebung. Für die mathematische Krümmung ist die Funktion die Ursache nicht der Raum. Es versteht sich eigentlich von selbst, dass der Rand nicht der Inhalt ist.

Trotzdem werden wir immer wieder auf falsch gedeutete relationale Zusammenhänge in der Physik stoßen, da nur das Gleichheitszeichen verwendet wird.

Nur in seltenen Fällen sind reale Zusammenhänge wirklich symmetrisch und verdienen das Gleichheitszeichen. Ich kenne keine physikalischen Beziehungen, die nicht kausal sind, aber physikalischen Relationen werden nur mittels Gleichheitszeichen beschrieben.

Das wollen wir im nächsten Abschnitt noch vertiefen, da die richtige Wahl der Relation für einen Zusammenhang eines der grundlegenden Probleme der Modernen Physik ist.

Relation und Relativität

Für den Begriff *Relation* kann man auch Beziehung oder Bezug einsetzen. Das bedeutet, das es sich bei einer Relation um mindestens zwei Dinge handelt, die in Verbindung gebracht werden. Dann bedeutet *Relativität*: von einem bestimmten Standpunkt aus zutreffend und daher in seiner Gültigkeit eingeschränkt und so viel wie, im Vergleich mit etwas anderem. Im konkreten Fall ist die Beziehung des Beobachters zu seinem Objekt der Beobachtung gemeint.

Einsteins Relativitätstheorie bezieht sich auf den Surfer auf einer Lichtwelle, ein unmöglicher Blickwinkel aber deshalb vielleicht so faszinierend. Nur den Beobachter auf der Lichtwelle erreicht dann keine Information mehr, denn sie müsste schneller als das Licht sein. Nun kennen wir aber nichts, was sich schneller als das Licht bewegt.

Im Allgemeinen kann ich jedes Experiment, oder jede Naturbeobachtung in natürlicher Sprache beschreiben. Es bringt aber oft Vorteile, eine formalisierte Sprache wie die Mathematik zu verwenden, um sie in meinem Bewusstsein, besser als Informationssystem bezeichnet, abzubilden, vorausgesetzt ich beherrsche diese Sprache. Ob mir das gelungen ist, zeigt dann die Rückübersetzung in natürliche Sprache. Wenn das nicht gelingt, dann ist die formale Sprache inkorrekt.

Wir haben heutzutage den Zustand, dass die Rückübersetzung der Formeln der Modernen Physik uns eine irreale Welt vorgaukelt, die um Dürrs Worte zu gebrauchen, eine Wirklichkeit ist, „ *...die im Grunde keine Realität im Sinne einer dinghaften Wirklichkeit ist.*“ Wenn das so ist, wird es höchste Zeit, die Physik neu zu denken, um sie wieder an die „dinghafte Wirklichkeit" heranzuführen, denn sie hat ihre gesellschaftliche Aufgabe in der Phase des Klimawandels zu erfüllen.

Eine Abbildung oder auch eine Beschreibung ist eine eindeutige geordnete Relation mit der Realität. Sie ist aber nicht umkehrbar eindeutig. Dann wäre die Relation ungeordnet. Im allgemeinen bedeutet das Gleichheitszeichen eine ungeordnete Beziehung, denn wenn $a=b$ ist, dann ist auch $b=a$. Eine solche Beziehung nennt man symmetrisch bzw. bijektiv.

Kommentar: Symmetrien sind in der Mainstream-Physik sehr beliebt und waren in jüngerer Vergangenheit Ziel der Theorieentwicklung. Sie verkörpern aber eine Statik der Welt, die so nicht existiert.

Die Kausalität ist **keine** symmetrische Beziehung. Die Realität ist die Ursache für die Abbildung im Bewusstsein. Die Umkehr der Kausalität, dass eine Idee sich materialisiert, ist bestenfalls ein unzureichendes Modell der Wirklichkeit, oder nur Magie.

Es erscheint auf den ersten Blick abwegig, Ursache und Wirkung zu vertauschen, wird aber in der modernen Physik praktiziert, indem behauptet wird, eine Entdeckung theoretisch gemacht zu haben, die dann im Experiment nachgewiesen werden soll. Die moderne Physik denkt seit Laplace[63] und erst recht seit Einsteins *Elektrodynamik bewegter Körper* die Welt symmetrisch. Letztere Arbeit hat wohl die verheerendste Wirkung auf das Physikverständnis im 20. Jahrhundert gehabt, denn Werner Heisenberg hat daraus die Akausalität der Quantenphysik abgeleitet.[64] 2008 änderte sich diese Auffassung plötzlich.

---

63 Laplacescher Dämon: Beschreibung eines alles rational erfassenden „Weltgeistes", der die Gegenwart mit allen Details kennt und daher die Vergangenheit und Zukunft des Weltgeschehens in allen Einzelheiten beschreiben kann.

64 W. Heisenberg – *Die Quantenmechanik und ein Gespräch mit Einstein* in Quantentheorie und Philosophie ; Reclams Universalbibliothek Nr.9948; 1979 S. 22-41

»Drei aus Japan stammende Wissenschaftler haben in der Physik der Elementarteilchen bahnbrechende Erkenntnisse gewonnen: Ihnen haben wir die Einsicht zu verdanken, dass unser Welt an einigen Stellen Gesetzen gehorcht, die nicht symmetrisch sind. Dafür erhalten sie jetzt den Physik-Nobelpreis.«

liest der erstaunte Leser am 7. Oktober 2008 in der Zeitung *Die Welt*.[65])

Wohl das bekannteste Beispiel für die Kritik an der Akausalität der Quantenmechanik ist ein Gedankenexperiment, dass unter dem Namen Schrödingers Katze (Abb. 29) ab 1935 bekannt geworden ist. Dort weist Erwin Schrödinger auf einen Schwachpunkt der Kopenhagener Interpretation der Quantenmechanik in Bezug auf die physikalische Realität hin. Es wird allen Ernstes behauptet, das Versuchsergebnis hinge vom Verhalten des Beobachters ab.

Abbildung 29: Schrödingers Katze
Quelle; Wolfgang Schleich

Bei einer physikalischen Relation muss man stets die kausale Ordnung von Realität zur Abbildung beachten.

Wenn wir die Realität im Raum als System eines Tripels reeller Zahlen verstehen, um ein Volumen von zusammenhängen-

---

65 N. Lossau – *Warum die Welt nicht symmetrisch ist*;
https://www.welt.de/wissenschaft/article2543106/Warum-die-Welt-nicht-symmetrisch-ist.html (abgerufen am 5.03.2023)

den Massenpunkten abzubilden, dann müssen wir zweierlei beachten:

- Nicht jeder Punkt des Raumes kann durch einen Massenpunkt besetzt werden, weil die Masse eine Temperatur besitzt und deshalb über ein Volumen verteilt ist und der Massenpunkt identisch mit dem Schwerpunkt des Körpervolumens beschrieben wird. Das weckt die irrige Illusion, der Raum zwischen den Massenpunkten sei leer.
- Es gibt einen ausgewählten Punkt im Raum. Das ist der Punkt, der durch das Tripel *(0,0,0)* gekennzeichnet ist. Er ist der Ursprung oder Ort des Beobachters. Dann kann der Beobachter von diesem Punkt aus jedem anderen Punkt ein Zahlentripel zuweisen.

Wir haben also eine Relation zwischen Beobachter und beobachtetem Massenpunkt. Der Punkt hat dann relativ zum Beobachter eine bestimmte Koordinate. Es handelt sich dabei um eine geordnete Relation, denn wir haben ein physikalisches System aus Massenpunkten, das wir in Beziehung zu einem ideellen Raum setzen. Geordnet deshalb, weil es üblich ist, dass die größere Masse die kleinere dominiert. Beobachter und beobachteter Massenpunkt haben mit Sicherheit nicht die gleiche Masse. Wenn jedoch jeder Massenpunkt die gleiche Masse, wie der Beobachter hätte, könnte man die Unterscheidung durch die Massen einfach weglassen und damit entfiele die Notwendigkeit von kausal geordneten Relationen. Genau auf diese kausale Ordnung verzichtet Einsteins Relativitätstheorie. Seinem Beispiel folgend hat Werner Heisenberg die Kausalität[66] auch aus der Quantenmechanik verbannt. Wir werden im Kapitel *Zu den logi-*

---

66 W. Heisenberg - *Quantenmechanik und Kantsche Philosophie;* in Quantentheorie und Philosophie; Reclam ISBN 978-3-15-009948-3 S. 62-75

schen Hürden der Quantenmechanik auf die Philosophie Heisenbergs zurückkommen.

Mit der Vorstellung, dass der Beobachter auf einer Lichtwelle surft, beraubt sich Einstein der Möglichkeit der Beobachtung, denn dazu muss das Licht sein Auge erreichen und Einsteins Theorie benötigt noch eine Voraussetzung, nämlich, dass die Lichtgeschwindigkeit keine Materialkonstante sondern eine absolute Konstante sei.

Doch was soll eine Geschwindigkeit von Massenpunkten ohne Masse? So ist die Relativitätstheorie eine Theorie ungeordneter Relationen zwischen Beobachter und beobachteten Raumpunkten, eine Kuriosität, ohne physikalische Relevanz. In seiner Relativitätstheorie ist er dem Vorbild von Arthur Schopenhauer gefolgt, der Relativität als eine symmetrische Beziehung zwischen Beobachter und Objekt erklärte und dem unbelebten Objekt selbst einen Willen andichtete.

Der Hintergrund ist, dass dadurch die Wahl des Koordinatenursprungs bedeutungslos wird, was den Streit zwischen geozentrischer und heliozentrischer Weltsicht bedeutungslos macht. Mit anderen Worten: Es wird bedeutungslos, ob sich die Erde um die Sonne dreht oder die Sonne um die Erde. Die Kirche kann ihren ‚statischen Glaubensflügel' wieder ausfahren, um im Bild von Papst Johannes Paul zu bleiben.

In der Auseinandersetzung des Idealismus mit dem Materialismus bestand das große Verdienst Einsteins also darin, den Glauben zu retten, indem er eine symmetrische Theorie ohne Berücksichtigung der Masse und der Kausalität erfunden hat.

Bisher waren unsere Systeme statisch. Wenn wir Bewegungen im System untersuchen wollen, müssen den einzelnen Massenpunkten Impulse verpasst werden.

Der Mathematiker Hermann Minkowski, der begreiflicherweise auch nichts von Physik verstand, begnügte sich mit dem Hinzufügen von Zeitpunkten zu Raumpunkten. Wir haben die Geschwindigkeit als ein Verhältnis von Weg zu Zeit kennengelernt. Verhältnisse erzeugen Abhängigkeiten, das ist in der Physik nicht anders als im sozialen Leben. Die vom Weg abhängige Zeit wurde durch Multiplikation mit einer konstanten Lichtgeschwindigkeit c zu einer unabhängigen Raumdimension erklärt, obwohl das physikalische Volumen mit drei Raumdimensionen ausreichend beschrieben ist. Das führt auch in der Mathematik zu Konflikten, wenn ich in dem so konstruierten Raum die Dynamik von Teilchen betrachten will.

$$\vec{s} = f(x,y,z,t) = \sqrt{(x^2 + y^2 + z^2 + c^2 t^2)}\,\vec{e} \qquad (1.32)$$

Die so definierte Funktion wurde dann Metrik der Raumzeit genannt. Diese Raumzeit ist in dreierlei Hinsicht unbrauchbar zur Beschreibung physikalischer Verhältnisse:

1. Ein Raum von Massenpunkten ist ein diskreter Raum, weil ein Massenpunkt die Konzentration einer räumlich verteilten Masse in ihrem Schwerpunkt abstrahiert, während die Raumzeit ein Kontinuum abbilden will.

2. Zeit ist eine Funktion des Weges, den der Zeiger auf dem Zifferblatt einer Uhr mit diskreten Takten zurücklegt, und damit erfüllt sie nicht das Kriterium einer Raumdimension, denn wenn wir uns die Metrik der Raumzeit ansehen, dann müsste $c{\cdot}t$ mit jeder der Koordinaten x,y,z ein Skalarprodukt liefern, das verschwindet, was aber nur erfüllt ist, wenn $t=0$ ist, womit jede Dynamik ausgeschlossen ist..

3. Weder Lichtgeschwindigkeit noch Zeit sind vom dreidimensionalen Raum unabhängige Vektoren. Geschwindigkeit und Zeit sind Funktionen _im_ Raum, und das ‚im‘ muss dick unterstrichen werden.

Wir können auf Einsteins Theorie getrost verzichten, ungeachtet dessen, dass sie immer wieder durch fadenscheinige Experimente bestätigt werden soll.

Minkowski machte den Fehler, dass er das ideelle Gefäß, den Raum $R^3(x,y,z)$ mit seinem Inhalt, den funktionellen Abhängigkeiten und Bewegungen darin verwechselte.

$$f(x,y,z) \subset R^3(x,y,z) \qquad (1.33)$$

Formel (1,33) liest man: Die Funktion f ist Teilmenge des Raumes R^3. Wir brauchen den Raum als eine Ordnungsrelation und als Maßstab bei der Skalierung unserer ideellen Modelle von der Realität. Ohne ihn wäre die Beschreibung einer Dynamik nicht denkbar. Eine zeitliche Ordnung ist ebenso relativ. Sie bezieht sich auf eine Folge von Ereignissen im Raum. Zusammengehörenden Ereignisse nennen wir eine Prozessreihenfolge. Prozesse laufen im Raum ab. Mit Prozessen wird die Dynamik eines Systems beschrieben.

Dynamisches System und Prozess

Unter einem dynamischen System verstehen wir ein System, dass sich mit der Zeit verändert. Wir haben oben gesehen, dass Zeit nicht von Bewegung im Raum zu trennen ist. Historisch beziehen wir Zeit auf die Bewegung der Erde im Sonnensystem. Würden wir auf einem anderen Planeten leben, hätten wir wahrscheinlich dessen Bewegung als Bezug gewählt.

Also kommt eine Art Raum mit einer unabhängigen Zeit für die Beschreibung eines dynamischen Systems nicht in Frage. Wir verstehen Zeit als ein diskretes zählbares Intervall, was wiederum nur in diskrete Intervalle unterteilt werden kann.

Anstelle eines Raumes beschrieb William Rowan Hamilton 1834 eine dynamische Funktion $H = f(t, p, q)$, worin t für die Zeit steht, $p = m \cdot \dfrac{ds}{dt}$ für die Menge der Impulse, die für die Bewegung zuständig sind, und q für die Menge der Atome an ihren Ausgangsorten. Ausgehend von Hamiltons System der Bewegungsgleichungen[67], kann man die Impulse und Ortskoordinaten (Vektor und Skalar) als Zustände des mechanischen Systems der Bewegung von Massenpunkten oder Atomen zu einem bestimmten Zeitpunkt erfassen. So erhält man statt der Differenzialgleichungen für die Koordinaten und Impulse die einfache Form

$$\dot{z}_i = \frac{dz_i}{dt} = \frac{\partial H}{\partial z_{l+i}} = H_i\left(z_1, z_2 \ldots z_{2l}\right) \tag{1.34}$$

Dabei werden die Massenpunkte durch die zählbaren Zustände z_i von 1 bis l und die p_i durch die z_i von $l+1$ bis $2l$ ersetzt. Das $2l$ - Tupel $z(z_1, z_2 \ldots z_{2l})$ bezeichnet dann den Zustand des

---

67 *Hamiltonsche Gleichungen*
https://de.serlo.org/f%C3%A4cher-im-aufbau/105986/hamilton-funktion-und-hamiltonsche-gleichungen (abgerufen am 01.03.2023)

Hamilton-Systems zum Zeitpunkt t und die Menge Z heißt dann Zustandsraum. Der Zustand $z(t) = z_i$ ist ein $2l$ - Tupel von Variablen, aus denen nicht nur die räumliche Lage des mechanischen Systems zur Zeit t entnommen werden kann, sondern auch alle seine zukünftigen Positionen im Raum, vorausgesetzt, dass die Massenpunkte keinen Wechselwirkungen unterliegen. Die Menge *H* ist dann die Menge der Überführungsfunktionen zwischen den Zuständen und die letzte Funktion in der Reihe ist die Ergebnisfunktion. Diese Idee kommt aus der Ingenieurwissenschaft und entstand aus der Formalisierung eines Fertigungsprozesses.

Bisher setzte die Physik auf die Verwendung der Infinitesimalrechnung. Mit der Zustandsbeschreibung hat man keine Funktionen mehr, die mit der Infinitesimalrechnung behandelt werden können.

Wir müssen uns nach einer anderen Mathematik umsehen.

Um ein Produkt zu erzeugen, benötigt man eine Zeichnung, die das Endergebnis des Prozesses beschreibt, einen Anfangszustand und eine Technologie, wie ein vorgegebener Anfangszustand über verschiedene Zwischenzustände zum Ergebnis überführt wird.

Vergleichen wir nun das Urknallmodell der Kosmologie mit einem Prozess, dann haben wir zwar ein Ergebnisbild in Form des Sternenhimmels, wir haben aber weder die Technologie, die zu dem Ergebnis geführt hat, noch kennen wir einen Anfangszustand. In Ermanglung dessen setzte man Gottes Worte: *Fiat lux - Es werde Licht. a*n den Anfang.

Da bei Entwicklungsprozessen anders als bei einem zeitinvarianten Markovprozess[68]) die Wechselwirkungen zwischen den einzelnen Komponenten eine entscheidende Rolle spielen, können wir nicht in die Vergangenheit sehen, es sei denn, wir finden von Teilsystemen Zwischenzustände, wie es in der Archäologie möglich ist. Dort kann man die Prozess-Entwicklung aus den Hinterlassenschaften von Zwischenzuständen aus Teilsystemen rekonstruieren.

Den Kosmos als einen Markovprozess verstehen zu wollen, bedeutet, dass alle Lichtquellen als von einander unabhängig betrachtet werden, was mit dem entdeckten kosmischen Plasma-elektrischen Netzwerk im Widerspruch steht.

Ein *Prozess* als ein zeit-veränderliches System kann dann als ein dynamisches System angesehen werden, was iterativ durch seine Überführungsfunktionen und seine Ergebnisfunktion beschrieben ist. Hamilton strebte mit seiner Funktion im Phasenvolumen eine ganzheitliche Betrachtung an. Das Problem bei einem Entwicklungsprozess ist jedoch, dass wir die Wechselwirkungen der einzelnen Prozesskomponenten nicht überblicken können und somit die Beschreibung eines Entwicklungsprozesses als ein geschlossenes Gleichungssystem nicht beschreiben können.

Eine **partielle Betrachtungsweise** hilft da weiter. Wir können zwar für jedes Element kausale Verhaltensregeln bezüglich seiner Umwelt aufstellen bzw. ableiten, aber wir können weder aus der Gegenwart der verschiedenen Wechselwirkungen der Systemkomponenten in eine fernere Zukunft noch in eine ferne Vergangenheit schauen.

---

68 Der Markov-Prozess hat die Eigenschaft , dass der Übergang von einem Zustand in den nächstfolgenden von der „Vorgeschichte" nicht abhängt.

Um eine Vorstellung von Entwicklungsprozessen zu gewinnen, ist Conways Spiel des Lebens[69]) ein schönes Lehrstück. Es ist ein vom Mathematiker John Horton Conway 1970 entworfenes Spiel, basierend auf zweidimensionalen zellulären Automaten. Das Spiel zeigt, dass obwohl kausale Regeln vorgegeben sind, die Entwicklung von Populationen auf dem Spielfeld nicht voraussagbar ist. Nach ähnlichen Konstruktionsmechanismen funktionieren die Mandelbrotmenge und die Juliamenge als die vielleicht bekanntesten Mengen dieser Art, die ähnliche Strukturen auf verschiedenen Skalen liefern.

In meinem Buch *Astrophysik trifft auf Ingenieurwissenschaften*[70] habe ich das Conway-Spiel abgewandelt auf das Maxwellsche Gleichungssystem angewandt. Der Zustandsraum ist hier der zelluläre dreidimensionale Spieltensor und jede Zelle dieses Tensors ist ein Spielzustand. Anschließend wird für jeden Zustand ein Regelwerk aus den Maxwell-Gleichungen abgeleitet, wie sich der Zustand einer Zelle in Abhängigkeit seiner Nachbarn ändern soll. Das Spiel beginnt mit einem beliebig gesetzten Anfangszustand des Systems. Nun werden die Regeln systematisch auf jede Zelle des Spieltensors der Reihe nach angewendet. Den neuen Zustand des Systems haben wir erreicht, wenn die Regeln auf alle Zellen der Spieltensors angewendet wurden.

---

69   *Conway Spiel des Lebens ;*
      https://de.scratch-wiki.info/wiki/Conways_Spiel_des_Lebens (abgerufen am
      1.03.2023)
70   M. Hüfner – *Moderne Astrophysik trifft auf Ingenieurwissenschaften;* Verlag:
      Books on Demand 2020, ISBN-13: 9783752628067
      https://www.bod.de/buchshop/moderne-astrophysik-trifft-auf-
      ingenieurwissenschaften-mathias-huefner-9783752628067 (abgerufen am
      1.03.2023)

Wenn man den Vorgang beliebig oft wiederholt, kann man die Veränderungen im System beobachten. Es versteht sich von selbst, dass so viele Operationen nicht mehr mit Bleistift und Papier zu bewältigen sind und Mathematik nicht mehr eine Sache von irgendwelchen Symbolen ist, sondern in einer algorithmischen Sprache formuliert werden muss. Voraussetzung dafür ist aber, dass ich das Problem erst einmal in meiner Muttersprache verstanden habe und formulieren kann. Galileis Satz muss also präzisiert werden:

Das Buch der Natur wird in Algorithmen geschrieben.

Allerdings schreibt daran kein Gott, sondern die Gemeinschaft der Wissenschaftler und das Buch bleibt auch ein Manuskript, an dem ständig gearbeitet wird.

Wenn in der Natur alles miteinander verbunden ist, muss auch der beschreibende Algorithmus eine Kausalkette sein.

"Alles ist Wechselwirkung." notierte Alexander von Humboldt am 1. August 1803 in eines seiner *Tagebücher der Amerikanischen Reise,* und

> *»In der grossen Verkettung von Ursachen und Wirkungen darf kein Stoff, keine Thätigkeit isolirt betrachtet werden.«*
> [71])

doch das war um die Wende zum 20. Jahrhundert vergessen.

---

71 A. v. Humboldt u. A. Bonpland- *Ideen zu einer Geographie der Pflanzen* nebst *einem Naturgemälde der Tropenländer,* Cotta-Verlag, Tübingen 1807, S. 39
https://archive.org/details/IdeenZuEinerGeographieDerPflanzenNebstEinemNaturg emaumlldeDer_853/page/n59/mode/2up?view=theater (abgerufen am28.04.2023)

Teil 2 Von der Physik zur Metaphysik

2.1 Missverständnisse zwischen Mathematik und Physik

»Mathematiker mögen sich einbilden, dass sie neue Ideen besitzen, die die bloße menschliche Sprache noch nicht ausdrücken kann. Lassen Sie ihnen sich die Mühe machen, diese Gedanken ohne Zuhilfenahme von Symbolen in passenden Worten auszudrücken, und wenn ihnen das gelingt, werden sie uns Laien nicht nur dauerhaft in die Pflicht nehmen, sondern wir wagen zu behaupten, sie werden sich während des Prozesses sehr aufgeklärt fühlen und sogar zweifeln, ob ihre in Symbolen ausgedrückten Ideen jemals den Weg aus den Gleichungen ihres Verstandes gefunden hätten.« James Clerk Maxwell

Die Geometrie auf gekrümmten Flächen

Bisher sind wir mit vier Grund-Einheiten zurecht gekommen, den Einheiten für Masse, Weg, Zeit und Temperatur. Damit haben wir weitere Einheiten zusammengesetzt. Zwei von einander unabhängige Kraftvektoren haben eine Ebene aufgespannt, und das Vektorprodukt dreier unabhängiger Vektoren spannt einen Vektorraum auf ebenso wie die Ordnungsrelationen bezüglich des Beobachters *oben, rechts* und *vorn* mit ihren komplementären unabhängigen Vorzugsrichtungen *unten, links* und *hinten.* Jede dieser Richtungen erhält durch die Menge der reellen Zahlen eine Skala, auf der man jeden Punkt in einem Volumen drei reelle Zahlen zuordnen kann. Wenn man dem Beobachter die Koordinaten (0,0,0) zuweist, kann man jedes beliebige Volumen einer materiellen Phase bestimmen. Setzt man nun die Masse einer abgeschlossenen Phase ins Verhältnis zu ihrem Volumen, ergibt sich die Massendichte einer materiellen Phase. Die Dichten nehmen in der Reihenfolge *fest, flüssig, gasförmig* ab. Diese Ordnung hat offensichtlich etwas mit der Struktur der Materie zu tun. Die Thermodynamik hat dafür einen eigenen Begriff geprägt: Entropieänderung zwischen den Phasen. Die Phase *leuchtend* dagegen kann mit der Massendichte jeder der anderen drei Phasen auftreten. Warum das so ist, werden wir später sehen.

Die Phasenübergänge zwischen den einzelnen materiellen Phasen sind klar erkennbar. Wir sprechen von der Oberfläche der jeweils dichteren Phase. Festkörper und Flüssigkeiten sind nicht kompressibel. Die moderne Physik ignoriert diesen Fakt ohne einen Beleg dafür zu haben.

Ein Volumen ist eine abgeschlossene Einheit einer materiellen Phase mit mehr oder weniger gekrümmten Oberflächen, die in Kanten zusammenstoßen und das Volumen zu anderen Volumina abgrenzen. Es gibt nur wenige Volumina mit einer geschlossen gekrümmten Oberfläche. Die meisten Oberflächen sind Fraktale, also gebrochene Flächen mit Rändern oder Kanten.

Der mathematischer Raum dagegen ist also eine ideelle Vorstellung eines unbegrenzten Volumens ohne Masse mit von einander unabhängigen Merkmalen, die in Tupeln $(x_1, x_2, ...,x_n)$ beschrieben werden; den Index n nennen wir die Raumdimension. Metrisch heißt der Raum, wenn er eine Abstandsfunktion hat, die über die Richtungsvariation über zwei auf einander senkrecht stehenden Winkeln des Radiusvektors eine Oberfläche mit konstanter Krümmung beschreibt. Nun kann man einerseits euklidische Geometrie im Raum betreiben, wo ein Dreieck stets die Winkelsumme von 360° hat (Das ist gleichbedeutend mit dem

Euklidischen Parallelenaxiom.) oder andererseits nichteuklidische Geometrie auf der gekrümmten Oberfläche betreiben, wo die Winkelsumme im Dreieck auf der Oberfläche entweder größer oder kleiner als 360° ist.

Als erster hat Gauß festgestellt, dass die Dreiecke auf der Erdoberfläche diese 360°-Bedingung nicht erfüllen. Die Gaußschen geographischen Koordinaten tragen dem Rechnung. Sein Schüler Bernhard Riemann hat die Idee dieser nichteuklidischen Geometrie auf beliebig viele Dimensionen in seiner Differentialgeometrie verallgemeinert. Dabei ist ihm jedoch ein grundlegender Fehler unterlaufen. Während eine Ebene *(x,y)* zu den Räumen gehört, also ein Teilraum vom dreidimensionalen Raum *(x,y,z)* ist, ist eine gekrümmte Oberfläche kein Raum, sondern eine Funktion mit klaren Abhängigkeiten zwischen den Variablen.

Die Riemannsche Verallgemeinerung auf mehr als drei Dimensionen liefert daher Hyperflächen, aber keine Räume, da auch hier die Abhängigkeiten unter den Variablen für die Krümmung verantwortlich sind. Eine Verallgemeinerung ist eine Erhöhung der Quantität, aber niemals eine qualitative Änderung. Riemann konnte Räume nicht von Hyperflächen unterscheiden und dieser Fehler zieht sich durch die gesamte Physikgeschichte des 20. Jahrhunderts. Noch heute reden Relativisten von gekrümmten Räumen, obwohl das mathematisch falsch ist.

Der Bruch mit der klassischen Physik setzte dort ein, wo man die Mathematik nicht mehr benutzte, um Physik zu erklären, sondern die materialistische Physik in ein idealistisches mathematisches Korsett zu pressen suchte, das Symmetrie über die kausale Logik der Physik stellte.

Eine solche Entgleisung war auch die Einsteinsche Raum-Zeit, eine Erweiterung des dreidimensionalen Raumes mit einer Zeitkoordinate, die weder ein Vektor noch unabhängig von der Bewegung ist.

Hier handelt es sich nicht um eine Verallgemeinerung im Sinne eines induktiven Schlusses, da die zugefügte Koordinate nicht deren Regeln entspricht, denn wie schon der Begriff Verallgemeinerung sagt, handelt es sich dabei um einen quantitativen Schluss innerhalb der gleichen Qualität. Im Fall der Zeit wird dem Raum keine Quantität hinzugefügt, sondern eine neue Qualität.

Ein weiterer Bruch mit der Realität ist die Auflösung der Verbindung der Kraft mit der Masse und ihre Verknüpfung mit der Geometrie in der Allgemeinen Relativitätstheorie. Zur Erinnerung: Newton definierte die Kraft als das Produkt aus Masse und deren Beschleunigung. Die Ursache für eine Kraft zwischen zwei Massen ist ihre jeweilige elektrische Ladung, die sich in annähernder oder abstoßender Weise bemerkbar macht. Dabei kommt die Verwechslung von Oberfläche und Raum erschwerend hinzu.

**Ohne die elektrische Ladung von Massen
gibt es keine Dynamik.**

Kann bewegte Masse wachsen?

Kann Masse mit der Geschwindigkeit wachsen und kann Masse in Energie umgewandelt werden?

Einstein wurde mit der Formel $E = m \cdot c^2$ berühmt. Doch was bedeutet diese Formel? Da das Gleichheitszeichen verwendet wurde, könnte man meinen, dass Masse der Quotient aus Energie durch das Quadrat der Lichtgeschwindigkeit sei. Dabei ist gemeint, dass ein Lichtimpuls sich mit Lichtgeschwindigkeit in der gesamten Masse ausbreitet.

$$E_c \Leftarrow p_c \cdot c \qquad (2.01)$$

Das relativistische Massenwachstum ist ein mathematischer faux pas.

Ersetzen wir nämlich in Einsteins Formel die Masse durch den gerichteten Impuls geteilt durch die Geschwindigkeit, mit der er erfolgte, und wandeln diese Äquivalenz in eine Gleichung um, was physikalisch nicht haltbar ist, da $\vec{p} \Leftarrow m \cdot \vec{v}$ nicht bijektiv ist, erhalten wir :

$$E = \frac{\vec{p}}{\vec{v}} \cdot c^2 \qquad (2.02)$$

(Eine Vektordivision ist nicht definiert!) Es gibt mathematische Ausdrucksmittel und Rechenregeln. Sie werden hier nicht angewendet und der Rechengang geht lustig weiter. Auch gilt für die Änderung des Energieflusses über den Weg ds:

$$dE = \frac{ds \cdot dp}{dt} = v \cdot dp \qquad (2.03)$$

Gleichungen (2.02) und (2.03) ergeben:

$$E \cdot dE = c^2 \cdot p\, dp \qquad\qquad (2.04)$$

Nun werden wir Gleichung (2.04) integrieren:

$$\int E\, dE = \int c^2 \cdot p\, dp \qquad\qquad (2.05)$$

Die Integration liefert:

$$E^2 = c^2 \cdot p^2 + E_0^2 \qquad\qquad (2.06)$$

wo $E_0{}^2$ die Integrationskonstante ist und als Ruheenergie bezeichnet wird. Die Ruheenergie muss demzufolge die schwere
Masse enthalten. Der Faktor 1/2 tritt hier auf beiden Seiten von
(2.06) auf und kann deshalb durch Multiplikation der Gleichung
mit 2 entfernt werden. Gleichung (2.02) umgeformt ergibt auch:

$$c \cdot p = E \cdot \frac{v}{c} \qquad\qquad (2.07)$$

Gleichung (2.07) in (2.06) eingesetzt ergibt:

$$E^2 = E^2 \frac{v^2}{c^2} + E_0^2 \qquad\qquad (2.08)$$

Gleichung (2.08) nach E aufgelöst ergibt:

$$E = \frac{E_0}{\sqrt{1 - v^2/c^2}} = \gamma\, E_0 \qquad\qquad (2.09)$$

Da es sich um eine quadratische Gleichung handelt, gibt es
sogar noch eine zweite Lösung, die den gleichen Wert nur mit einem negativen Vorzeichen hat. Das sagt, dass die aufgewende-
te Energie unter umgekehrten Vorzeichen auch zurück gegeben
wird. Schreiben wir nun für die Energie $\frac{1}{2} m v^2$, erhalten wir
das bemerkenswerte Ergebnis:

$$m = \frac{m_0}{\sqrt{1 - v^2/c^2}} \qquad\qquad (2.10)$$

Die Gleichung weckt die Illusion, Masse und Energie würden
sich im Transportkanal vermehren können, wenn sich Massen

der Lichtgeschwindigkeit nähern, woraus die Idee vom Urknall hervorging.

Hervorragend, was so ein kleiner Fehler, wie eine Vektordivision bewirken kann. Es ist das gleiche, wie mit dem Perpetuum mobile oder dem Gottesbeweis. Als theoretische Grundlage des Urknalls verspricht Einsteins Relativitätstheorie Energie aus dem Nichts. Dabei gilt für Masse und Energie der Erhaltungssatz, den schon Helmholtz formulierte. Auf der Eben der Atome haben die Chemiker den Erhalt der Masse auch bestätigt.

Wie sagte doch Einstein:

> *»Mathematik ist die perfekte Methode, sich selbst an der Nase herum zu führen.«*

Leider haben sich ganze Physikergenerationen an der Nase herum führen lassen, wie sich ihr Mainstream in der Öffentlichkeit präsentiert. Weltweit gibt es aber zahlreiche Wissenschaftler, die sich nicht haben täuschen lassen und ihre Anzahl wächst stetig. [72])

Ein weiteres Märchen ist das vom Doppelcharakter des Lichtes als Teilchen und Welle. Nicht die mathematischen Modelle bestimmen den Charakter des Lichtes. Licht breitet sich über den gesamten Raum aus. Es gibt keine Vorzugsrichtung. Folglich kann ich die Lichtgeschwindigkeit nicht als Vektor darstellen.

Deshalb kann der Impuls des Lichtes keine gerichtete Größe sein, im Gegensatz zum Impuls eines Teilchens. Licht wie auch Funkwellen und Wärmewellen verteilen sich über das ganze Vo-

---

72 Jean de Climont - *The Worldwide List of Alternative Theories and Critics;* Editions d Assailly, 01.11.2020
https://books.google.de/books/about/The_Worldwide_List_of_Alternative_Theori. html?id=KnzBDjnGIgYC&redir_esc=y (abgerufen am 1.03.2023)

lumen kraftfrei als Impuls und erzeugen, wie Max Planck mit seiner Formel $E \Leftarrow h \cdot \nu$ gezeigt hat, beim Empfänger eine Wirkung entsprechend der Masse des Erregers und seiner Wiederholfrequenz.

Anschaulich wird die Sache, wenn man an den Bohrhammer aus dem Heimwerker-Shop denkt. Ich habe den Pfeil statt des Gleichheitszeichens benutzt, weil es sich in beiden Fällen um Kausalbeziehungen und keine Gleichungen handelt. Dabei sollte außerdem berücksichtigt werden, dass es sich nicht um gerichtete Energie, sondern um Strahlungsenergie handelt, weshalb hier besser das Zeichen für die Entropie auf der linken Seite stehen sollte. Also sollten Einsteins und Plancks Grundgleichungen besser als Kausalbeziehungen geschrieben werden:

$$S \Leftarrow p_c \cdot c \quad \text{und} \quad S \Leftarrow h \cdot \nu \tag{2.11}$$

Damit wird der strukturelle Charakter der Energie hervorgehoben, denn jeder Energiefluss besitzt ein Spektrum struktureller Schwankungen ebenso wie jeder Masse eine Struktur aufgeprägt sein kann und damit kommen wir zur Entropie, und Entropie ist der Schlüssel zur Informationsquelle, die wir über den Kosmos besitzen. Kräfte können wir über die kosmischen Distanzen nur ungenügend bestimmen, da wir die Bewegungen der Sterne mit zunehmendem Abstand nicht mehr wahrnehmen können.

Es drängt sich einem der Gedanke auf, dass die Missverständnisse nicht dem Unvermögen der Wissenschaftlergemeinde geschuldet sind, sondern dass es sich um ein systemisches Versagen der Gesellschaft handelt. Im folgenden Kapitel wollen wir den gesellschaftlichen Ursachen auf den Grund gehen.

2.2 Moderne Physik und Philosophie

In diesem Kapitel wollen wir ergründen, welche Modeerscheinung die Physik im 20. Jahrhundert befallen hat. Moden sind Momentaufnahmen eines Prozesses kontinuierlichen Wandels. Wenn wir von moderner Physik sprechen, ist diese Physik einem bestimmten Zeitgeist geschuldet, wie die Natur gesehen wird.

Die Welt erleben wir in drei Ebenen, zuerst in der Ebene, die wir mit unseren physischen Sinnen erfahren, in der Makroebene, auf die wir unsere Teleskope richten, und in der Mikrowelt, die uns der Blick in Mikroskope erschließt. Während wir für die erste Ebene alle unsere Sinne einsetzen können, ist der Ausblick in die Makro- und Mikrowelt nur unserem Sehsinn soweit zugänglich, wie es die spektrale Auflösung dieser Geräte zulässt. Spektrale Auflösung bedeutet, dass Strukturen nur in Abhängigkeit von der Wellenlänge der elektromagnetischen Strahlung, die den Empfänger erreichen, als voneinander getrennt wahrgenommen werden können. Folglich beruhen alle unsere Erkenntnisse sowohl der Mikrowelt als auch der Makrowelt auf den Informationen elektromagnetischer Strahlung oberhalb einer Nachweisgrenze. Auch wenn wir in der Lage sind, diese Nachweisgrenzen infolge des technischen Fortschritts zu verschieben, bleiben sie doch immer Grenzen. Über alles das, was hinter diesen Grenzen liegt, können wir nichts wissen, aber wir spekulieren darüber, und das ist das Gebiet der Philosophie und des Glaubens.

Aristoteles prägte den Begriff Physik für die Naturwissenschaft und das Spekulieren handelte er in weiteren Büchern ab.

Daraus wurde der Begriff Metaphysik also hinter der Physik stehend abgeleitet. Was also zuerst eine rein örtliche Bezeichnung war, erhielt in späteren Zeiten die Bedeutung einer göttlichen Idee hinter der Naturerscheinung. Einst waren Religion und Philosophie (die Liebe zur Weisheit) untrennbar mit einander verbunden, wie wir es noch heute bei der indischen Philosophie sehen, wo für die Beschreibung von Naturerscheinungen personifizierte Symbole verwendet werden.

Priester waren bis ins Mittelalter die einzigen Menschen, die über Wissen verfügten, das sie angeblich von den Göttern erhalten hatten. Eines der wichtigsten philosophischen Prinzipien, welches aus der indischen Karma-Lehre hervorgegangen ist, ist das Kausalitätsprinzip, die Lehre von Ursache und Folge oder schlicht die Logik, an deren ideellem Anfang ein Gott steht.

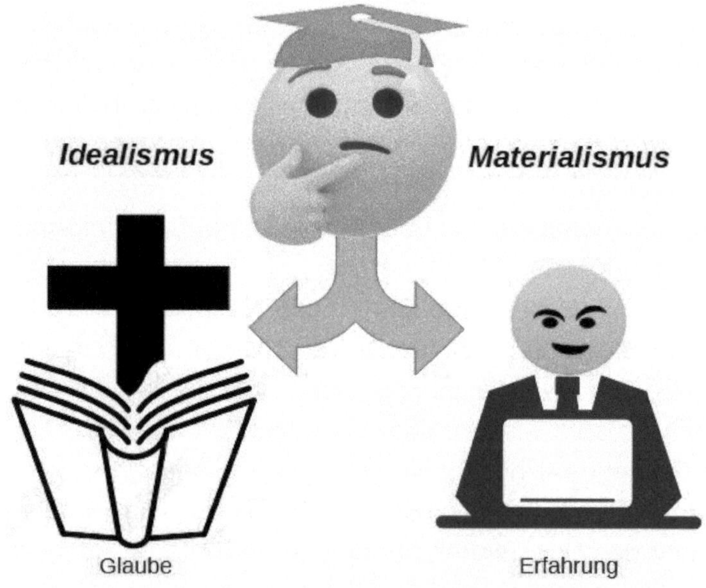

Abbildung 30: Grundsatzentscheidung des Physikers

Ein anderer philosophischer Ansatz kommt ohne eine göttliche Idee aus und beschäftigt sich mit dem Handgreiflichen, der Materie und sieht die Idee als an einen materiellen Träger gebunden. Die Aufklärungsbewegung im 19. Jahrhundert lieferte wesentliche Impulse zur materialistischen Philosophie und löste eine Gegenbewegung im Vatikan aus. Diese beiden Ansätze konkurrieren seitdem miteinander und der Physiker muss zwischen beiden eine Grundsatzentscheidung treffen. (Abb. 30)

Der atomistische Materialismus geht auf Demokrit zurück. Demokrit verwirft die Annahme eines vom körperlichen Stoff verschiedenen geistigen Prinzips. Aus der Kausalität folgte ein strenger logischer Determinismus, der seinen Höhepunkt in dem mechanischen Determinismus des Laplaceschen Dämons fand, der alle Gesetze der Weltmechanik und detailliert den gegenwärtigen Zustand der Welt kennt. Damit könnte er theoretisch beliebig weit in die Zukunft und beliebig weit in die Vergangenheit blicken. Im 19. Jahrhundert galt der Determinismus fast als sichere Weltanschauung. Freier Wille, religiöse Vorstellungen und Ideen gerieten unter Druck. Dabei bedeutet das Wort ‚*determiniert*‘ Grenzen setzen. Innerhalb der Grenzen gibt es Wahloptionen, aber der freie Wille ist ebenso eine Illusion wie eine Alternativlosigkeit. Doch jede Entscheidung hat wiederum Folgen und so sind die weiteren Entscheidungen schon beschränkt.

Schauen wir uns diesen Determinismus näher an, dann stellen wir fest, dass er in einem geschlossenen System ohne Wechselwirkung der Teilnehmer untereinander gedacht ist. Das Gegenteil des logischen Folgerns ist der Indeterminismus, die Lehre von der Willensfreiheit, nicht die Stochastik, die Kunst des

Vermutens. Ich betone an dieser Stelle, logisches Folgern und Statistik sind beides mathematische Techniken, und beide sind ideeller Natur. In der Statistik ist der Zufall ein Ereignis, dessen Ursache unbekannt ist. Es ist folglich nicht entscheidbar, ob das zufällige Ereignis objektiv bedingt oder nur subjektiv nicht erwartet war. Zufällige, besser optionale Ereignisse findet man stets dort, wo ein dynamisches Gleichgewicht existiert und darum angeordnet mehrere stabile Gleichgewichte, wie beim rollenden Würfel, der eine Kombination von gleichseitigem Quader und Kugel ist. Die Optionen eines Würfels sind auf sechs begrenzt oder determiniert. Sie sind nicht frei. Dynamische Gleichgewichte findet man jedoch nur in offenen Systemen, wo man eine Wechselwirkung mit der Umwelt berücksichtigt, und da werden Zufälle (Optionen) plötzlich zu Schnittpunkten sich kreuzender Kausalketten. Sehr illustrative Beispiele dafür sind Spiele mit festen kausalen Spielregeln, wie etwa beim Schachspiel, die konsequent angewendet jedoch zu sehr unterschiedlichen Spielsituationen mit ungewissem Ausgang führen.

Es ist höchst fragwürdig, den Zufall als metaphysische Willensfreiheit im Sinne von Arthur Schopenhauer[73] zu objektivieren. Jede Realisierung eines freien Willens löst zweifellos eine Kausalkette aus. Der Sinn hinter der Ideologie des freien Willens ist, die Verantwortung für das Auslösen einer Kausalkette ablehnen zu können. So wird der Missbrauch einer Jungfrau durch einen Priester zu einer unbefleckten Empfängnis von einem Gott. Doch das Konzept des freien Willens geht nicht auf. Wie wäre sonst die strikte Geheimhaltung von moralisch fragwürdigen Vorhaben und Taten zu erklären?

---

73 A. Schopenhauer – *Die Welt als Wille und Vorstellung;* Georg Müller Verlag 1912
https://ia803400.us.archive.org/0/items/dieweltalswilleu00scho/dieweltalswilleu00scho.pdf (abgerufen am 4.04.2023)

Mit dem Determinismus ist die deduktive Schlussweise verbunden. Alldings glaubte man, dass der indeterminierte freie Wille die eigentliche Schöpferkraft sei. Das stimmt aber nicht. Schöpfertum und Kreativität beruht auf induktiven Schlüssen.

Die induktive Schlussweise ist umstritten, da sie nur unter eng begrenzten Bedingungen zu sicheren Ergebnissen führt. Karl Popper wollte sie in seiner *Logik der Forschung*[74]) sogar abschaffen. Aber nur durch induktive Schlüsse können wir unser Wissen schrittweise vermehren. Schließlich kam Popper zu dem Schluss, dass nur solche Theorien, Thesen oder Modelle wissenschaftlichen Standards genügen, die im Praxistest auch als falsch erkannt werden können, die prinzipiell falsifiziert werden könnten. Damit fallen alle Theorien und Hypothesen aus der Wissenschaft heraus, die sich mit Dingen beschäftigen, die außerhalb der Nachweisgrenze liegen, da sie folglich nicht falsifizierbar sind.

Nachdem die Physik im 19. Jahrhundert dem gesellschaftlichen Fortschritt gedient hatte, standen nun in der ersten Hälfte des 20. Jahrhunderts die Forderung der Päpste Pius X. bis Pius XII. im Raum, dass die Wissenschaft der katholischen Religion zu dienen habe. Schließlich sollte ihre alte Macht wiederhergestellt werden. Konkret sollte die Genesis der Bibel als Anknüpfungspunkt dienen. Diese Forderung konnte für die christlichen Religion nur erfüllt werden, wenn man sich außerhalb der physischen Nachweisgrenzen bewegte, denn innerhalb dieser Gren-

---

74 K. Popper - *Logik der Forschung;*
https://www.researchgate.net/publication/346934701_Karl_Popper_Logik_der_Forschung_Zur_Erkenntnistheorie_der_modernen_Naturwissenschaft_vi248_pp_Springer_Berlin_1935/link/5fd3023c299bf188d40b1187/download (abgerufen am 27.07.2023)

zen kann eine unfruchtbare Theorie durch einen Praxistest falsifiziert werden. Zwei neue Theorien, die zu Beginn des 20. Jahrhunderts entstanden, waren daher für die Erfüllung der päpstlichen Forderung geeignet: Die Relativitätstheorie und die Quantentheorie, zwei statische Theorien, die sich auf die Sinnestäuschung des Beobachters beziehen und die Kausalität missachten. Wegen ihrer Ungewöhnlichkeit gewannen sie schnell Beachtung, zumal die Idee vom freien Willen nach dem verlorenen ersten Weltkrieg in Deutschland Hochkonjunktur hatte. So wurden durch eine Bildungsreform in der Weimarer Republik und großer Medienbeachtung dieses Gedankengut in den Köpfen der Menschen verankert. Dazu brauchte man ein Genie, an das man glauben konnte. Schließlich war es bequem, nicht selber denken zu müssen. Kants Satz:

»Habe den Mut, dich deines eigenen Verstandes zu bedienen!«

geriet so langsam wieder in Vergessenheit, denn Glaube ist selbstverschuldete Unmündigkeit und geistige Abhängigkeit von Fremden.

Mit der Idee der Versöhnung von Wissenschaft und Glaube versuchte die katholischen Kirche, über die Gestaltung eines geistigen Milieus der Akausalität und Willensfreiheit, die durch die Bewegung der Aufklärung im 19. Jahrhundert aus der Kontrolle geratenen Wissenschaft wieder einzufangen[75]). So hoben römisch-katholische Theologen den freien Willen des Menschen hervor: Es liege an jedem Einzelnen, die göttliche Liebe als Motivation bei Handlungen zu bevorzugen bzw. die Gnadengaben Gottes anzunehmen und man könne sich auch in Freiheit dazu entscheiden, sie abzulehnen.[76]) Dazu bot sich nach dem verlore-

---

75 K. v. Meeyenn (Hrsg.)– *Quantenmechanik und Weimarer Republik;* Vieweg Verlag 1994 ISBN 3-528-08938-5

76 https://de.wikipedia.org/wiki/Freier_Wille#Christentum (abgerufen am 28.04.2023)

nen Krieg nach 1918, wo eine ganze Nation in die Verantwortung genommen wurde, die Möglichkeit den freien Willen zu propagieren und damit auch die Wissenschaft zu infizieren.

Das Konzept der mathematischen Symmetrisierung war dank eines akademischen peer-review-Systems über ein Jahrhundert ziemlich erfolgreich, gelang es doch, selbst die Ideologie des dialektischen Materialismus zu infizieren und eine Gegenwehr erfolgreich zu unterdrücken[77]). Inzwischen gibt es für das Konzept auch einen Namen: *Szientismus* – Glaube an die Wissenschaft, abgeleitet vom englischen Wort science.[78])

Dabei spielten die Konzepte von *Nichts* und *Unendlichkeit* eine wichtige Rolle, die es in einem materiellen Kosmos schon aus philosophischer Sicht nicht geben kann, weil jedes physikalisches Volumen eine Massendichte enthält und stets begrenzt ist. Andererseits sind Grenzen nicht abgeschlossen, sondern für Massen- und Energieaustausch offen.

Das müssen sogar Gottgläubige zugestehen, denn in einer geschlossenen Welt gäbe es keine Schöpfung, da Schöpfung gleichbedeutend mit einer negativen Entropieänderung ist. Der unergründliche Schöpfer wird um den Glauben zu verschleiern durch den objektiven Zufall ersetzt.

---

77 S. Müller-Markus – *Einstein und Die Sowjetphilosophie;*
https://www.buecher.de/shop/allgemein/einstein-und-die-sowjetphilosophie-ebook-pdf/mueller-markus-s-/products_products/detail/prod_id/53398825/ (aufgerufen am 4.04.2023)

78 S. Haack - *Six Signs of Scientism;*
https://www.pdcnet.org/logos-episteme/content/logos-episteme_2012_0003_0001_0075_0095 und ein Kommentar in der Züricher Zeitung von S.Tiez; *https://www.nzz.ch/meinung/szientismus-nicht-nur-ablehnung-von-wissenschaft-ist-ein-pMroblem-ld.1665688* (aufgerufen am 4.04.2023)

In der Gegenwart verstehen wir unter Philosophie die Wissenschaft vom logischen Denken und vom rechten Handeln, sowie vom Sein und der Wirklichkeit. Im logischen Denken gibt es jedoch einen wesentlichen Unterschied zwischen Materialismus und Idealismus.

Der Materialist bezieht sich in der induktiven Schlussweise, die zur Vermehrung des Wissens dient, auf ein determiniertes Vorgehen. Der Materialist versteht sein Verständnis von Welt als ihre Widerspieglung in seinem Geist, während der Idealist seine geistigen Eigenschaften auf die Welt zu projizieren versucht, was sich ganz besonders deutlich in der sogenannten Lebensphilosophie von Arthur Schopenhauer zeigt. So wird ein Gott zu einer Projektion des idealen Menschengeistes, wie es schon Ludwig Feuerbach 1851 in seiner Vorlesung über das Wesen der Religion erklärte[79]. Während die induktive Schlussweise des Idealisten mehr auf den Glaubenssätzen beruht, stützt sich der Materialist mehr auf seine Erfahrung, die ihn jedoch vor Glaubenssätzen nicht schützt. Ob ein induktiver Schluss (eine Hypothese) wahr ist, muss dann vielfach durch Beobachtung oder Experiment bestätigt werden, ehe der Forscher eine Gewissheit erlangen kann. Doch während sich das Wissen über das logische Denken und die Wirklichkeit ständig weiterentwickelte, haben sich die „Religionen der Bücher" einmal geschrieben nicht weiterentwickelt. Lediglich ihre Interpretation bot einen gewissen Spielraum an Deutungen.

Hat doch schon der Buddhismus vor 2500 Jahren die Ursachen für die Übel in der Welt in Unwissenheit, Gier und Hass der Menschen gefunden, so haben sich die Menschen mittels der

---

79 L. Feuerbach - *Vorlesungen über das Wesen der Religion,* Leipzig 1851, Zwanzigste Vorlesung, S. 241; https://books.google.de/books?id=TTi7wIFeSdUC&pg=PA241&redir_esc=y&hl=de#v=onepage&q&f=false (abgerufen am 01.06.2023)

verschiedenen Religionssysteme über die Jahrhunderte bekämpft, statt zu einer Übereinkunft zu kommen und sich als Teil der Natur zu begreifen. Somit hat die moralische Entwicklung der Menschheit nicht mit der rasanten naturwissenschaftlich-technischen Entwicklung Schritt gehalten, was zu gewaltigen gesellschaftlichen Verwerfungen geführt hat, die nun auch in der Enzyklika *Laudato si'* von 2015 *Über die Sorge für das gemeinsame Haus* von Papst Franziskus beklagt werden. Doch solange Menschen den Glauben für Wissen halten, werden sie Gefangene ihres Glaubens bleiben und sie werden weiter die Ressourcen der Erde verschwenden, wie sie es schon vor 2500 Jahren taten.

Die Archäologen haben genügend Beispiele von untergegangenen Hochkulturen gefunden. Nur ist die Menschheit von ein paar Millionen inzwischen auf acht Milliarden angewachsen.

Ich verstehe nicht viel von Weltpolitik, aber ich sehe die drei Kriterien Unwissenheit, Gier und Hass noch immer als dominierenden menschlichen Triebkräfte an. Gegen Unwissenheit lässt sich am ehesten etwas durch Bildung tun, wozu ich auf meinem Fachgebiet beitragen will.

Doch Gier und Hass haben in den letzten Jahren auf Europas Boden wieder Konjunktur und wieder ist es die Verantwortungslosigkeit von Autokraten und der Glaube an freien Willen und Wunder, die diese Entwicklung befeuern.

Zur Entstehung der modernen Physik

Die Physik des 19. Jahrhunderts war in viel stärkerem Maße dem Materialismus, der Kausalität und dem Determinismus verpflichtet als die heutige Physik. Zu Beginn des 20. Jahrhundert findet man in der Enzyklika *Pascendi Dominici gregis* von Papst Pius X. den Satz:

> *»Jeder weiß, daß unter allen diesen vielen Disziplinen, welche sich dem Wahrheitsdurst des Geistes bieten, der heiligen Theologie der erste Platz gebührt, so daß schon ein alter weiser Spruch besagt, es liegt an den übrigen Wissenschaften und Künsten, ihr zur Hand zu sein und ihr gleichsam die Dienste einer Magd zu leisten «(I/46)*

Zwar beobachtete der Heilige Stuhl das Missverhältnis zwischen den beiden philosophischen Sparten, aber sein Bestreben war rückwärts gegen die Aufklärung des 19. Jahrhunderts gerichtet und dazu wollte er 1907 Vorkehrungen für die Zukunft treffen.

> *»Daher beschließen Wir, daß ein solcher Rat, den Wir die Aufsichtsbehörde nennen, so bald als möglich in jeder Diözese eingerichtet wird. Die Mitglieder dieser Aufsichtsbehörde werden etwa in der Weise bestimmt, wie Wir es oben für die Zensoren angeordnet haben. In jedem zweiten Monat sollen sie an einem festgelegten Tag beim Bischof zusammenkommen. Über ihre Verhandlungen und Beschlüsse sind sie zum Stillschweigen verpflichtet. Von Amtswegen unterliegen ihnen folgende Obliegenheiten: Nach Anzeichen und Spuren des Modernismus sowohl in Büchern, als auch in Lehrvorträgen eifrig zu forschen. Zum Schutz des Klerus und der Jugend ist ihnen verordnet, mit Klugheit, dennoch schnell handelnd und tatkräftig ihre Verordnungen zu treffen. (VI/55)«*

Das hatte unmittelbare Auswirkungen auf die Universitäten, die sich in der Trägerschaft der Kirche befanden. Wohl konnte der Klerus den Menschen nicht die technischen Errungenschaften abnehmen, aber die materielle Sichtweise auf die Welt. So erklärte 1919 der Religionswissenschaftler und späterer Staatssekretär und preußischer Kultusminister in der Weimarer Republik Carl Heinrich Becker in einem viel gelesenen Entwurf zur Universitätsreform:

> *» Das Grundübel ist die Überschätzung des rein Intellektuellen in unserer Kulturbetätigung. Die ausschließliche Vorherrschaft der rationalistischen Denkweise, die zum Egoismus und Materialismus in krassester Form führen musste und geführt hat.«* [80])

Der Heiligen Stuhl konnte dank der Relativitätstheorie sich immer noch im Zentrum der Welt sehen.

Kommentar: Erst 1992, nachdem der dialektische Materialismus zu Grabe getragen war, wurde durch Papst Johannes Paul auch Galileo Galilei, der gewagt hatte, die Sonne ins Zentrum der Welt zu stellen, rehabilitiert.

Eine nicht unerhebliche Rolle bei der Durchsetzung päpstlicher Anordnungen spielte der Priestergelehrte Georges Lemaître.

> *»Sollte ein Priester die Relativitätstheorie ablehnen, weil sie keine maßgebliche Darlegung der Trinitätslehre enthält? Sobald Sie erkennen, dass die Bibel nicht vorgibt, ein Lehrbuch der Wissenschaft zu sein, verschwindet die alte Kontroverse zwischen Religion und Wissenschaft. . . Die Trinitätslehre ist viel abstruser als alles andere in der Relativitätstheorie oder Quantenmechanik; aber da sie für die Errettung notwendig ist, wird die Lehre in der Bibel dargelegt. Wenn auch die Relativitätstheorie heilsnotwendig gewesen wäre, wäre sie Paulus oder Moses offenbart worden.«* [81])

---

80 P. Forman *Erziehungsideale und Reformen* in K.v. Meyenn – *Quantenmechanik und Weimarer Republik;* Vieweg Verlag 1994, ISBN 3-528-08938-5; S.84
81 G. Lemaitre - https://www.azquotes.com/quote/929618 in Englisch (aufgerufen am 4.04.2023)

Die Trinitätslehre ist das Rudiment des unverstandenen Konzepts *Trimurti* der uralten Thermodynamik von Schöpfung, Erhalt und Vergehen beim Übergang vom Polytheismus zum Monotheismus in der indogermanischen Völkerfamilie.

»Den ‚ewigen Konflikt' zwischen Theologie und Naturwissenschaften gibt es nicht«,

heißt es im Vorwort von Harald Lesch[82]). Vielleicht nicht, wenn sich die Theologie verändert!

»Wer in Deutschland zu sensiblen Themen forschen möchte, der darf sich auf Fragen nach Parteibuch und Kirchenmitgliedschaft gefasst machen,«

stellte Andreas E. Kilian noch 2015 fest.[83]) Es geht nicht um Wissen sondern um Deutungshoheit.

So wurde seit Lemaître eine Versöhnung der Wissenschaft mit der Religion angestrebt und zu diesem Zweck wurde die päpstliche Akademie der Wissenschaften von Papst Pius XI. 1936 eingerichtet; die sich in der Tradition der *Accademia dei Lincei* aus dem Jahr 1603 sah, in die namhafte Wissenschaftler aufgenommenen wurden. Ziel war, die Entmaterialisierung der Physik und Schaffung eines Standardmodells der Welt im Großen wie im Kleinen, dass mit der christlichen Lehre im Einklang stand. Es musste das Wunder der Schöpfung enthalten.

Wunder können nicht kausal begründet werden, weshalb der Zufall objektiviert werden muss. Das wurde über die Idee der Willensfreiheit plausibel gemacht. Gerade nach der von Deutschland mitverschuldeten Katastrophe des 1. Weltkriegs war der Wunsch nach Willensfreiheit in breiten Kreisen der Intelligenz sehr ausgeprägt. Die ambivalenten Philosophien von Arthur

---

82 A. Losch, & F. Vogelsang (Hrsg.) - *Wissenschaft und die Frage nach Gott. Theologie und Naturwissenschaft im Dialog.* Mit einem Vorwort von Harald Lesch. Evangelische Akademie im Rheinland, Bonn 2015.

83 A.E. Kilian – *Intelligent Design 2.0 - Teil 4 Das Hintertürchen* ; https://hpd.de/artikel/11988/seite/0/1 (abgerufen am 04.04.2023)

Schopenhauer und Friedrich Nietzsche, in denen es um den freien Willen ging, gewann starken Einfluss und führten zu einer Art Lebensphilosophie, die sich gegen einen materialistischen Determinismus in den Naturwissenschaften auflehnte und sich hin zu einem Mystizismus wandte. Doch freier Wille heißt auch Verantwortungslosigkeit, weil man zwar etwas verursacht, aber nicht für die Folgen einstehen will. Dafür gibt es eine höhere Macht.

> *»Jesus hat die Schuld der Sünden eines jeden Menschen auf sich geladen, damit wir Zugang zu ewigem Leben bekommen«*[84])

In diesem Klima der Verwirrung und zunehmender Verarmung war es leicht, entsprechend auf die Physiker einzuwirken, materialistische Positionen aufzugeben. So spricht Erwin Schrödinger im Februar 1932 in einem Vortrag vor der preußischen Akademie der Wissenschaften von der Milieubedingtheit der Entwicklung der Physik und führt aus: [85])

> *»Beim Nachdenken über milieubedingte Züge der heutigen Physik sind mir folgende aufgefallen. Zur Übersicht kennzeichne ich sie durch Schlagworte, die nachher näher erläutert werden;*
> *1. Das, was in der Kunst, besonders im Kunsthandwerk, aber auch anderswo als reine Sachlichkeit bezeichnet wird.*
> *2. Umsturzbedürfnis. Vorliebe für Freiheit und Gesetzlosigkeit.*
> *3. Relativitätsgedanke Invariantentheorie.*
> *4. Methodik der Massenbeherrschung, teils durch rationelle Organisation, teils durch fabrikmäßige Vervielfältigung.*
> *5. Statistik.«*

---

84 https://christengemeinden.it/jesus-hat-die-schuld-der-suenden/ (abgerufen am 02.03.2023

85 H. Goldbeck-Löwe - *Quantentheorie und Weimarer Kultur;* *https://www.researchgate.net/profile/Harald-Goldbeck-Loewe/publication/ 269873067_Quantentheorie_und_Weimarer_Kultur/links/ 5498445f0cf2519f5a1ddc0c/Quantentheorie-und-Weimarer-Kultur.pdf* (abgerufen am 02.03.2023)

Paul Forman griff diese Idee 1967 erneut auf, nachdem er die Geschichte der Physik von 1918 bis 1927 analysiert und zusammen mit Thomas Kuhn 170 Hinterlassenschaften der Spitzenquantenphysik ausgewertet hatte. Dann formulierte er seine drei Thesen: [86])

- *These 1: Rationalismus, Utilitarismus und exakte Naturwissenschaften gerieten im Gefolge der deutschen Niederlage des Krieges in der allgemeinen Öffentlichkeit in Misskredit.*

- *These 2: Als Reaktion darauf erhielten die in Akademikerkreisen verbreiteten neoromantischen Geistesströmungen (wie die sogenannte Lebensphilosophie) starken Zulauf. Die Vertreter der exakten Wissenschaften versuchten, im Einklang mit dieser Entwicklung, ihre eigene Denkweise dieser Zeitströmung anzupassen.*

- *These 3: Um eine inhaltliche Übereinstimmung ihrer Wissenschaft mit den Wertevorstellungen der ihnen feindlich gesonnenen Umwelt zu erzielen, gaben viele Vertreter der exakten Naturwissenschaft ohne zwingende wissenschaftliche Motivation die Kausalität schon auf, bevor die rationale Quantenmechanik die Berechtigung dazu lieferte.*

Doch niemand fragte bisher, wer hatte ein Motiv zu dieser Milieu-Gestaltung, in der sich die Physiker diesem äußeren Druck anpassen mussten. Heutzutage kennen wir Unternehmen, die für viel Geld von den Mächtigen dieser Welt beauftragt werden, demokratische Wahlen durch Erzeugung eines bestimmten ‚Zeitgeistes' über die Medien zu beeinflussen. Zu damaliger Zeit brauchte man eine sehr starke Organisation, die von der Beeinflussung großer Menschenmengen profitieren konnte. Wer mag das wohl gewesen sein?

Jedenfalls findet man die führenden Quantenmechaniker in Anerkennung ihrer Leistungen für den Glauben in der Päpstlichen Akademie der Wissenschaften nach ihrer Wiederbelebung

---

86 K.v. Meyenn – *Formans Anpassungsthesen* in *Quantenmechanik und Weimarer Republik;* Vieweg Verlag 1994 ISBN 3-528-08938-5 S.55

durch Pius XI. 1936 als Mitglieder versammelt. Selbst der kritische Erwin Schrödinger wurde bekehrt. Zum Präsidenten der Akademie wurde der belgische Priester und Physiker Georges Lemaître bestellt.

Damit Wunder geschehen können, muss es auf der Welt Gebiete ohne Kausalität geben. Was liegt näher, als zu behaupten, dass dies unterhalb der physikalischen Nachweisgrenze geschieht?

Obwohl Albert Einstein kein Mitglied der Päpstlichen Akademie war, wurde er zum ersten Medienstar und seine wissenschaftliche Popularität blieb ungebrochen, bis er sein Urteil zur Quantentheorie verkündete: »*Gott würfelt nicht.*«

Kommentar: Dahinter verbergen sich die Spannungen zwischen dem Verständnis von kausaler Determination von Regeln und Naturgesetzen einerseits und dem Glauben an die Objektivität des Zufalls andererseits. Wahrscheinlichkeit steht als Maß zwischen Gewissheit und Ungewissheit. Zufall ist folglich subjektives Erleben, so wie die Quantenmechanik interpretiert wird. Das Gedankenexperiment, das als Schrödingers Katze (Abb. 34) in die Geschichte einging, ist dafür ein beredtes Beispiel.

Dann verblasste das Interesse an seiner Person, denn der Glaube an die Objektivität des Zufalls setzte sich durch. Ab der Gründung der päpstlichen Akademie der Wissenschaften im Jahr 1936 galt der neue Fokus den Quantenmechanikern und insbesondere Werner Heisenberg, der sich als Einsteins einflussreichster Gegenspieler entwickelte, der für logische Irritationen sorgte und der mit seiner Deutung der Quantenmechanik selbst Einfluss auf die Philosophie nahm. (Abb. 31)

Die Motivation zur Quantenmechanik begann, als sich die Physik zu Beginn des 20. Jahrhunderts angeregt durch Plancks Strahlungsgesetz mit dem Atom zu beschäftigen begann, obwohl

Atome sich zu dieser Zeit außerhalb der Nachweisgrenze befanden. Auf Grund der verschiedenen Stoff- und Ladungseigenschaften konnte man jedoch vermuten, dass Atome keine unteilbaren Teilchen sind, wie das griechische Wort ἄτομος sagt, sondern aus mehreren Bestandteilen bestehen müssen.

Abbildung 31: Theoretische Physiker, die die Wissenschaft dem Glauben annäherten

Eine frühe Erwähnung des Atomkonzepts in der Philosophie soll aus Indien bekannt geworden sein.[87] Jedoch zu einem tiefe-

---

87 D. Teresi - *Lost Discoveries: The Ancient Roots of Modern Science - from the Babylonians to the Maya;* Simon & Schuster, 2003, ISBN 0-7432-4379-X, S. 213–

ren Verständnis der Atome kam es erst durch das Zusammenwirken von Chemie und Elektrodynamik Mitte des 20. Jahrhunderts als man Elektronenmikroskope mit einer Nachweisgrenze von 50 pm[88]) entwickelt hatte. Damit kann man gerade die Elektronenschalen einzelner Atome sichtbar machen.

Die Atomkerne sind noch einmal 4 Größenordnungen kleiner, und sie entziehen sich somit der direkten Beobachtung. Ernest Rutherford war der erste, der ein Atommodell entwickelte. Er hatte bei Experimenten die verschiedenen Strahlenarten beim Atomzerfall entdeckt und führte den Begriff der Halbwertszeit als die Zeitspanne ein, in der die Intensität der Strahlung um die Hälfte abgenommen hat. Beim Beschuss von Stickstoff mit Alphastrahlen entdeckte er das positive Proton. Sein Atommodell war an das Planetenmodell angelehnt. Es zeichnet sich durch drei wichtige Eigenschaften aus:

- Ein Atom besteht aus einem sehr kleinen, **positiv** geladenen **Atomkern**, welcher fast die gesamte **Masse** enthält.
- Der Rest des Atoms besteht aus einer fast 3000-mal größeren **Atomhülle**, welche größtenteils „**leer**" ist.
- Die Elektronen **kreisen** in der Atomhülle um den Atomkern.

Das Modell wurde von Niels Bohr verworfen, weil er glaubte, die kreisenden Elektronen müssten Energie verlieren und in den Kern stürzen, was nach Lorentz jedoch falsch ist. Die Rotation der Elektronen ist kraftfrei wie auch die Raumstation in der Erd-

---

214.
88   1 pm = 1 Picometer = 10^{-12} m

umlaufbahn schwerelos und kraftfrei ist. Doch die Vorstellung von Leere in Zusammenhang mit dem Feld- oder Ätherbegriff führt mathematisch und physikalisch in die Irre.

Bohr ersetzte das Rutherfordsche Modell durch ein Schalenmodel in Anlehnung an das mittelalterliche Planetenmodell. Das Bild von Elektronenbahnen wird jedoch in allen quantenmechanischen Atommodellen seit etwa 1925 dadurch ersetzt, dass den Elektronen nur bestimmte Aufenthaltswahrscheinlichkeiten zugesprochen werden. Das sei nicht vereinbar mit den Elektronenbahnen und sei akausal. Doch worin besteht der Unterschied beider Darstellungen? Wenn sich ein Ventilator dreht, nehmen wir die Rotation auch nicht mehr als das Rotorblatt wahr, sondern als eine Wahrscheinlichkeitsscheibe. Dass wir die Rotorblätter nicht mehr erkennen können, liegt doch an der Trägheit unserer Augen. Eine Hochgeschwindigkeitskamera kann sehr wohl noch die Rotorblätter erkennen.

Wenn man die Maxwellschen Gleichungen löst, erhält man die Besselfunktion[89]), eine Funktion, welche die magnetischen Feldlinien um einen Leiter erklärt. Wenn wir Eisenfeilspäne auf ein Blatt Papier streuen, durch das ein elektrischer Leiter führt, sehen wir, wie sich die Feilspäne zu kreisförmigen Strukturen anordnen. Nun wissen wir aus der Mechanik, dass jede Masse eine Trägheit besitzt und wenn da eine schwingende Kraft auf die Teilchen einwirkt, werden sie sich in den Schwingungsknoten ansammeln, wo keine Schwingung herrscht. Das trifft für jede Art Welle zu. Wir können das auch mit kymatischen Experimenten für die Visualisierung von stehenden Klangwellen nachweisen.

Elektromagnetische Strahlungsenergie hat ebensolche ordnende Eigenschaften. Soll in einem Haushalt Ordnung geschaffen werden, bedeutet dies, dass zunächst der Müll herausge-

89 D. Scott - *Birkeland Currents: A Force-Free Field-Aligned Model;*
   https://www.ptep-online.com/2015/PP-41-13.PDF (abgerufen am 05.04.2023)

bracht werden muss. Physikalisch bedeutet dies, dass die Entropieänderung in einem offenen System negativ wird.

Dass die Weltordnung durch einen Schöpfer entstanden ist, ist in allen Religionen verankert. Nicht umsonst wurde die Sonne in alten Kulturen als Schöpfergott angebetet, weil sie für Leben sorgt.

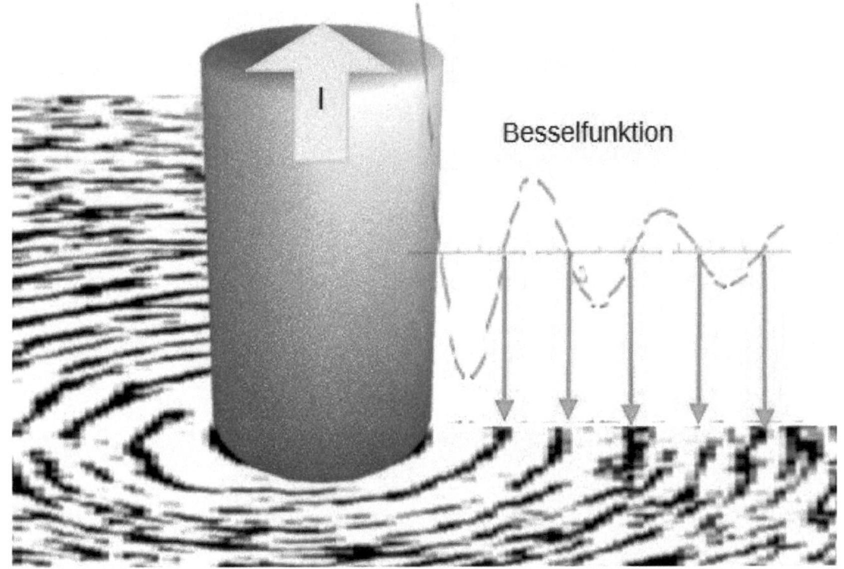

Abbildung 32: Struktur des Magnetfeldes eines stromdurchflossenen Leiters

Aus den ordnenden Eigenschaften kann man induktiv schließen, dass elektromagnetische Strahlung aus dem Atom einen schwingenden Dipol erfordert, wozu im Atomkern ein Strom fließen muss, der um sich herum ein Magnetfeld generiert, in dem Elektronen Ringwirbel in den Schwingungsknoten des vom Atomkern erzeugten Magnetfeldes bilden. Da nun Massen träge sind, sammeln sie sich in solchen Schwingungsknoten an, wie es beispielsweise in Abbildung 32 die Eisenfeilspäne in einem Magnetfeld um einen stromdurchflossenen Leiter tun. Diese Schwingungsknoten werden allgemein als magnetische Feldlinien bezeichnet.

Kann man nun behaupten, dass es in der Wahrscheinlichkeitsscheibe eines rotierenden Ventilator leere Zwischenräume gäbe? Wenn man einen Finger da hineinhält, wird man eines besseren belehrt.

Der Kosmos ist kein leerer Raum

Die mathematischen Symbole 0 und ∞ haben für die Physik keine Bedeutung. Materie aus dem Nichts ist undenkbar und die Unendlichkeit ist infolge einer physikalischen Nachweisgrenze nicht erfassbar.

Der Begriff ‚κόσμος' kommt aus dem Griechischen und bedeutet Ordnung. Angewandt auf den lateinischen Begriff ‚Universum', das Allumfassende, drückt der Kosmos eine Weltordnung aus, oder physikalisch gesagt einen Bereich negativer Entropieänderung.

Die Kosmologie ist folglich die Lehre von der Weltordnung. Sie ist ein Teilgebiet sowohl der Physik als auch der gegenwärtigen Philosophie der Naturwissenschaften, befasst sich mit dem Studium des Universums und versucht die Eigenschaften des Universums zu beschreiben. Der Weltraum dagegen nimmt die Erde mit ihrer Atmosphäre vom Universum aus. Nach der allgemeinen Relativitätstheorie wird ein Krümmung der Welt gefordert. Gekrümmt kann aber nur eine Oberfläche sein. Die Welt wird dann durch eine gekrümmte vierdimensionale Hyperfläche beschrieben, wie es auch Vladimir Netchitailo mit seinem Weltmodell tut.[90] Ein Raum zeichnet sich dadurch aus, dass er keine Krümmung hat. Da ist Riemann falsch verstanden worden, er hat Funktionentheorie betrieben und keine Raumtheorie. Um jedoch die Krümmung dieser Hyperfläche zu realisieren, benötigt man eine weitere Dimension, also einen fünfdimensionalen Raum. In diesen Weltraum soll sich die vierdimensionale hypersphäre Welt

---

90 V. Netchitailo - *World-Universe Model – Alternative to Big Bang Model;* https://forums.fqxi.org/d/3486-world-universe-model-alternative-to-big-bang-model-by-vladimir-netchitailo (abgerufen am24.06.2024)

wie ein Luftballon ausdehnen. Dabei wird die heutige Physik von der idealistischen Naturphilosophie beeinflusst. So versucht die Physik die Natur in ihrer Gesamtheit zu erfassen, was angesichts der Tatsache, dass wir diese Gesamtheit nur soweit erfassen können, soweit es die Auflösung unserer Messgeräte gestatten, faktisch unmöglich ist.

Der Ursprung der Naturphilosophie geht auf die griechische Antike zurück. Erste Überlegungen dazu haben wir von Heraklit, die er von der Vier-Elemente-Lehre des Empedokles abgeleitet hat. Es ist verwunderlich, dass die vier grundlegenden Phasen der Materie sich nicht im Konzept der modernen Physik widerspiegeln.

Unsere natürlich Vorstellung vom Raum wird vom architektonischen Raum bestimmt, der durch Wände begrenzt ist. Diese Idee vom Raum geht bis auf Archimedes zurück. Raum war Aristoteles folgend ein „angefüllter Raum", der Äther[91]), der Raum eines Körpers, die innerste Grenze des ihn umfassenden Körpers. Deshalb kennen wir nur eine Materiedichte im Raum. Der Weltraum war im Mittelalter in Sphären wie die Schalen einer Zwiebel eingeteilt, wie Bohrs Atommodell. Während die inneren Schalen den Planeten vorbehalten waren, waren auf der äußeren Schale die Fixsterne angeheftet.

Den mathematischen Mess-Raum führte René Descartes mit seinem nach ihm benannten kartesischen Koordinatensystem ein[92]). Schon 1644 erklärte er, dass es keinen leeren Raum im Kosmos geben könne und folglich müsse der Raum zwischen den leuchtenden Sternen mit Materie erfüllt sein. Damit trennte

---

91 S. Volk - *Die Ableitung des Äther-Begriffs bei Aristoteles;*
https://www.grin.com/document/181606 (abgerufen am 5.04.2023)

92 René Descartes: *Prinzipien der Philosophie:* Von der sichtbaren Welt
http://www.zeno.org/Philosophie/M/Descartes,+Ren%C3%A9/Prinzipien+der+Phi
losophie/3.+Von+der+sichtbaren+Welt (abgerufen am 3.03.2023)

er den leeren mathematischen Raum $R(x,y,z)$ vom physikalischen Materie erfüllten Volumen. Das war eine revolutionäre Idee, die bis in die Gegenwart den Astrophysikern Probleme bereitet, denn sie orientierten sich überwiegend am leeren mathematischen Mess-Raum als Modell für das physikalische Volumen.

Nach Descartes Wirbeltheorie bewegt sich die Materie wie eine Flüssigkeit zusammengesetzt aus translatorischer und rotatorischer Bewegung wirbelartig darin fort. Doch woraus diese Materie bestehen sollte, darüber gab es sehr unterschiedliche Auffassungen, ebenso ob dieser Äther dynamisch oder statisch sei. Doch dass er elektromagnetische Eigenschaften hat, stellten Rudolf Kohlrausch und Wilhelm E. Weber schon 1855 fest, indem sie über die elektromagnetischen Eigenschaften die Lichtgeschwindigkeit bestimmen konnten. Maxwell leitete seine Theorie daraus ab. In höchster innerer Erregung schrieb Maxwell am 19. Oktober 1861 an Faraday:[93])

> *»Aus der Bestimmung des Zahlenverhältnisses zwischen statischer und magnetischer Wirkung der Elektricität durch Kohlrausch und Weber habe ich die Elastizität des Mediums in der Luft und unter der Annahme, dass sie beim Lichtäther ebenso ist, die Ausbreitungsgeschwindigkeit von Querschwingungen bestimmt. Das Ergebnis ist 193.088 Meilen pro Sekunde (abgeleitet aus elektrischen und magnetischen Experimenten). Fizeau hat durch direktes Experiment die Lichtgeschwindigkeit von 193.118 Meilen pro Sekunde bestimmt. Diese Koinzidenz ist*

---

93 L. Campbell und W.Garnett: *The Life of James Clerk Maxwell, with selections from his correspondence and occasional writings.* New ed. London 1884, S. 243 und 244. Siehe dazu auch den Brief Maxwells vom 10. Dez. 1861 an W.Thomson. In: J. Larmor: *The origins of Clerk Maxwell's electric ideas as described in familiar letters* to *W. Thomson.* Proceedings of the Cambridge Philosophical Society Vol. 32 (1936) S. 728.

Kurioserweise nahmen Newton und Euler an, dass die Dichte des Äthers entgegen der Schwerkraft abnehmen sollte, jedoch hatten sie keine Erklärung dafür. Sie glaubten, dass das jedoch zu einer Anziehungskraft zwischen den Körpern führen würde. Newton setzte auf die Fernwirkung der Kraft. Doch wie wir erkannt haben, liegt zwischen Kraftentfaltung und Kraftwirkung die Impulsweiterleitung und eben dafür ist der Äther notwendig.

»Welche Schwierigkeiten wir auch haben, eine konsistente Vorstellung der Beschaffenheit des Äthers zu entwickeln: Es kann keinen Zweifel geben, dass der interplanetarische und interstellare Raum nicht leer ist, sondern dass beide von einer materiellen Substanz erfüllt sind, die gewiss die umfangreichste und vermutlich einheitlichste Materie ist, von der wir wissen.«
James Clerk Maxwell: Encyclopædia Britannica Ninth Edition

Später sagt Heinrich Herz, nachdem er die Übertragung von Nachrichten und damit auch Kräfte über die elektromagnetischen Wellen nachgewiesen hatte:

»Nehmt aus der Welt die Elektrizität, und das Licht verschwindet; nehmt aus der Welt den Lichttragenden Äther, und die elektrischen und magnetischen Kräfte können nicht mehr den Raum überschreiten.« [94])

Die Physiker Albert A. Michelson und Edward W. Morley wollten 1887 die Geschwindigkeit der Erde in diesem Äther mit Hilfe von Lichtstrahlen bestimmen, wie schon unter *Information und Gewissheit* berichtet. Beide gingen von einem statischen Äther aus und nahmen an, dass die Geschwindigkeit eines Lichtsignals von der Bewegungsrichtung durch den Äther abhängt. Mittels eines optischen Interferometers wollten sie den Effekt nachweisen. Sie maßen in ihrem Kellerlabor eine Geschwindigkeitsdifferenz zwischen den senkrecht aufeinander stehenden Beob-

---

94   H. Hertz - Gesammelte Werke, Bd. 1., Leipzig 1895, S. 339.

achtungsrichtungen von 5 bis 8 km/s. Das war viel zu gering, um als der erwartete Ätherwind gelten zu können. Die Geschwindigkeit der Erde um die Sonne beträgt etwa 30 km/s. Bei einem ruhenden Äther erwartete man einen Wert in dieser Größenordnung.

Heisenberg meinte später dazu:

> *»Die Wiederholung des Michelsonschen Experiments durch Morley und Miller im Jahr 1904 war der erste sichere Beweis für die Unmöglichkeit, die Translationsbewegung der Erde durch optische Methoden nachzuweisen.«* [95])

In Zeiten der Verunsicherung kam Einsteins Arbeit über die *Elektrodynamik bewegter Körper*[96]) mit der Vorstellung, dass statische Symmetrie Relativität bedeuten würde und ein Äther nicht existiere. Erstere Idee nahm er aus Arthur Schopenhauers philosophischen Werk *„Die Welt als Wille und Vorstellung"* , der zur damaligen Zeit ziemlichen Einfluss auf die Intellektuellen hatte. Schopenhauer hat den Begriff des Willens dort ins Metaphysische erhoben und den Begriff der Relativität geprägt, den er gewissermaßen als die Austauschbarkeit von Beobachter und beobachtetem Objekt verstanden wissen wollte und den Einstein übernahm.

Ich erinnere mich noch an die hitzigen Diskussionen, die ich als Junge mit einem Nachbarn, einem väterlichen Freund von mir, über Schopenhauers Philosophie führte und die damals

---

95 W. Heisenberg - *Physik und Philosophie : S.* Hirzel Verlag Stuttgart 9. Auflage 2000 ISBN 978-3-7776-2153-1; S.159

96 A. Einstein – *Zur Elektrodynamik bewegter Körper;* http://myweb.rz.uni-augsburg.de/~eckern/adp/history/einstein-papers/1905_17_891-921.pdf (abgerufen am 5.3.2023)

mein Interesse an materialistischer Philosophie weckten, um meinem Nachbarn die Stirn zu bieten.

Die zweite Idee Einsteins folgte Newton, der Licht als Teilchen ansah. Einstein hatte Erfolg, damit den lichtelektrischen Effekt zu erklären, indem er Lichtquanten nicht als Impulse durch ein materielles Medium, sondern als energetische Teilchen deklarierte. Doch konnten Lichtteilchen nie nachgewiesen werden. Unbeachtet von den mitteleuropäischen Physikern hatte um 1895 im hohen Norden der Norweger Kristian Birkeland das Phänomen der Aurora borealis untersucht und er versuchte zu erklären, warum die Lichter der polaren Aurora nur in Regionen erschienen, die an den Magnetpolen zentriert waren. Dabei entdeckte er den Sonnenwind, der mit der Hochatmosphäre der Erde wechselwirkte. Er nahm jedoch an, dass es sich dabei um einen Strom von Elektronen handele. Das Proton wurde erst 1919 durch Ernest Rutherford entdeckt. Heute wissen wir, dass es sich bei dem Sonnenwind um einen Strom von mehrheitlich Protonen handelt, der inzwischen unter dem Begriff Weltraumwetter[97]) sorgfältig überwacht wird, weil starke Ionenströme von der Sonne zu erheblichen Schäden an der irdischen Elektronik führen können.

Dalton Miller, ein Schüler von Morley wiederholte die Messungen von Morley Ende der 20er Jahre auf dem Mount Wilson mit dem leistungsfähigsten optischen Interferometer, das je gebaut wurde, und erhielt eine Geschwindigkeit der Erde in Richtung des Himmelssüdpols von 208 km/s[98]). Millers Wert war nach damaligen Vorstellungen wiederum viel zu groß, denn von der Rotation der lokalen Sternengruppe in der Milchstraße wusste man noch nichts. Um die Relativitätstheorie zu retten, hat Einstein die

---

97 https://www.spaceweather.com/ (abgerufen am 05.04.2023)
98 D. C. Miller - *"The Ether-Drift Experiment and the Determination of the Absolute Motion of the Earth"*, *Rev. Mod. Phys.*, V. 5, N. 3, pp. 203–242 (Jul 1933).

Messungen von Miller als Temperatureffekte verunglimpft und in den Lehrbüchern wurde das Experiment von Morley von 1904 als ein negatives Ergebnis als ein Beweis für die Gültigkeit der Relativitätstheorie verkündet.

So setzt sich in der ersten Hälfte des 20. Jahrhunderts die Idee durch, dass der Kosmos ein leerer Raum bevölkert mit fest abgegrenzten kosmischen Objekten sei, weil elektromagnetische Wellen sich im Vakuum isotrop ausbreiten würden.

Allerdings brachten schon die ersten Weltraumsonden wie Lunik1 und Mariner 2 1962 die Bestätigung der Existenz eines Sonnenwindes.

1993 hat ein Satelliten-Programm COBE der NASA mit einem Mikrowellen-Radiometer mittels der gemessenen Anisotropie die Geschwindigkeit der lokalen Gruppe, mit der sich unser gesamtes Sonnensystem um das galaktische Zentrum bewegt, bestimmt. Sie beträgt 222 ± 5 km/s[99]). Damit hätte Miller rehabilitiert und die Relativitätstheorie aus den Lehrbüchern entfernt werden müssen, doch Miller war inzwischen vergessen.

Als Vakuum bezeichnet man ein gasgefülltes (luftgefülltes) Volumen mit einem Druck unterhalb des normalen Luftdruckes von 1013,25 Hektopascal. Je nach Druck wird dabei zwischen Grobvakuum, Feinvakuum, Hochvakuum und Ultrahochvakuum unterschieden. In einem Ultrahochvakuum befinden sich immerhin noch mehr als Hunderttausend Atome pro Kubikzentimeter. Feste Körper beginnen in einem solchen Vakuum zu verdamp-

---

99 A. Kogut u.a.- *Dipole Anisotropy in the COBE differential microwave radiometers first-year sky map*; Tab 3 - 1993 The Astrophysical Journal 419: 1-6 1993 Dec 10 https://articles.adsabs.harvard.edu/cgi-bin/nph-iarticle_query? 1993ApJ...419....1K&data_type=PDF_HIGH&whole_paper=YES&type=PRINTER&filetype=.pdf (abgerufen am 20.02.2023)

fen. Elektrische Potentiale der Atome haben keine begrenzte Ausdehnung, was die Impulsweiterleitung auch im Vakuum ermöglicht. Je geringer der Druck auf ein Atom von außen ist, desto leichter können Elektronen aus der Hülle entweichen und wieder eingefangen werden. Deshalb ist das Gas zwischen den Sternen zu einem bestimmten Grad ionisiert, was sich in den Spektren der Galaxien auch nachweisen lässt. Wenn Elektronen von Ionen eingefangen werden, ist ihre Energieabgabe mit einem Leuchten verbunden. Folglich gelten im Kosmos die Bewegungsgesetze der Elektrodynamik, nämlich die Zusammensetzung aus zwei aufeinander stehenden Wirbelbewegungen, einem Stromkreis und dem um den Leiter rotierenden Magnetfeld. Das Ganze nennen wir einen Birkelandstrom. (Abb. 33)

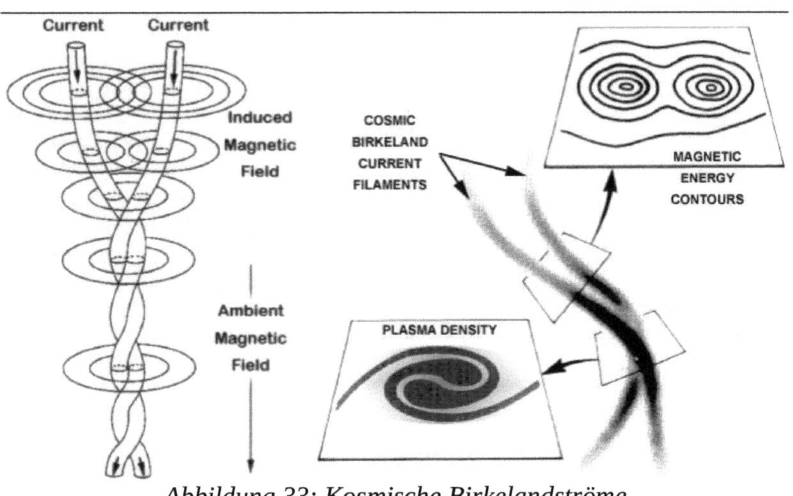

Abbildung 33: Kosmische Birkelandströme

Birkelandströme sind die Energieleitungen zwischen den Sternen, die sie zum Leuchten bringen. Über sie erfahren wir etwas über die Struktur von Galaxien. Das Plasma zwischen den Sternen besteht vorwiegend aus Protonen, ionisiertem Sauerstoff und Stickstoff.

Bei der Analyse von Galaxiespektren des Sloan Digital Sky Survey Programms zur Kartierung des Universums[100]) konnte ich um 2010 zwischen Wasserwelten und Ammoniakwelten unterscheiden, je nach dem ob Sauerstoff oder Stickstoff in den Galaxien den größeren Anteil aufwiesen. Der Wasserstoffgehalt dagegen kann Aufschluss über das Alter der Galaxien geben. Spiralgalaxien zeigen jeweils einen höheren Wasserstoffanteil als alte Galaxien, deren Strukturen sich schon aufgelöst haben. Dafür haben diese Galaxien größere Kerne fester Materie als die jungen Balkengalaxien.[101]) Junge aktive Seyfert-Galaxien scheinen jedoch aus ihren Kernen Quasare auszuwerfen, wie Halton Arp beobachtet hat.[102])

Schaut man in die Geschichte, so muss man feststellen, dass das Wissen um die kosmische Elektrizität nicht eine Entdeckung des 20. Jahrhunderts ist, sondern bis weit ins 18. Jahrhundert zurückreicht, eigentlich bis zu der Zeit, als man erkannte, dass elektrische Kräfte und Gravitation mit der Drehwaage messen kann. Mein Freund Hannes Täger hat zur elektrischen Kometentheorie geforscht und etwa 80 Literaturstellen ausgegraben, wie er in einem Youtube-Interview berichtet[103]). Beispielsweise publizierte der irische Priester und Astronom James Hamilton 1767

---

100 https://classic.sdss.org/ (abgerufen am 5.04.2023)

101 M. Hüfner – *Zur Entwicklung von Galaxien aus ihrem Wasserstoffbrennen*; unveröffentlichtes Manuskript

102 H. Arp - *Seeing Red: Redshifts, Cosmology and Academic Science:* 1997 https://www.amazon.de/-/en/Halton-Arp/dp/0968368905

103 H. Täger - *History of the Electric Comet;* https://www.youtube.com/watch?v=yn8jrENM5bM und https://www.thunderbolts.info/wp/2017/06/19/history-of-electric-comet-theory-an-introduction/ (abgerufen am 5.03.2023)

noch bevor man elektrische Kräfte messen konnte, eine Schrift über die Beobachtungen und Vermutungen zur Natur der Aurora borealis und der Kometenschweife. Auch hat ein Thomas Mackintosh ein Buch mit dem Titel *"Die elektrische Theorie des Universums"* schon 1838 veröffentlicht, in dem er darauf hinwies, das es anziehende und abstoßende Kräfte und ein Drehmoment im Kosmos gibt, was sich nicht mit Newtons Gravitationsgesetz erklären lässt.[104] Allerdings stammt der Titel nicht vom Autor selbst sondern von der Metropolitan Press.

Ende 2021 wurde als Nachfolger des Hubble-Teleskops das James-Webb-Teleskop in den Orbit gebracht. Mit seiner Infrarotoptik zeigt es erstaunliche Bilder aus den Tiefen des Kosmos. Die akademische Astrophysik hat auf der Rotverschiebung unter der Annahme, dass das Licht unbeeinflusst über viele Millionen Lichtjahre zu uns gelangen würde, eine Entfernungsskala auf der Rotverschiebung der Lichtspektren aufgebaut. Diese Skala beruht auf der Annahme, dass sich die Galaxien auf Grund des Dopplereffekts von uns entfernen. Das steht im Gegensatz zur Behauptung, dass die Zwischenräume zwischen den Sternen leer seien, denn wo nichts ist, kann sich auch nichts ausdehnen. Außerdem, realistische Geschwindigkeiten von kosmischen Massen können wegen der Impuls- und Energieerhaltung niemals die Grenze von etwas über 1000 km/s überschreiten.[105]

Kommentar: Um ein paar Protonen auf annähernd Lichtgeschwindigkeit zu bringen, wurden im CERN 9300 Magneten a 27 Tonnen Masse verbaut.

Das entspräche einer spektralen Verschiebung Z von

$$Z = v_{max} \div c \ < \ 0,0034 \qquad\qquad (2.12)$$

---

104 T. Mackintosh - *Electrical Theory of Universe or The Elements of Physical and Moral Philosophy;* https://books.google.de/books?id=mRsuAAAAYAAJ&pg=PA206&hl=de&source=gbs_selected_pages&cad=3#v=onepage&q&f=false (abgerufen am 5.03.2023)

105 M. Hüfner – *Moderne Astrophysik trifft auf Ingenieurwissenschaften;* BoD-Verlag 2020 ISBN-13: 9783752628067 ; S. 302 ff

Die in Erdnähe gemessene maximale Protonengeschwindigkeit des Sonnenwindes betrug etwa drei Viertel obiger Geschwindigkeit. Nach (2.12) dürfte Z niemals den Wert von 1 erreichen, doch das James-Webb-Teleskop fand Werte zwischen 11 und 20. Eine solch hohe Rotverschiebung der Spektrallinien ist nicht mehr durch den Dopplereffekt auf der Grundlage einer Fluchtgeschwindigkeit erklärbar. Charakteristisch für eine Dopplerverschiebung ist, dass sich die Breite der Spektrallinie nicht ändert, da sich die Geschwindigkeit auf alle Atome der Lichtquelle gleichermaßen stark auswirkt, weil sich die Lichtquelle als Objekt bewegt. Die Geschwindigkeiten von Lichtquelle und Licht addieren sich bzw. die Geschwindigkeit der Lichtquelle wird von der Lichtgeschwindigkeit subtrahiert, was allerdings der Einsteinschen Relativitätstheorie widerspricht. Das ist aber weder Lemaître in seinem Glauben an eine kosmische Ausdehnung noch Einstein aufgefallen.

Anders ist das, wenn zwischen Sender und Empfänger des Lichtes im Übertragungskanal eine Dämpfung infolge von vorhandener Materie erfolgt. Der Übertragungskanal bewirkt eine Zunahme der Unordnung, was sich in der Verbreiterung der Spektrallinie ausdrückt, wie schon in Abbildung 24 gezeigt. Der Übertragungskanal führt keine zusätzliche Energie zu. So bleibt die Fläche unter der Spektrallinie konstant. Dann verschiebt sich das Linienmaximum infolge der Linienverbreiterung und die Intensität sinkt exponentiell. Auf diese Weise kommen gewaltige Linienverschiebungen zu Stande, die weder etwas mit dem Dopplereffekt noch mit der Relativitätstheorie zu tun haben.

Wir kennen diesen Effekt von Übertragungskanälen der Nachrichtentechnik. Jedes Übertragungsmedium, und das gilt auch für die Lichtübertragung durch das kosmische Medium, ist mit frequenzunabhängigen und frequenzabhängigen Verlusten behaftet, die das gesendete Spektrum verfälschen, wie das besonders bei den Spektren der Quasare und bei sehr weit entfernten Galaxien zu beobachten ist. In der Astrophysik spricht man dann vom „müden Licht". Die Entropie nimmt auf dem Weg durch den Übertragungskanal zu.

Diesem Umstand trägt das neue James-Webb-Teleskop Rechnung, dass im Dezember 2021 in eine Erdumlaufbahn befördert wurde und mit vergoldeten Spiegeln sowie leistungsfähigen Infrarotempfängern für das nahe Infrarot (0,6 bis 5 µm) ausgestattet ist. Die Bilder des James-Webb-Teleskops zeigen, dass die Annahme eines homogenen Übertragungskanals zwischen Lichtquelle und Empfänger eine Illusion ist und dass der Kosmos ein großes Plasma-System ist, in dem alles mit allem verbunden ist. Der Nebel NCG 346 in Abb.34 befindet sich in der Kleinen Magellanschen Wolke, einer Zwerggalaxie in relativer Nähe zu unserer Milchstraße. Deutlich sind die in Plasmafäden eingebetteten Sterne zu erkennen.

Abbildung 34: Nebel NGC 346 mit James-Webb-Teleskop aufgenommen. - Quelle NASA

Die logischen Irritationen der Quantenmechanik

Wenn Physik heutzutage paradox erscheint, liegt das daran, dass mathematische Ausdrucksmittel falsch eingesetzt werden.

In den frühen zwanziger Jahren des vorigen Jahrhunderts wurden in der aufkommenden Atomphysik ernsthafte Schwierigkeiten sichtbar, bedingt durch eine klassisch stetige Betrachtungsweise, wie sie der Infinitesimalkalkül der klassischen Mechanik fordert. Durch Max Planck kam eine diskrete Betrachtungsweise abzählbarer Mengen von Atome und ihrer Energiequanten auf, die es in der kontinuierlichen klassischen Mechanik nicht gab. Sie zeigten sich an den diskreten Energiespektren der Gase und Dämpfe. Wie schon der Name Quantenmechanik sagt, waren die Physiker noch in den Vorstellungen der Mechanik gefangen und stießen nun völlig unvorbereitet auf die elektrischen Eigenschaften der Atome, während in den ingenieurtechnischen Schulen schon die Elektrodynamik entwickelt und gelehrt wurde.

Die Theorie der atomaren Schalenstruktur, die Niels Bohr begründete und zusammen mit Arnold Sommerfeld hauptsächlich entwickelt hatte, konnte das Verhalten komplizierter Atome und Moleküle nicht beschreiben, da ihr Verhalten statt mit den Regeln der Elektrodynamik mit den Regeln der Mechanik beschrieben wurden.

Einer, der am nachhaltigsten Einfluss auf die Theorie der Quanten nahm, war Werner Heisenberg, weil er es verstand, der Gedankenwelt hinter dem mathematischen Formalismus eine philosophische Dimension zu geben, die dem ‚Zeitgeist‘ entsprach. Gleichzeitig war er ein sehr religiöser Mensch und folgte

Lemaîtres Idee von der Versöhnung von Religion und Wissenschaft. Während Max Planck noch Glaube und Wissenschaft getrennt hielt[106]), begann Heisenberg die Grenzen zu verwischen.

Noch 1925 schrieb Heisenberg [107]):

»Es ist üblich geworden, dieses Versagen der quantentheoretischen Regeln, die ja wesentlich durch die Anwendung der klassischen Mechanik charakterisiert waren, als Abweichung von der klassischen Mechanik zu bezeichnen. «

Doch schon wenige Jahre später (ab 1927) als Professor in Leipzig, sich auf Descartes und Kant beziehend, formulierte er :

»Das Kausalgesetz wird in der Quantentheorie nicht oder jedenfalls nicht in der gleichen Weise wie in der klassischen Physik angewandt und das Gesetz von der Erhaltung der Materie ist für die Elementarteilchen nicht mehr richtig.«[108])

Das folgerte er allein aus seiner Unschärferelation, die nicht nur im Quantenbereich gilt, sondern überall, wo man Geschwindigkeiten (Impulse) misst, die schneller als die Reaktionszeit des Messgeräts sind.

In der akademischen Welt kam Einstein schon 1922 auf den Gedanken, dass der Ausgangspunkt nicht die Mechanik, sondern die Elektrodynamik sei[109]), doch nicht die Lorentztransformation sondern die Lorentzsche Kraftgleichung war der Schlüs-

---

106 M. Planck – *Kausalgesetz und Willensfreiheit;* Februar 1923
   https://archive.org/stream/MaxPlanckKausalgesetzUndWillensfreiheit/
   Max_Planck_Kausalgesetz_und_Willensfreiheit_djvu.txt (abgerufen am
   4.03.2023)
107 W. Heisenberg – *Über quantenmechanische Umdeutung kinematischer und mechanischer Beziehungen;*
   http://www.psiquadrat.de/downloads/heisenberg1925.pdf (abgerufen am
   5.03.2023)
108 W. Heisenberg - *Physik und Philosophie;* Hirzel Verlag Stuttgart 1959
   9. Auflage: ISBN 978-3-7776-2153-1; S127
109 A. Einstein - *Über die gegenwärtige Krise der theoretischen Physik;* August
   1922 ; https://link.springer.com/chapter/10.1007/978-3-322-83655-7_5 (abgerufen
   am 6.03.2023)

sel zur Auflösung der Krise. Heisenberg begann mit einer Fourieranalyse der klassischen Wasserstoffbahnen, in der Absicht, sie in ein quantentheoretisches Schema zu übersetzen – genau so, wie er früher bei der Lichtstreuung an Atomen verfahren war. Aber:

> *»...wenn die Bewegung des Elektrons bzw. ihre Fourierdarstellung gegeben ist, so wird man in der Quantentheorie Ähnliches erwarten. Diese Frage hat nichts mit Elektrodynamik zu tun, sondern sie ist, dies scheint uns besonders wichtig, rein k i n e m a t i s c h e r Natur.«*[110])

Hoppla, die Bewegung einer Ladung ist rein kinematischer Natur? Da hat jemand in der Experimentalphysik aber starken Nachholbedarf. Der Experimentalphysiker Wilhelm Wien, der ihm *bodenlose Ignoranz* in der Experimentalphysik vorwarf, wollte Heisenberg durch die mündliche Doktorprüfung durchfallen lassen, weil er das Auflösungsvermögen von Mikroskopen und Teleskopen nicht herleiten konnte. Nur durch das energische Eintreten von Sommerfeld erhielt er schließlich den dritthöchsten Grad *cum laude* von vier möglichen Graden bei der Doktorprüfung[111]). Damit wurde das traurige mündliche Examen der Grund für die Akausalität der Quantenmechanik.

Werner Heisenberg erfand 1925 mit Hilfe von Max Born und Pascual Jordan die erste mathematische Formulierung der Quantenmechanik als Matrizenmechanik. Doch schon da ent-

---

110 W. Heisenberg – *Über quantentheoretische Umdeutung kinematischer und mechanischer Beziehungen*
https://www.degruyter.com/document/doi/10.1515/9783112596647-011/pdf
(abgerufen am 10.03.2023)
111 D. Cassidy - *The Sad Story of Heisenberg's Doctoral Oral Exam;*
https://www.aps.org/publications/apsnews/199801/heisenberg.cfm (abgerufen am 10.032023)

deckten sie angebliche Widersprüche, die sich zwischen Planck und Einstein auftaten:

> *»So entstand die im ersten Bande dargestellte Bohrsche Theorie; diese stellt eine Verknüpfung der klassischen Gesetze (Der Mechanik) mit den von PLANCK und EINSTEIN aufgedeckten Gesetzmäßigkeiten der Energie- und Wirkungsquanten dar, also zweier Vorstellungsweisen, die sich im Grunde durchaus widersprechen. «*[112])

Eine große Schwierigkeit bestand darin, dass man glaubte, das Elektron müsse bei seiner Bewegung ständig Energie verlieren, da es ständig eine Kugelwelle aussenden würde. Dass es ebenso kraftfrei um den Atomkern kreist, wie die moderne Raumstation um die Erde und nur beim Abbremsen Energie abgibt, war nicht vorstellbar.

Im Jahr darauf bot Niels Bohr Heisenberg in Dänemark die Position eines Lektors an. Den Hauptgegenstand der Diskussionen im Sommer und Herbst 1926 bildete die Wellenmechanik, die Erwin Schrödinger in den Schweizer Bergen entwickelt hatte, indem er in der Hamiltonschen partiellen Differenzialgleichung für die Bewegung der Teilchen die erzeugende Funktion für die Impulse und Ortskoordinaten zu einem festen Zeitpunkt durch eine Wellenfunktion ersetzte, wie sie in der Seitenansicht von Abb. 38 zu sehen ist. Mit anderen Worten, er ersetzte die Elektronen, die er als neutrale Massenpunkte ansah, durch die Projektion ihrer kontinuierlichen Bahnfunktionen in die r,z-Ebene. Ob diese Idee von Louis de Broglies Dissertation von 1923 angeregt war, ist nicht überliefert.[113]) Diese Funktion wurde als Wahrscheinlich-

---

112 Born und Jordan – *Elementare Quantenmechanik 1.Kap. Physikalische Grundlegung-* ;https://link.springer.com/chapter/10.1007/978-3-662-00291-9_1 (abgerufen am 14.03.2023)
113 L. de Broglie - *Recherches sur la théorie des Quanta*; https://theses.hal.science/tel-00006807/document (abgerufen am 14.03.2023)

keitsfunktion interpretiert, wegen der Wahrscheinlichkeit, dass sich das Elektron irgendwo auf dieser Bahn bewegt.

Damit war die konkrete Ortsbestimmung eines Teilchens überflüssig. Eine konkrete Ortsbestimmung ist für bewegte Objekte immer mit einer gewissen Unschärfe der Beobachtung behaftet. Das ist keine Erscheinung des Mikrokosmos und schon gar nicht ein Grund, die Kausalität abzulehnen, wie es Heisenberg darstellte. Die Beziehung, die Heisenberg als seine Unschärferelation auswies, ist lediglich die Auflösung eines Spektrografen.

Wenn wir einen Fotoapparat verwenden, um Sportaufnahmen zu machen, müssen wir darauf achten, dass er über eine kurze Belichtungszeit von 1/1000 s verfügt, was auf der anderen Seite natürlich intensivere Beleuchtung verlangt. Können wir das nicht realisieren, beobachten wir eine Abbildungsunschärfe infolge der relativen Bewegung zwischen Beobachter und Gegenstand während der fotografischen Aufnahme, weil eine Aufnahme stets ein Zeitintervall zwischen Öffnung und Schließung der Blende zu ihrer Realisierung benötigt. Die Abbildung, die der Beobachter erhält, ist also stets durch eine Unschärfe infolge des Auflösungsvermögens der Beobachtungsapparatur begrenzt.

Das ist für den Experimentalphysiker von essentieller Bedeutung, weshalb Wilhelm Wien unter anderem Heisenberg nach dem Auflösungsvermögen des Mikroskops in seiner mündlichen Prüfung zur Dissertation fragte. Heisenberg, dem Zeitgeist folgend, glaubte offensichtlich, dass jenseits der Beobachtbarkeit die Kausalität aufgehoben sei. In einem Aufsatz *Quantenmechanik und Kantsche Philosophie*[114]) schrieb er:

> »*Aber wenn Kant die Anschauungsformen Raum und Zeit und die Kategorie Kausalität als a priori zur Erfahrung bezeichnet, so begibt er sich damit in die Gefahr, sie gleichzeitig absolut zu setzen und zu behaupten, dass sie auch inhaltlich in beliebigen physikalischen Theorien der Erscheinungen in gleicher Form auftreten müssten. Dies ist aber nicht der Fall, wie durch Relativitätstheorie und Quantentheorie erwiesen wird.*«

Das ist ein Irrtum, Theorien erweisen überhaupt nichts. Sie reflektieren nur den Erkenntnisstand des Theoretikers innerhalb eines geschlossenen Wissensgebietes. Im konkreten Fall wurde Kausalität durch mathematische Symmetrie ersetzt und Religiosität unter sorgfältiger Beobachtung der Kirche durch Ästhetik der Regeln. In *Religion und Naturwissenschaft* [115]) formuliert es Planck so:

> »*dass… die Heiligkeit der unverständlichen Gottheit durch die Heiligkeit der Symbole vermittelt wird.*«.

Heisenberg hat aus der Symmetrie und der Unschärfe der gerätetechnischen Auflösung die Akausalität[116]) des Mikrokosmos abgeleitet, was philosophisch eine Katastrophe war, weil damit Spekulationen Tür und Tor geöffnet wurden.

> »*Die Beobachtung selbst ändert die Wahrscheinlichkeitsfunktion unstetig. Sie wählt von allen möglichen Vorgängen den aus, der tatsächlich stattgefunden hat.*« [117])

---

114 W. Heisenberg – *Quantentheorie und Philosophie* ;Reclams Universal- Bibliothek Nr.9948 Stuttgart, ISBN 978-3-15-009948-3 S.70

115 M. Planck - *Religion und Naturwissenschaft;* https://www.zvab.com/Religion-Naturwissenschaft-Vortrag-gehalten-Mai-1937/22574891669/bd (abgerufen am 15.03.2023)

116 A. Mittasch – *Kausalität oder Akausalität in der Physik;* https://onlinelibrary.wiley.com/doi/epdf/10.1002/phbl.19530090604 (abgerufen am 15.03.2023)

117 W. Heisenberg – *Physik und Philosophie;* Hirzel-Verlag Stuttgart, ISBN 978-3-7776-2153-1 S.80

Das Eingreifen des Beobachters bezeichnete Heisenberg als Quantensprung. Das ist eine so abwegige Behauptung, dass darauf Erwin Schrödinger mit einem Gedankenexperiment antwortete, welches als Schrödingers Katze bekannt wurde.

In einem Kasten sitzt eine Katze. Zusätzlich ist auch eine Vorrichtung mit einem radioaktiven, chemischen Element und einer Giftampulle eingebaut. Sobald das radioaktive Material in dieser Apparatur zerfällt, wird das Gift freigesetzt und die Katze wird zum Zombie. Erst in dem Moment, wenn der Beobachter in den Kasten hineinschaut, löst er den Quantensprung aus und die Katze stirbt. (Siehe Abb. 29)

Die klassische Physik des 19. Jahrhunderts beruhte auf kausalen Beziehungen, obwohl Würfelspiele und Statistik schon bekannt waren. Wenn also nach Heisenbergs Meinung die Kausalität im Mikrokosmos nicht mehr gilt, ist der Beobachter für den „Quantensprung" verantwortlich. Nach dieser Denkart müsste man jeden Ventilator als akausal ansehen, da man die Form und Anzahl seiner Flügel im Betrieb nicht mehr beobachten kann, sondern nur noch seinen Wirkbereich.

Das gleiche geschieht im Mikrobereich. Ein Elektron oder ein Proton ist so winzig, dass man zwar die Spur seiner Ionisationswirkung durch Impulsweitergabe an die Teilchen in der Blasenkammer beobachten kann, aber diese Blasen sind infolge eines instabilen Zustands des Dampf-Luftgemisches um mehrere Größenordnungen größer als das verursachende Teilchen. Da sind Fehldeutungen durch den Beobachter vorprogrammiert.

So verhält es sich auch mit der Objektivität des Zufalls. Die Tatsache, dass die Radioaktivität Ausdruck der Instabilität bestimmter Atome ist, begünstigte die Annahme, dass der Zufall eine objektive Tatsache sei. Ein Zufall ist etwas, was man nicht vorausgesehen hat, was nicht beabsichtigt war, was unerwartet geschah. Doch das Missverhältnis zwischen Erwartung und Realisierung bezieht sich auf die Subjektivität des Beobachters. Allein weil wir alle kausalen Zusammenhänge nicht kennen, können wir beim Zufall nicht von etwas Objektiven sprechen. Wenn wir bezüglich eines Faktes unsicher sind, wollen wir aus wiederholter Beobachtung etwas mehr Gewissheit ziehen. Wir betreiben Statistik, indem wir die Variationsbreite eines Vorgangs untersuchen. Ein Beispiel: Die Lebenserwartung eines Mannes beträgt 78 Jahre. Das bedeutet, dass die Hälfte der Männer die 78 Jahre nicht erreicht. Aber auf dem Totenschein aller dieser Männer ist ein Grund für das Eintreten des Todes angegeben. Also ist der Tod durch äußere oder innere Ursachen eingetreten. Warum soll das bei den Atomen anders sein? Über lange Zeit hat man keine Möglichkeit gefunden, die Zerfallsrate der Atome von Außen zu beeinflussen. Inzwischen weiß man aber, dass in einem elektrischen Feld beschleunigte Protonen den Zerfall radioaktiver Isotope beschleunigen können,[118] was gegen die Objektivität des Zufalls im Mikrobereich spricht.

Max Born interpretierte die Quantenmechanik als Erster statistisch. Wenn wir mit der Statistik arbeiten, heißt das, dass wir unser Halbwissen durch die Betrachtung großer Zahlen von Einzelereignissen ersetzen, um einen Grad von Gewissheit zu erlangen.

**Statistik ist das Rechnen mit Wahrscheinlichkeiten.
Wahrscheinlichkeit ist keine Gewissheit,
also nur Teilwissen.**

---

118 *Transmutation – an Overview* ; https://www.sciencedirect.com/topics/earth-and-planetary-sciences/transmutation (abgerufen am 10.03.2023)

Die Annahme der Bohr-Heisenbergschen Deutung der Quantenmechanik stieß auf Widerstand. Heisenberg schrieb dazu:

> *Die Kopenhagener Deutung der Quantentheorie hat die Physiker von der einfachen materialistischen Anschauung, die in der Naturwissenschaft des 19. Jahrhunderts vorherrschend war, weit weggeführt. Da diese Anschauungen nicht nur aufs engste mit der Naturwissenschaft jener Periode verknüpft waren, sondern auch in einigen philosophischen Systemen eine systematische Analyse erfahren haben und dadurch sehr tief in das Denken selbst der Allgemeinheit eingedrungen waren, kann man sehr wohl verstehen, dass viele Versuche gemacht worden sind, die Kopenhagener Deutung zu kritisieren und sie durch eine andere zu ersetzen, die mit den Vorstellungen der klassischen Physik und der materialistischen Philosophie besser zusammenpasste.*[119])

Einstein, Schrödinger und von Laue lehnten die Quantenmechanik grundsätzlich ab. Eine zweite Gruppe akzeptierte die Experimente, war aber mit ihrer Interpretation unzufrieden und eine dritte Gruppe äußerte Zweifel an den Experimenten. Alle Kritiker waren sich aber einig darüber, dass es wünschenswert wäre, zu den materialistischen Realitätsvorstellungen der klassischen Physik zurückzukehren. Heisenberg behauptete, das sei nicht möglich und so setzte sich nach längeren Streitereien die Kopenhagener Interpretation[120]) von Bohr und Heisenberg durch:

- Das Grundprinzip der Kausalität gilt nur bedingt. Der Beobachter kann nur Wahrscheinlichkeiten ermitteln. Es gibt

---

119 W. Heisenberg – *Physik und Philosophie;* Hirzel-Verlag Stuttgart, ISBN 978-3-7776-2153-1 S.185

120 K. F. Heine - *Was Physiker glauben müssen und was Philosophen wissen sollten, Grundlagen der Physik aus dem Mathematischen übertragen ins Humanistische;* AVI-Essay-1 ; https://www.kfheine.de/wp-content/uploads/2019/07/AVI-Essay-1.pdf (abgerufen am 10.03.2023)

den echten Zufall.

- Ein Quantenobjekt kann sich wie ein Teilchen oder eine
  Welle verhalten. Es muss bei manchen Vorgängen als
  Welle, bei anderen als Teilchen modellhaft beschrieben
  werden.

»Die Begriffe Teilchen und Welle ergänzen sich, indem sie sich wider-
sprechen; sie sind komplementäre Bilder des Geschehens.«

Niels Bohr

Ich widerspreche: Ein Zufall BLEIBT ein unerwartetes Ereignis. Was daran echt oder unecht ist, bleibt unentscheidbar.

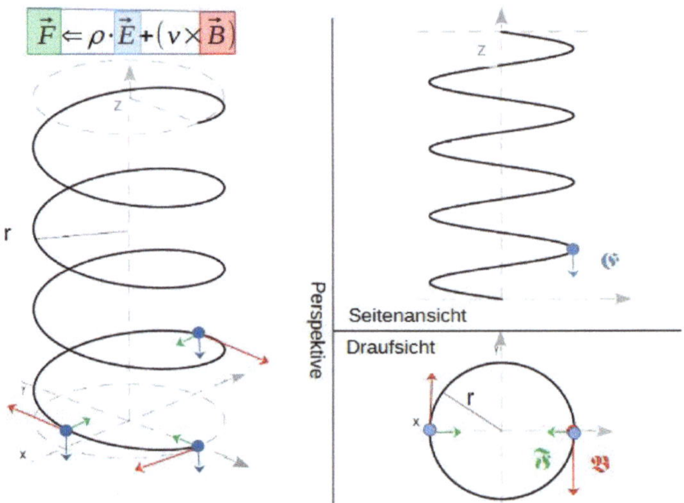

Abbildung 35: Lorentzkraft in den drei Ansichten

Was ist mit einem Quantenobjekt gemeint? Quantum ist ein Mengenbegriff, er grenzt sich gegen den Begriff ‚Masse' durch seine Zählbarkeit ab. Ein bis viele Teilchen bilden ein Quantum. Logisch wird die Sache erst, wenn man Quanten als Mengen von Teilchen versteht, durch die sich Impulse wellenförmig ausbreiten. Anders kann man die Wellenfunktion auch als Projektion einer Helixbahn eines geladenen Teilchens in einem Kraftfeld verstehen, wie es Lorentz mit seinem Kraftgesetz formulierte. (Siehe Abb. 35)

Doch laut Heisenberg gehe die Unterscheidung zwischen Kraftfeld und Stoff in der modernen Physik verloren, da jedes Kraftfeld Energie enthält und insofern ein Teil der Materie sei. Zu jedem Kraftfeld gehöre eine besondere Art von Elementarteilchen. Kraftfeld und Teilchen seien nur zwei verschiedene Erscheinungsformen der gleichen Realität.[121]

Wie schon im 1. Teil des Buches gesagt: Kräfte kann man nur nach Betrag und Wirkrichtung bezüglich der Kraftquelle unterscheiden. Bezüglich der Teilchen kann man nur sich anziehende und sich abstoßende Kräfte erkennen. Wie sollen daran weitere Arten von Elementarteilchen erkannt werden, wie das Standardmodell der Elementarteilchen ausweist?

Heisenberg schrieb dazu:

> *»Im ersteren Fall würde das bedeuten, dass alle anderen Sorten von Elementarteilchen auf wenige fundamentale Elementarteilchen zurückgeführt werden können. ... Im zweiten Fall aber können Elementarteilchen auf einen universellen Grundstoff zurückgeführt werden, den man Energie oder Materie nennen mag, keines der verschiedenen Elementarteilchen könnte von den anderen grundsätzlich als fundamental unterschieden werden. ... und ich bin der Ansicht, dass diese in der modernen Physik die richtige ist.«[122]*

Während für Heisenberg Materie und Energie noch auf der gleichen Betrachtungsebene liegen, ist aber die Energie bzw.

---

121 W. Heisenberg: *Physik und Philosophie*. 6. Auflage, S. Hirzel Verlag, Stuttgart 2000, S. 209.
122 Ebenda S.90

sind Masse und Bewegung die Haupteigenschaft der übergeordneten Materie.

Abenteuerlich wird es, wenn man bei Ihm folgendes liest:

> *»Die moderne Atomphysik hat die Naturwissenschaft von der materialistischen Richtung weg gedrängt, die sie im 19. Jahrhundert angenommen hatte.«*[123])

Hier erhalten wir die prominente Bestätigung dafür, dass unter dem Einfluss der päpstlichen Akademie, der namhafte Physiker angehörten, wie Planck, Schrödinger, Dirac, Bohr und Heisenberg, die Physik im Sinne der Dienstbarkeit für die Religion[124]) umgebaut haben. Während frühere Generationen von Forschern der Natur ihre Geheimnisse entlockt haben, sollte also nun nach dem Willen dieser Generation akademischer Wissenschaftler eine Idee in die Natur hineinprojiziert werden.

Diesen Umbau der Physik vollendete Hans Peter Dürr als enger Vertrauter Heisenbergs und als Direktor des Max-Planck-Instituts und 2012 verkündete er, dass es keine Materie mehr gäbe.[125])

So wurden Einsteins Relativitätstheorie als auch die Quantentheorie zum Eintrittstor für eine neue Religion – für den Szientismus. Der Begriff ist abgeleitet von science und bedeutet Wissenschaftsgläubigkeit. Ausdruck von Wissenschaftsgläubigkeit ist die Überhöhung von Wissenschaftlern zu Genies. Ich muss bekennen, dass ich dieser Religion selbst einmal verfallen war, ja ich glaubte auch an die Wissenschaftlichkeit der akademischen Physik, bevor ich begann, sie zu hinterfragen. In der Zeit der po-

---

123 Ebenda S.87

124 Papst Pius X. *Enzyklika Pascendi Dominici gregis* 46 *»… es liegt an den übrigen Wissenschaften und Künsten, ihr (der Theologie) zur Hand zu sein und ihr gleichsam die Dienste einer Magd zu leisten.«*
https://fsspx.news/de/content/31910 (abgerufen am 10.03.2023)

125 H.-P. Dürr - *Es gibt keine Materie! Revolutionäre Gedanken über Physik und Mystik.* Crotona-Verlag, Amerang 2012, ISBN 978-3-86191-028-2.

litischen Wende in Ostdeutschland suchte ich, wie wohl alle Bürger der untergegangenen DDR nach Orientierung. Da fiel mir Kants Definition von Aufklärung wieder ein:

AUFKLÄRUNG ist der Ausgang des Menschen aus seiner selbstverschuldeten Unmündigkeit. Unmündigkeit ist das Unvermögen, sich seines Verstandes ohne Leitung eines anderen zu bedienen.

Und mein Verstand sagte mir, dass die Physik, die sich mit der Bewegung der Materie beschäftigt, auch mit Methoden einer materiell orientierten Wissenschaft erforscht werden muss. Was liegt da näher, als sich in den Ingenieurwissenschaften umzusehen? Denn Ziel aller Ingenieurwissenschaft ist die Schaffung eines materiellen Produktes, das zuverlässig funktionieren soll. Aber kein Produkt soll einen freien Willen haben, was auf der Grundlage von Mikroelektronik entworfen wurde und vielleicht mit dem Begriff „künstliche Intelligenz" daherkommt.

Diese vom Materialismus abgekehrte moderne akausale Physik isoliert sich immer mehr von der Lebenswelt der Menschen und stößt einerseits auf Unverständnis und andererseits bei weniger gebildetem Publikum auf Faszination, weshalb sie sich selbst mit immer spektakuläreren Ergebnissen feiern kann. Ausdruck dieses Elends ist der akute Lehrermangel im Fach Physik an den allgemeinbildenden Schulen.

Nein, die Erkenntnisse einer materialistischen Elektrodynamik flossen nicht in die moderne Physik ein, obwohl sie zu Zeiten der Herausbildung der modernen Physik schon seit etwa vierzig Jahren gelehrt wurden und Heisenberg wie auch Einstein, wenn sie sich denn je für experimentelle Physik interessiert hätten, bekannt gewesen sein müssten. So aber führte der Weg zur Versöhnung der Wissenschaft mit dem Glaubens zum Sieg des Glaubens über das Wissen. Fortan gingen Physiker und Ingenieure getrennte Wege, die auch eine sozialistische Hochschulreform nicht zusammenführen konnte.

Die letzte praktische Großtat der Physiker war die Ausnutzung eines instabilen Zustands schwerer Atome durch ihre Anreicherung, um sie zur Explosion zu bringen und ihre elektromagnetische Energie freizusetzen, die sie durch den Druck im magmatischen Inneren der Erde unter ganz speziellen Bedingungen aufgespeichert hatten. Das war die infantile Katastrophe, die Erich Wetzel meinte, und diese Katastrophe wurde als Big Bang zum Vorbild für die Erschaffung der Welt, wozu ein Gott schließlich wenigstens sieben Tage benötigte. Nur hat Schöpfung nichts mit Explosionen zu tun. Während eine Explosion die Entropie vergrößert, muss die Schöpfung das Gegenteil tun. Aber die Fusion von kleinen Atomen zu größeren, wie man sie auf der Sonne vermutet, blieb bis heute ein unlösbares Rätsel oder vielleicht doch nicht.

Die Bilanz einer modernen Physik, welche die Akausalität und Symmetrie der Gleichungen als Schönheit einer idealistischen Physik seit nunmehr fast 100 Jahren predigt, die Sabine Hossenfelder in ihrem Buch *Das Hässliche Universum*[126]) zieht, sieht so aus:

> *»In den zwanzig Jahren meiner Beschäftigung mit theoretischer Physik sah ich die meisten Wissenschaftler, die ich kenne, Karriere machen, indem sie Dinge untersuchten, die niemand je gesehen hat. Sie haben wahnwitzige Theorien ausgebrütet wie die, dass unser Universum nur eines in einer unendlichen Zahl von Universen sei, die zusammen ein »Multiversum« bilden. Sie haben Dutzende neuer Teil-*

---

126 S. Hossenfelder - *Das hässliche Universum;* http://theorytuesdays.com/wp-content/uploads/2019/02/Das-Haessliche-Universum-Hossenfelder.pdf (abgerufen am 12.03.2023)

chen erfunden und erklärt, wir seien Projektionen eines Raums höherer Dimension, der durch Wurmlöcher hervorgebracht werde, die weit voneinander entfernte Orte miteinander verbänden.«

Vergessen wir all den Unfug, den sich akademische Physiker im Dienste der abendländischen Religion einfallen lassen haben und begeben wir uns zurück auf gesichertes Terrain. Die größten greifbaren Fortschritte hat die Mikroelektronik in den letzten Jahrzehnten gebracht. Wir haben schwerfällige Mechanik durch Elektronik ersetzt und sind in Bereiche immer kleinerer Strukturen vorgestoßen. Bisher hat uns die Kausalität nicht im Stich gelassen. Unsere immer kleineren Computer machen genau das, was wir erwarten.

Das führt zu dem induktiven Schluss, dass die Gesetzmäßigkeiten, die Maxwell und Lorentz entdeckt haben, auch noch auf der Ebene der Atome funktionieren könnten.

**Wir brauchen gar keine neuen Gesetzmäßigkeiten
im Dienste des Glaubens zu erfinden
um die Welt zu erklären.**

Wenden wir uns nun im dritten Teil des Buches praktischen Überlegungen auf physikalischer Grundlage zu. Die brennende Frage der heutigen Zeit ist: Wie können wir unseren wachsenden Energiehunger mit dessen Folgen auf die Umwelt stillen, ohne unser irdisches Paradies aus dem Gleichgewicht zu bringen?

Sollten wir für die Umweltproblematik eine technologische Lösung finden, so ist die viel größere Herausforderung, eine sozial verträgliche Lösung zu finden. Aber das kann die Physik nicht leisten.

Das ist eine globale gesellschaftliche Aufgabe. Ob die Menschheit dazu fähig sein wird, ich wage es nur zu hoffen.

Menschen werden nicht alt genug, um weise zu werden und die weise geworden sind, werden nicht mehr gehört. Erst wenn diejenigen Menschen, die unser Schicksal bestimmen, begreifen, dass sie nur Gäste dieser Welt sind und das letzte Hemd keine Taschen hat, werden sie vielleicht bescheiden. Doch dann kommen wieder jüngere und das Spiel um Macht und Geld beginnt von vorn.

Teil 3 Denkansätze für aktuelle Themen

3.1 Dynamik von Ladungen

»Zwei Dinge sind in der Lage, den Fortschritt in der Physik aufzuhalten, Autoritäten und Systeme.«

frei nach Rudolf Virchow

Das Phänomen der Ladung bemerken wir, wenn wir ein Kleidungsstück bürsten oder reiben. Dann entwickelt es so einen eigenartigen Klebeeffekt oder es knistert. Im Dunklen sehen wir dann kleine Funken. Diesen Effekt haben schon die Griechen entdeckt, als sie Bernstein, den sie ελεκτρον nannten, an ihren Gewändern gerieben hatten. Aber erst im 20. Jahrhundert verstand man, dass jeder chemische Stoff mehr oder weniger Träger von Ladung ist und seine Eigenschaften durch die Beschaffenheit Elektronenhülle seiner Atome bestimmt werden. Die Dichte der Elektronenhülle wiederum wird durch die Kernladung bestimmt.

Wie schon im Altertum vermutet, kann man die Teilung von Massen nicht unendlich fortsetzen. Irgendwann kommt die Skalierung an ein Ende. Dann wird an der Grenze unser Beobachtbarkeit aus der Masse eine abzählbare Menge von Ladung. Alles was unterhalb dieser Grenze behauptet wird, ist Spekulation.

Dazu gehört auch die Unterteilung der Masse in Ruhemasse und bewegte Masse. Der Begriff *Masse* beschreibt nur eine Quantität. In der realen Welt geht es aber um Qualitäten. Wir haben inzwischen am Domino Day gelernt, dass bewegte Masse die Qualität Kraft, Impuls oder Energie hat, je nachdem, wo sich die Masse in der Übertragungskette befindet.

Eine solche Qualität der realen Welt ist auch die Ladung, obwohl Ladung auch quantitativ wie Masse verstanden wird. Wir unterteilen Ladungen in positive und negative Ladung. Gleichartige Ladungen stoßen sich ab und ungleichartige ziehen sich an. Dieser Beobachtung belegen wir mit dem relationalen Begriff *Kraft*. So ist unsere ganze Welt binär aufgebaut. Trotz intensiver Forschung in der Teilchenphysik hat man nur zwei *stabile* Elementarteilchen entgegengesetzter Ladung gefunden, das negativ geladene Elektron und das positiv geladene Proton. Wenn man dem Proton die Massenzahl 1 gibt, dann ist das Elektron nur 1/1836-igstel vom Proton, obwohl es deutlich voluminöser als das Proton zu sein scheint.

Kommentar: Betrachtet man das Dichteverhältnis beider Teilchenarten, so ist es etwa mit einer Auspuffwolke zum Pkw vergleichbar.

In Bohrs Formel des klassischen Elektronradius wird das Elektron als Kugel angesehen und seine Masse steht im Nenner, was im Hinblick auf das Proton erstaunlich ist.

Gabriele Veneziano hatte 1968 an stark wechselwirkenden Elementarteilchen festgestellt, dass sie keine definierten Abmessungen haben, woraus die Ideen der Stringtheorie abgeleitet wurden. In Übereinstimmung mit Maxwells Theorie ist die Vorstellung von elementaren Materie-Wirbeln von etwas nicht näher Fassbarem sicher eine gute Vorstellung, auch wenn Teilchenphysiker im größten Teilchenbeschleuniger der Welt, mittels Crashtests noch kleinere Strukturen erkannt haben wollen, die jedoch unterhalb von Mikrosekunden wieder verschwanden und somit als Teilchen keine praktische Relevanz haben.

Auf Grund seiner Ladung kann ein Proton zwei Elektronen binden, wovon eins im Atomkern bleibt und eins in der Atomhülle kraftfrei kreist. Das im Atomkern verbleibende Elektron ist für die natürliche Radioaktivität der Elemente zuständig. Im klassischen Atommodell wird ein Proton und ein Kernelektron jeweils zu einem Neutron zusammengefasst, weil bei der Kernspaltung freie Neutronen auftreten, die aber keine stabilen Teilchen sind. Neutronen zerfallen innerhalb einer Viertelstunde und werden später in freie Wasserstoffatome umgewandelt.

Diese Asymmetrie der Ladungen sorgt dafür, dass es keine elektrische Neutralität in der Natur gibt. Zudem liefert die natürliche Radioaktivität Nachschub an freien Elektronen. Aber auch mechanische und thermische sowie chemische Effekte sorgen für ständig freie Elektronen in der Umwelt. Säuren signalisieren einen Protonenüberschuss und Basen haben einen Elektronenüberschuss.

Unsere Welt erscheint uns bipolar und die freie Elektrizität ist der Motor der Dynamik der Natur. Während in der Sprache der Mechanik die Kraft das Produkt aus Masse und Beschleunigung ist, steht in der Elektrodynamik für eine lineare Kraft das Produkt aus Ladung der Masse und elektrischer Feldstärke als Ursache für die Beschleunigung. Diese Kraft ist für einen Ladungsstrom

$\vec{I}=q\cdot\vec{v}$ verantwortlich, der ein quell-freies Magnetfeld $\vec{B}$ um den Leiter induziert, das ein magnetisches Drehmoment $q\cdot\vec{v}\times\vec{B}$ erzeugt. Diese einfache Vektordarstellung haben wir Oliver Heaviside zu verdanken, der die Vektoranalysis in die Physik eingeführt hat.

Addiert man beide Kraftkomponenten aus einer vorwärts treibenden Kraft und einem Drehmoment, erhält man eine Kraft, die einen helixartigen Wirbel erzeugt. (Siehe dazu auch Abb. 35)

$$\vec{F}=q\cdot\vec{E}+\left(q\,\vec{v}\times\vec{B}\right) \tag{3.01}$$

Diese Kraft erkannte der Physiker Hendrik A. Lorentz auf der Grundlagen der Vorarbeit von Heaviside 1895. Sie wird seither als Lorentzkraft bezeichnet. Mittels der Drei-Finger-Regel lassen sich die Beziehungen zwischen den drei elektrischen Größen leicht merken (Abb. 36). Trifft dieser durch die drei Größen erzeugte Wirbel nicht auf eine Phasengrenze, schließt er sich zu einem Ring,

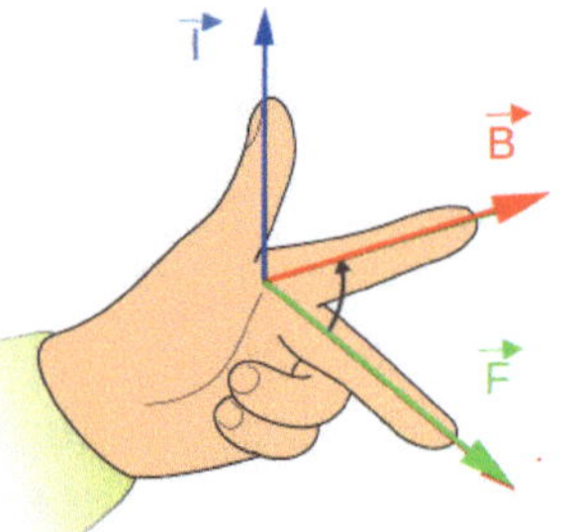

Abbildung 36: Drei-Finger-Regel

wie schon Hermann von Helmholtz in seiner Wirbeltheorie abgeleitet hat[127]).

Die Ablenkung eines Teilchens der Ladung q im räumlich und zeitlich konstanten Magnetfeld kostet *im Gegensatz zur Ablenkung im elektrischen Feld* keinerlei Energie, die kinetische Energie und damit die Bahngeschwindigkeit bleiben also unverändert. Wenn also kein äußeres elektrisches Feld vorhanden ist, bleibt in (3.01) nur die magnetische Kraftkomponente und diese steht auf der Bewegungsrichtung senkrecht, weshalb für die

---

127 H. v. Helmholtz – *Über Wirbelbewegungen* In Ostwalds Klassiker der exakten Wissenschaften Bd1 Verlag Harri Deutsch 1858

Energieänderung auf Grund des Verschwindens des Skalarproduktes folgt:

$$\frac{m}{2}\frac{d\left(\vec{v}^{2}\right)}{dt} = m\vec{v}\cdot\frac{d\vec{v}}{dt} = \vec{v}\cdot\vec{F} = \vec{v}\cdot\left(q\,\vec{v}\times\vec{B}\right)= 0 \qquad (3.02)$$

In einem selbst-induzierten magnetischen Feld bleibt das magnetische Drehmoment erhalten. Deshalb fällt der Mond nicht vom Himmel und die Erde nicht in die Sonne und die Elektronenhülle stürzt nicht in den Atomkern.

Alle Ladung bewegt sich auf helikalen Bahnen um ein Ladungszentrum, das sich selbst auf einer viel größeren helikalen Bahn bewegt.

In einem kleinen Abschnitt kann man die Bahn durch eine lineare Bewegung in z-Richtung annähern. Innerhalb von Zylinderkoordinaten sieht eine solche Bewegung in die r,z-Ebene projiziert wie eine Wellenbewegung aus. Deshalb spricht die Quantenmechanik, die Mechanik der abzählbaren Teilchen, von der Wellenfunktion eines Teilchens mit seinem Doppelcharakter als Welle und Teilchen. Dagegen ist die Himmelsmechanik eines Newton eine Projektion in die r,φ - Ebene unter Vernachlässigung der z-Komponente.

Boltzmanns Erkenntnis, dass Thermodynamik auf Mechanik basiert und diese wiederum auf Elektrodynamik, vereinfacht die Physik extrem.

Dadurch sind die Maxwellschen Gesetze der Elektrodynamik über Bereiche vom Atomkern bis zu den Galaxien skalierbar und Mikrokosmos und Makrokosmos verlieren ihr Mystik.

Es gibt physikalische Gesetze, die an der Phasengrenze enden und es gibt Gesetze, die über sie hinaus gehen. Aus der

Elektrodynamik folgt, dass das Bild von Elementarteilchen als kleine starre Kugeln unrealistisch sein muss. Dieses Bild passt absolut nicht mit den gefundenen Gesetzmäßigkeiten überein. Im Gegenteil, diese Teilchen haben überhaupt keine feste Gestalt, wie festgestellt wurde. Aber auch die Vorstellung als Strings, als fundamentale Objekte mit eindimensionaler räumlicher Ausdehnung in Räumen mit bis zu 12 Dimensionen ist mit einer entsprechenden Theorie begreiflicherweise gescheitert. Vielleicht ist es sogar besser, sie sich als ‚elastische Gummiringe' vorzustellen. Doch die Herangehensweise einer Theorie der Loop-Quantengravitation d.h. einer Theorie zur Vereinigung der Quantenphysik mit der allgemeinen Relativitätstheorie wird auch scheitern, solange der Zusammenhang von Gravitation und Elektrodynamik nicht verstanden wird und man sich nicht auf die Realität besinnt. Soviel zur Vorstellung der Theoretiker im Bereich der Elementarteilchen.

In Bezug zu einer Allgemeinen Dynamik scheinen die Grundgesetze der Elektrodynamik über die materiellen Phasen hinweg skalierbar zu sein. Diese Gesetze sind dadurch gekennzeichnet, dass sie in den verschiedenen physikalischen Disziplinen mit ähnlichen Formeln beschrieben werden. Die Proportionalitätskonstanten unterscheiden sich nur im Skalierungsfaktor und eventuell noch in der Bezeichnung der physikalischen Einheit.

Mit anderen Worten, eine Reihe von geglaubten Naturkonstanten sind temporär und begrenzt wie im Falle der Gravitationskonstante. Eine andere Art Beispiel ist das Paar der Thermischen Entropie und der Informations-Entropie. Das lässt den Schluss zu, dass komplexere Systeme Eigenschaften und Gesetzmäßigkeiten von elementaren Systemen erben.

Im Umkehrschluss kann man dann von funktionierenden technischen Realisierungen eines Naturgesetzes auf natürliche noch nicht beobachtbare Strukturen schließen. Beispielsweise kann man sich vorstellen, dass, wenn man einen Stromkreis in der Mikroelektronik immer weiter verkleinern könnte, man schließlich bei einem Stromkreis mit einer Elementarladung ankäme. Dann könnte man das Elektron als die kleinste elektrische Stromschleife ansehen. Da nun aber die Lorentzkraft existiert, würde diese Stromschleife wegen ihres magnetischen Moments zu einer Mikrospule zusammenkrumpeln. Wenn diese Mikrospule ein Proton umschlösse, würde dessen magnetisches Moment verstärkt werden, was wir tatsächlich beim Neutron beobachten.

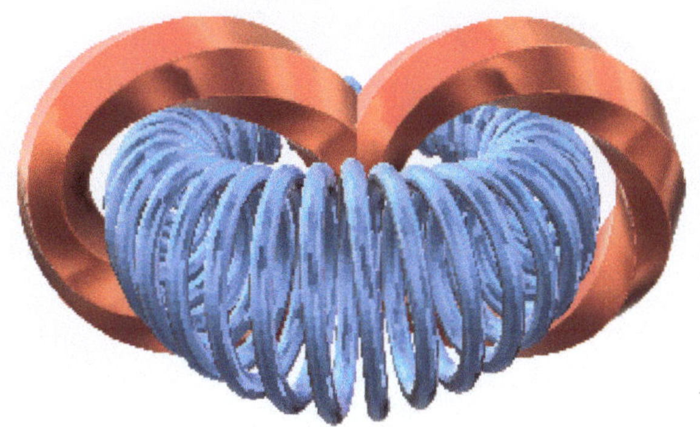

Abbildung 37: Modell eines Kernbaustein aus einem
Elektron und zwei Protonen

Einen sehr kräftigen Magneten würden wir erhalten, wenn das Elektron einen Kern aus zwei Protonen umschließen würde, die zusammen aus zwei zusammengebackenen Donut-Formen eine „EI"- Form bilden würden, wie sie uns beim Transformator begegnet, um das magnetische Feld einzuschließen und wie das Abbildung 37 zeigt. Als Roger Penrose in 1967 seine Twisteralgebra zur Vereinigung von Quanten- und Relativitätstheorie entwickelte, kam er auf ähnliche Strukturen[128]), nur bleibt die ganze Theorie für den Laien ziemlich unverständlich. Es handelt sich dabei um Verknüpfungsregeln für Wirbelringe. Einen einfacheren Zugang zu solchen Verknüpfungsregeln habe ich in meinem Buch *Dynamische Strukturen in unbelebter Materie* entwickelt.[129]) Die Atomhülle würde die Primärwicklung eines Tesla-Transformators liefern, die angeregt, die entsprechenden Leuchterscheinungen liefert (Abb. 38). Dieses Modell wäre nicht nur verblüffend einfach und anschaulich, sondern auch mit den Maxwellschen Gleichungen erklärbar, zumal dann die inneren starken und schwachen Kernkräfte durch einfache Magnetkräfte an einem Dauermagneten erklärbar wären.

Abbildung 38: Angeregter Teslatransformator

128 R. Pernrose - *Twistor Algebra* *Journal of Mathematical Physics*. *8* (2): 345–366.
129 M. Hüfner - *Dynamische Strukturen in unbelebter Materie;* BoD-Verlag 2022; ISBN-13: 9783756293513

Maxwells geniales Gleichungssystem

»Ich habe auch ein Papier im Umlauf, mit einer elektromagnetischen Theorie des Lichts, die ich, bis ich vom Gegenteil überzeugt bin, für eine Batterie gro-ßer Geschützen halte.«   James Clerk Maxwell

Der Schotte James C. Maxwell war wohl einer der genialsten Physiker des 19.Jahrhunderts. Im Jahr 1864 sagte er die Existenz von elektromagnetischen Wellen voraus und arbeitete eine mathematische Formulierung auf der Basis von früheren Forschungen über Elektrizität und Magnetismus durch Michael Faraday, André-Marie Ampère und anderen in einem System miteinander verknüpfter Differentialgleichungen aus, die nach ihm benannten Maxwell-Gleichungen, welche die Grundlagen der Elektrodynamik sind.

Maxwell vermutete zu Recht, dass die Ausbreitung von elektromagnetischen Wellen auf Basis von mechanischen Impulsen ein Medium erfordert, in welchem die Impulse sich fortpflanzen könnten. Über dieses Medium, das Lichtäther genannt wurde, verfasste Maxwell 1878 einen in der *Encyclopædia Britannica* erschienen Eintrag mit folgender Zusammenfassung am Ende:[130])

> *»Welche Schwierigkeiten auch immer wir haben, eine schlüssige Vorstellung von der Beschaffenheit des Äthers zu entwickeln, so kann es doch keinen Zweifel daran geben, dass die interplanetarischen und interstellaren Räume nicht leer, sondern von*

---

130 Gesamter Originaltext von Maxwells Eintrag über den Äther in der Encyclopædia Britannica, Ninth Edition auf <u>Wikisource</u> <u>file:///C:/Users/drhuefner/Downloads/Encyclop %C3%A6dia_Britannica,_Ninth_Edition_Ether-1.pdf</u> (abgerufen 12.03.2023)

einer materiellen Substanz oder einem Körper erfüllt sind, der mit Sicherheit der größte und wahrscheinlich der einheitlichste Körper ist, von dem wir wissen.«

Dem pflichtete auch Hendrik A. Lorentz bei, allerdings war der Äther in seiner Vorstellung immateriell, was wiederum Max Born dazu veranlasste, den Äther mit dem mathematischen Raum gleichzusetzen. Das führte zu einer völligen Verkehrung zwischen Idee und Realität.

Die elektromagnetischen Wellen wurden von Heinrich Hertz als erstem 1886 mittels eines Schwingkreises erzeugt und nachgewiesen. Herz notierte das Gleichungssystem von Maxwell in seinem Artikel *„Über die Grundgleichungen der Elektrodynamik für bewegte Körper"* folgendermaßen:

$$d\vec{H}/dt = -c \cdot \operatorname{rot} \vec{E} \qquad (3.03)$$

$$d\vec{E}/dt = c \cdot \operatorname{rot} \vec{H} \qquad (3.04)$$

$$\operatorname{div} \vec{H} = 0 \qquad (3.05)$$

$$\operatorname{div} \vec{E} = 0 \ \ ? \qquad (3.06)$$

Hertz zeigte, dass die Ausbreitung der elektromagnetischen Erscheinungen in der Tat - wie es Maxwell aufgrund von Anregungen durch Faraday vorausgesetzt hatte - mit Vakuumlichtgeschwindigkeit c fortschreiten.[131] Dabei ist $\vec{H}$ der Vektor der magnetischen Feldstärke in Ampere pro Meter und $\vec{E}$ der Vektor der elektrischen Feldstärke in Volt pro Meter. Anstelle von $\vec{H} = \mu \cdot \vec{B}$ wird oft nur die magnetische Flussdichte $\vec{B}$ geben.

---

131 E. Friebe: - *Herzsche Wellen;* https://www.ekkehard-friebe.de/Hertz-82.htm (abgerufen am 12.03.2023)

Der Skalierungsfaktor μ ist die magnetische Leitfähigkeit eines Massenpunktes.

Der dreidimensionale Vektoroperator rot beschreibt ein Wirbelfeld und der Differenzialoperator div beschreibt ein Quellfeld. Wenn die Divergenz Null ist, bedeutet das, dass das Vektorfeld quell-frei ist. In der Darstellung von Maxwell wird eine Stromquelle mit ρ/ε nach Gauß, dem Quotient aus Ladungsdichte und dielektrischer Leitfähigkeit eines Massenpunktes berücksichtigt.

Hertz dagegen hat also den Sender in seinen Gleichungen nicht berücksichtigt. Er betrachtete nur den Übertragungskanal, weshalb bei ihm $\operatorname{div}\vec{E}=0$ ist. Einem Nichtakademiker ist es jedoch vollkommen klar, dass ein rotierendes Feld einen materiellen Träger benötigt, denn wo nichts ist, kann auch nichts rotieren, folglich muss es auch eine materielle Quelle geben.

Diese Darstellung der Gleichungen (3.03) – (3.06) hat Einsteins Idee von ihrer Symmetrie gefördert. Einstein, der für experimentelle Physik nichts übrig hatte und dafür einen Verweis vom Direktor der ETH-Zürich im 3. Studienjahr kassierte, beschäftigte sich ausgiebig mit *Über die Grundgleichungen der Elektrodynamik für ruhende Körper* von Heinrich Hertz aus dem Jahr 1890.[132] Seit frühester Jugend träumte er davon, auf einer Lichtwelle zu surfen und so ein stehendes Wellenfeld vor sich zu haben, was ihn schließlich zu seinem denkwürdigen Aufsatz *Zur*

---

132 Universität Innsbruck - *Zur Geschichte der Elektrodynamik*; Manuskript Verfasser unbekannt;
https://www2.uibk.ac.at/downloads/th-physik/Manuscripts/JR/einfgED1.pdf
(abgerufen am 5.04.2023)

Elektrodynamik bewegter Körper anregte, in dem er die Dynamik aus der Materie gänzlich eliminierte.

In der Erinnerung räumte er ein, dass man wohl nicht auf einer Lichtwelle surfen könne.[133]) -- Nein, das Raketenprinzip von der Erhaltung des Impulses verbietet, dass Beobachter mit Masse auf Lichtgeschwindigkeit beschleunigt werden können, weshalb es auch keinen Sinn macht, die Welt aus dieser Sicht beschreiben zu wollen. Ich erinnere hier nur an die 9300 Magneten des CERN zu je 27 Tonnen Masse, die notwendig sind, um ein paar Protonen so zu beschleunigen zu können, dass sie in die Nähe der Lichtgeschwindigkeit kommen. Außerdem könnte ein Beobachter dort nichts mehr beobachten, da ihn der reflektierte Lichtstrahl nicht mehr erreichen würde.

Die Gleichsetzung von Raum und Äther führte zu dem Schluss, dass das kosmische Vakuum völlig leer sei, was sich als haltlos erwiesen hat. Die Ausbreitung der Lichtwellen hängt ab von den elektrodynamischen Eigenschaften dieses materiellen Vakuums, was Weber und Kohlrausch bereits 1856 nachgewiesen hatten. Aber das wurde von Einstein nicht zur Kenntnis genommen und noch heute ist die Lehrmeinung, dass die Lichtgeschwindigkeit im ‚leeren‘ kosmischen Vakuum konstant sei, was Elektrodynamik und Optik widerspricht.

Energie erfordert einen materiellen Träger, schließlich kommt die Masse in der Energieformel vor. Deshalb ist die Aussage grundfalsch, dass das Vakuum leer sei, denn sonst könnte keine Strahlungsenergie zur Erde übertragen werden. Außerdem ha-

---

133 A. Einstein - *Erinnerungen 100Jahre ETH Zürich ;*
    https://ethz.ch/content/dam/ethz/associates/ethlibrary-dam/documents/
    Standorteundmedien/Plattformen/EinsteinOnline/studium-am-polytechnikum-in-
    zuerich/Erinnerungen_1955_100JahreETHZ.pdf (abgerufen am 12.01.2023)

ben Dalton Miller und Georges Sagnac[134]) mit ihren Versuchen zum Interferenzeffekt des Lichtes bestätigt, dass die Lichtausbreitung einer bewegten Lichtquelle schon wegen des Dopplereffektes anisotrop ist und die Lichtgeschwindigkeit keine Konstante ist, die aber wegen Einsteins Hypothese von der Konstanz der Lichtgeschwindigkeit in der Relativitätstheorie geleugnet wird. Diese Konstanz ist allein für die projektive Lorentztransformation von Bedeutung und sie widerspricht den Gesetzen der Optik. Beispielsweise ist ein Dopplereffekt nach der Einsteinschen Relativitätsthese unmöglich, weil es ein Unterschied macht, ob ich die Lichtgeschwindigkeit zur Bewegung der Lichtquelle addiere oder von ihr subtrahiere.

Die Einsteinsche Relativitätsthese sagt nichts über die Dynamik des Energietransports, obwohl die Überschrift des Aufsatzes aus dem Jahr 1905 das erwarten ließe. Anders reagierte Tesla auf die Maxwellschen Gleichungen. Für ihn waren die Gleichungen Ausgangspunkt für den drahtlosen Energietransport, den er sein Leben lang verfolgte. Davon zeugt der 57 Meter hohe sogenannte „Wardenclyffe Tower", den er um 1900 auf Long Island bauen lies. Mit dem Experiment-Funkturm wollte er eine seiner größten Visionen realisieren, die ganze Welt mit kabelloser elektrischen Energie zu versorgen. Er musste mit dieser Idee scheitern, da ein solcher Sender die Energie im Raum verteilt und da-

---

134 G. Sagnac - *L'éther lumineux démontré par l'effet du vent relatif d'éther dans un interféromètre en rotation uniforme.* In: *Comptes Rendus.* 157. Jahrgang, 1913, S. 708–710. auch https://fr-wikisource-org.translate.goog/wiki/L%E2%80%99%C3%A9ther_lumineux_d%C3%A9montr%C3%A9?_x_tr_sl=fr&_x_tr_tl=de&_x_tr_hl=de&_x_tr_pto=wapp (abgerufen am 06.06.2023

mit für derartige technische Anwendungen ineffektiv ist. Lediglich bei der Verteilung von Nachrichten kann die Energie auf diese Weise genutzt werden. Übrig geblieben ist so der Begriff ‚Funkturm' für große Sendeantennen. In Abb. 39 ist die Asymmetrie des drahtlosen Energietransports dargestellt. Sie zeigt die informatorischen und elektrodynamischen Aspekte der Energieübertragung von der Strahlungsquelle über den Übertragungskanal bis zum Empfänger. Dabei reichen die Frequenzen von der Kernstrahlung bis zu den Langwellen über 20 Größenordnungen. Ich erinnere an die Ähnlichkeit zur mechanische Transmission in Abbildung 20.

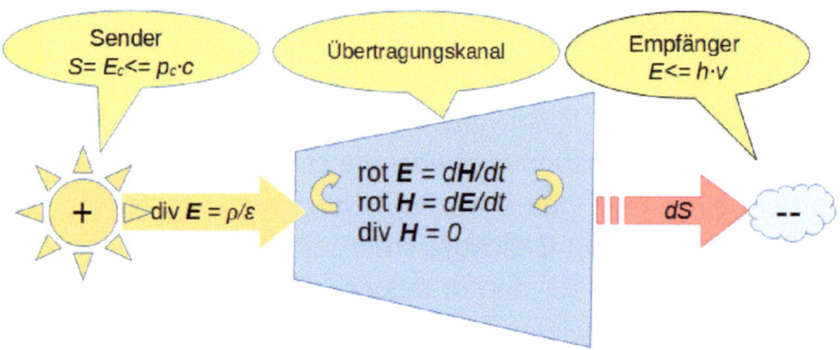

Abbildung 39: Maxwells Elektrodynamik in einem offenen System

Alle unsere Energie, die wir auf der Erde von der Sonne beziehen, ist elektromagnetische Strahlung. Diese Strahlung sorgt dafür, dass das Wasser des Meeres verdampft und wieder vom Himmel fallen kann und dass die Photosynthese über die Jahrmillionen die fossilen Kohlenstofflagerstätten produzieren konnte, die wir heute ausbeuten. Schauen wir uns das nun etwas genauer an!

Teilchenströme

Meine Spaziergänge führen mich immer wieder an der Saale entlang und dabei denke ich über Physik nach. Seit Jahrhunderten fließt dieses Flüsschen in seinem Bett. Mal führt es wenig Wasser und mal viel, aber es ist noch nie versiegt. Jeder wird mir sagen, dass es von dem Regenwasser gespeist wird, das von den umliegenden Bergen kommt und infolge der Schwerkraft aus den Bergen bis zum Meer fließt.

Grundsätzlich unterscheiden wir zwischen ladungsneutralen Massenströmen wie etwa der Strömung eines Flusses oder Luftströmungen und Plasmaströmen von Ladungsträgern. Im ersten Fall haben wir bei geringen Geschwindigkeiten laminare Strömung und ab einer bestimmten Geschwindigkeit, schlägt diese Strömung in turbulente Strömung um, wie wir sie an schnell fließenden Gewässern beobachten.

Für die Strömungsart (d.h. ob laminar oder turbulent) wird das Verhältnis von Trägheit und Zähigkeit des Fluids verantwortlich gemacht. Ausgedrückt wird dieses Verhältnis durch die sogenannte Reynolds-Zahl R_e. Sie ermittelt sich zum Einen über die (mittlere) Strömungsgeschwindigkeit v und die dynamische Viskosität η des Fluids, die wiederum von der Dichte abhängt.

$$R_e = \frac{v \cdot \rho}{\eta} \qquad (3.07)$$

Wenn man jedoch die Erfahrungen aus der Elektrodynamik zugrunde legt, ist der Umschlag in eine turbulente Strömung dadurch zu erklären, dass bei höheren Geschwindigkeiten, sich das magnetische Moment der Flüssigkeitsdipole bemerkbar macht und damit eine Umordnung in der bewegten Flüssigkeit erfolgt.

Diese Umordnung geht gewöhnlich mit einer Abgabe von Entropie und Temperatur einher, weil die Energieänderung zur mechanischen Verwirbelung gebraucht wird.

Man muss sich das etwa so vorstellen: Es gibt unterschiedlich schnell fließende Teilchen in einem Strom. Die schnelleren Teilchen überholen die langsamen. Aber das würde zu einem Stau führen, so müssen die schnelleren Teilchen durch einen Wirbel einen längeren Weg zurücklegen und damit ihre Geschwindigkeit dem allgemeinen Strom wieder anpassen. Diese Art Verwirbelung erfolgt in Bewegungsrichtung.

Aber irgendwie muss das Wasser gegen die Schwerkraft wieder auf die Berge kommen, was da täglich die Saale herunter fließt. Sicher verdunstet Wasser und steigt als Dampf nach oben. Aber warum tut er das? Schließlich hat Wasserdampf mehr Masse als Stickstoff oder als Sauerstoff. Diese Erklärung ist etwas komplizierter und dazu müssen wir uns mit den Kräften der freien Ladungsträgern beschäftigen.

Gewöhnlich vergessen wir, dass wir in einer elektrischen Welt leben. Den Kompass haben wir als Kinder vielleicht noch kennen gelernt, aber dass wir senkrecht zu dem Magnetfeld von einem elektrischen Feld umgeben sind, will den meisten Menschen nicht einleuchten. Wir definieren das Erdpotential als das Nullpotential, obwohl die Erde ein negatives Potential hat und über uns die Ionosphäre vom Sonnenwind positiv aufgeladen wird. Durch den Wasserkreislauf wird dieser Potentialunterschied ständig ausgeglichen, gelegentlich auch durch ein Gewitter mit Blitzentladungen.

Wir sind auch mit einem schwachen elektrochemischen Sinn ausgerüstet. Ich bin die ersten Jahre meines Lebens nach dem Krieg bei den Großeltern in einem Umspannwerk aufgewachsen. Da riecht man den Starkstrom infolge der Ozonentwicklung in der Nähe der stromführenden Leiter. Als ich dann als Schuljunge einen Elektroexperimentierkasten bekommen hatte, habe ich die damaligen Flachbatterien mittels Geschmack auf ihre Kapazität geprüft. Der Batteriestrom setzt im Speichel Protonen frei. Freie Protonen schmecken sauer. Erst später habe ich dann gelernt, dass es dafür ein chemisches Messverfahren gibt und der Säuregrad als pH-Wert (Potential des Wasserstoffs) angegeben wird. Die Bezeichnung ist etwas irreführend, da wir mit dem Begriff Wasserstoff ein brennbares Gas assoziieren. In der Flüssigkeit signalisiert ein pH-Wert kleiner sieben einen Überschuss an positiven freien Protonen und ein pH-Wert über sieben weist auf negative freie Ladungsträger hin.

Unser Blut hat einen pH-Wert von etwa 7,4 während der Urin wegen der Harnsäure einen pH-Wert von etwa 5 hat. Durch unsere Nerven fließen elektrische Ströme.

Das Leben beruht auf biologischer Mikroelektronik

Die Bewegung von Ladungen wird durch eine Kraft gesteuert, die nach Hendrik A. Lorentz als Lorentzkraft[135] benannt ist. (Siehe (3.01)!) Sie ist die Kombination von geradliniger elektrischer Kraft in z-Richtung und einem magnetischen Drehmoment in der x,y-Ebene.

Anders als bei der Mechanik, wo die Probemasse durch den Hebelarm auf der Bahn gehalten wird, ist es bei einer Probeladung das Magnetfeld. Die Lorentzkraft wirkt genau so, wie die aus der Mechanik bekannte Hebelwirkung, nur dass jetzt anders

---

135 H. A. Lorentz: *Versuch einer Theorie der electrischen und optischen Erscheinungen in bewegten Körpern*, 1895
https://de.wikisource.org/wiki/Versuch_einer_Theorie_der_electrischen_und_optis chen_Erscheinungen_in_bewegten_K%C3%B6rpern (abgerufen am 13.04.2023)

als bei Newton die Ursache der Rotation in der Draufsicht von Abb. 35 verständlich wird. Haben nämlich der Geschwindigkeitsvektor der Probemasse und der magnetische Flussvektor die gleiche Richtung, bewegt sich die Probemasse kraftfrei auf der magnetischen Feldlinie, weil der Sinus des eingeschlossenen Winkels zwischen beiden Vektoren Null ist.

Diese Tatsache erklärt sowohl die Schwerelosigkeit der Astronauten in einer Raumstation als auch die Tatsache, dass die Elektronen strahlungsfrei in der Atomhülle gehalten werden.

Betrachtet man die Seitenansicht von Abb.35 wird man unwillkürlich an die Wellenfunktionen der Quantenmechanik $\psi(\vec{x},t)$ bzw. $\psi(\vec{p},t)$ von Erwin Schrödinger erinnert, die in ihrer theoretischen Einführung völlig aus dem Nichts geholt scheinen und die Aufenthaltswahrscheinlichkeit eines Elementarteilchens beschreiben sollen, weil es für den Beobachter unmöglich ist, ein Elementarteilchen wegen seiner Geschwindigkeit exakt zu lokalisieren. Sobald die Wahrnehmung eines Beobachters langsamer als die Geschwindigkeit des beobachteten Objektes oder die Auflösung eines Beobachtungsgerätes geringer als die beobachtete Teilchengröße ist, wird die Abbildung unscharf. Heisenbergs Unschärfe ist kein a priori Naturgesetz, sondern bedingt durch die Reaktionsfähigkeit des Beobachters bzw. die notwendige Belichtungszeit des Aufnahmegerätes.

Nun könnte man meinen, dass die Helix der z-Richtung geradlinig folgen würde. Dem ist zum Leidwesen des Mathematikers nicht so. Erinnern wir uns an Maxwells Gleichungen. Da wurde von elektrischen und magnetischen Wirbeln gesprochen, allerdings nicht über ihr Größenverhältnis zueinander. Gewöhnlich sind elektrische Wirbel viel größer als magnetische. Wir sprechen nicht umsonst von einem Stromkreis.

Schon Hermann von Helmholtz hat in seiner mechanischen Wirbeltheorie von 1856 darauf hingewiesen, dass Wirbelfäden, wenn sie nicht auf eine Phasengrenze stoßen, sich deren Enden zu einem Wirbelring zusammenfinden.[136])

In der Elektrodynamik finden wir eine Kombination von Wirbelring oder Wirbelspirale und Wirbelhelix, wenn Körper durch zwei aufeinander senkrecht stehende Bewegungen unterschiedlicher Geschwindigkeiten angetrieben werden. Ein solches System ist die Planetenbewegung, in die unsere Erde eingeschlossen ist.

Die Sonne bewegt sich mit einer Geschwindigkeit von etwa 230±10 km/s um das Zentrum der Milchstraße und die Erde bewegt sich mit einer Geschwindigkeit von 29,78 km/s um die Sonne, wobei die beiden Geschwindigkeiten unter einem Winkel von 62,6° + 23.5° = 86,1° fast senkrecht aufeinander stehen. (Abb. 40; Die Erdachse zeigt in die falsche Richtung. Der Polarstern liegt näher zur galaktischen Ebene).

Da die Sonnenbahn in der galaktischen Ebene wegen ihrer elektrischen Ladung wobbelt, beobachten wir ein Wandern des Nordsterns um die Drehachse der Erde in 25.700 bis 25.850 Jahren. Das wird fälschlicherweise als Präzession angesehen. Dazu müsste aber der Südpol festgehalten werden, was nicht der Fall ist. Freie Rotationsachsen liegen stabil im Raum.

Freie Teilchenströme im kosmischen Maßstab bestehen in der Regel aber aus zwei gegenläufigen Wirbelfäden, die sich verdrillen. Sie werden als Birkelandströme zu Ehren von Kristian Birkeland, einem norwegischen Physiker, der bei der Untersuchung

---

136 H.v. Helmholtz – *Abhandlungen - Über Wirbelbewegungen in Ostwalds Klassiker der Exakten Wissenschaften Bd1;* ISBN 3-8171-3001-5

des Nordlichtes um die Jahrhundertwende zum 20. Jahrhundert diese Ströme entdeckt hat. Seine glänzende Entdeckung wurde durch die Weltraummissionen des U.S. Navy Satelliten 1963-38C bestätigt. Das erklärt die vielen Doppelsternsysteme. Bis zu einer Entfernung von 20 Lichtjahren identifizierte man rund 60% aller Sterne als Doppelsternsysteme. [137])

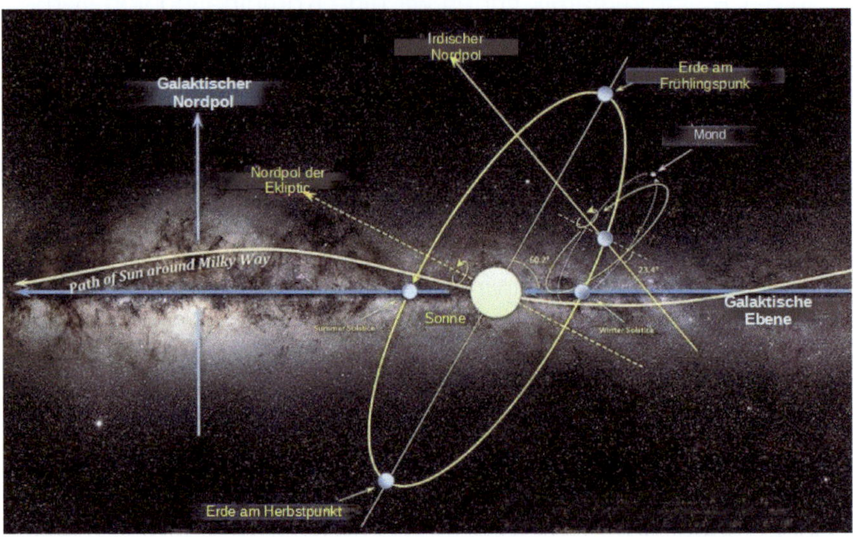

Abbildung 40: Bahn der Sonne mit Erde und Mond - Quelle: ESO/S. Brunier

Was treibt aber alle diese Ströme an?

---

137 http://www.wienerzeitung.at/Desktopdefault.aspx?
TabID=3946&Alias=wzo&lexikon=Astronomie&letter=A&cob=4631 (abgerufen
am 06.06.2023)

Die Wasserbatterie des Lebens

Wasser ist eine ungewöhnliche Flüssigkeit. Gefrierpunkt, Siedepunkt, Dichte, Oberflächenspannung - selbst bei diesen grundsätzlichen Dingen verhält sich Wasser praktisch anders, als es sich der Theorie nach eigentlich verhalten sollte. Es hat die geringste Dichte bei 4 °C, gefriert aber bei 0 °C und wenn Wasser gefriert, wird es wieder leichter und dehnt sich aus, so dass Eis Felsen sprengen kann und auf dem Wasser schwimmen. Außerdem ist Wasser das Lebenselixier und mit seinem pH-Wert, der ein Maß für die Ionisierung der Flüssigkeit ist, weist es sich als ein Stromleiter aus. Wasser absorbiert Licht, erwärmt sich infolge seines Absorptionsverhaltens bei 1,4 µm und gibt dafür infrarote Strahlung bei 9 - 12 µm ab. Bei dieser Gelegenheit nimmt es Energie auf, wie in Abbildung 41 dargestellt.

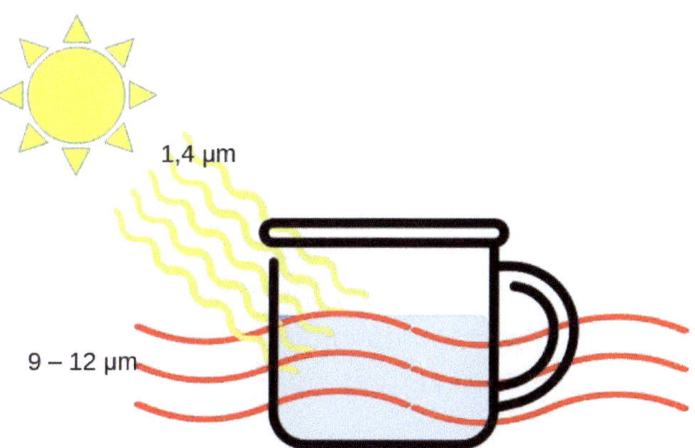

Abbildung 41: Das Teeglas als offenes System

Lange hat man geglaubt, die Wassermoleküle würden infolge ihrer inneren Energie ungeordnet in der Flüssigkeit durcheinander tanzen. Das schloss Einstein aus der sogenannten Brownschen Bewegung der Moleküle.

Doch was der Botaniker Robert Brown im Jahr 1827 in einem Wassertropfen unter dem Mikroskop beobachtete, waren unregelmäßig und ruckartig sich bewegende kleine Schwebeteilchen, die unmöglich die Folge ungeordneter Molekülbewegungen des Wassers sein konnten. Dazu ist das Masseverhältnis zwischen Molekül und bewegtem Teilchen viel zu gering. Da müssen sich unter dem Einfluss des Lichtes schon größere Einheiten als Moleküle zusammenfinden, um unter dem Mikroskop sichtbare Bewegungen von etwa 6 µm große Partikel mittels 0,2 nm großen Wassermolekülen auszulösen. Das sind immerhin etwa $4^3 = 64$ Größenordnungen im Massenunterschied.

Wir brauchen eine andere Erklärung für die Bewegung der Partikel!

Von der Rüttelplatte im Straßenbau haben wir gelernt, dass Schwingungen den Boden mit dem geschütteten Kies verdichtet. Auch die akustischen Schwingungen, die Klangfiguren aus Sandkörnern auf Unterlagen zaubern, bewirken temporäre Verdichtungen. Warum sollen elektromagnetische Strahlen das mit Wassermolekülen nicht auch können?

Ungeordnete Teilchen nehmen mehr Platz ein als geordnete, wenn sie keine perfekte Kugelgestalt haben. Da Wassermoleküle durch die Anordnung der Protonen auf dem Sauerstoff einen Dipol ausbilden, kann man davon ausgehen, dass Lichtstrahlung wie die Rüttelplatte wirkt und mehr Ordnung im Wasserglas schafft.

Dabei bilden die Wassermoleküle über die Wasserstoffbrücken Strukturen heraus. Kurzwelliges Licht hoher Frequenz fällt auf das Wasser und langwellige Wärmestrahlung wird zurückgeworfen. Hier gilt die Plancksche Strahlungsformel. (Abb. 41)

$$h_{inp} \cdot v_{inp} = h_{in} \cdot v_{out} \quad wenn \quad v_{inp} > v_{out} \rightarrow h_{inp} < h_{in} \qquad (3.08)$$

Bei Energieerhaltung muss das Wirkungsquantum h_{in} des Wassermoleküls gegenüber dem Wirkungsquantum der einfallenden Strahlung größer sein, wenn es langwellige Wärmestrahlung an die Umgebung abgeben soll. Dazu muss es selbst zu Schwingungen angeregt werden. Je größer ein schwingender Körper ist, desto niedriger ist seine Eigenfrequenz. Das ist in der Akustik ebenso wie in der Elektrodynamik. Wenn dabei die Temperatur konstant bleibt, fließt mehr Entropie ab, als im Wasser bleibt. Ich erinnere an:

Die Umgebung ist kalt und zwar kälter als die des Teeglases.
Im Teeglas ordnen sich die Moleküle

Nachdem wir nun wissen, dass sich die Wassermoleküle unter Lichteinfluss ordnen, müssen wir noch klären, wie sie sich ordnen?

Wenn wir uns Schneekristalle ansehen, so können wir schlussfolgern, dass im Mikrobereich die Struktur der Anordnung von Wassermolekülen ebenfalls eine sechseckige flächige Gestalt haben muss. (Abb. 42) Unsere Vermutung ist: Eis muss aus vielen dünnen gegeneinander verschiebbaren Molekülschichten bestehen, die es plastisch machen. Die einzelnen Wassermoleküle schließen sich unter Abgabe von Entropie zu einer Wabenstruktur zusammen, wie wir sie an Schneekristallen beobachten können. Ausgedehnte Wasserflächen bilden von oben her Eisflächen. Unter Aufnahme von Entropie schmilzt das Eis wieder, weshalb es als natürliches Kühlmittel verwendet werden kann.

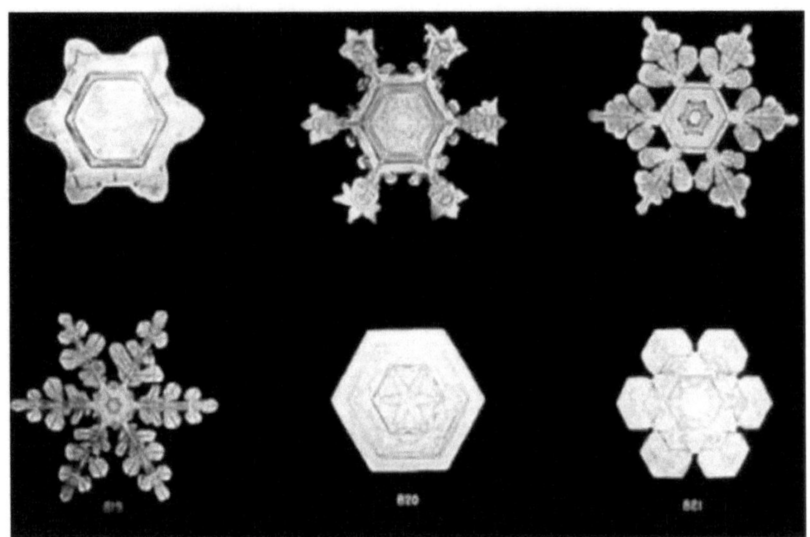
Abbildung 42: Schneekristalle Quelle: W. Bentley 1902

Schauen wir uns ein Wassermolekül etwas genauer an: Das Sauerstoffatom besitzt zwei in einander liegende Stromwirbel, symbolisiert durch die K- und die L-Schale des Bohrschen Atommodels. Die K-Schale wird von zwei mit entgegengesetztem magnetischem Moment besetzten Elektronenbahnen gebildet, auch als Orbital bezeichnet. Die darüber liegende L-Schale kann vier Orbitals aufnehmen, wird aber nur von sechs Elektronen besetzt. So bleiben zwei bindungsfähige Orbitals für die Aufnahme je eines Elektrons von zwei weiteren Wasserstoffatomen übrig. Nun würde man annehmen, dass sich die beiden Protonen der Wasserstoffatome rechts und links an das Sauerstoffatom über je ein freies Orbital anlagern, um mit ihrem Elektron die Orbitals aufzufüllen.

Nein, sie bilden einen Winkel von 104,45° mit dem Sauerstoffatom und erzeugen so einen Dipol, sodass sich an der negativen Seite des Sauerstoffatoms ein weiteres Proton anlagern kann. Die Ursache für die Dipolbildung ist das Vorhandensein eines äußeren elektrischen Feldes der Umgebung. Nun kann jedes Proton auf Grund seiner Ladung zwei Elektronen binden, auch wenn es nur ein Elektron chemisch binden kann, was zu einer Wasserstoffbrückenbindung führt.

Eine Wasserstoffbrückenbindung entsteht, wenn zwei stark elektronegative Atome über ein Wasserstoffatom in Verbindung stehen.

Die Wasserstoffbrückenbindung ist eine schwächere Verbindung als die chemische Bindung, wo das Elektron in die Atomhülle gebundenen Atoms aufgenommen wird.

Das Wasser befindet sich in einem äußeren elektrischen Feld, was zwischen Erde und Ionosphäre existiert. Die elektromagnetische Strahlung, wie Licht- und Wärmestrahlung mit ihren Schwingungen, wirkt wie die Rüttelplatte im Straßenbau. Sie ordnet und verdichtet das Wasser unter Entropieentzug. Das Ergebnis dieses Vorgangs ist in Abbildung 43 zu sehen.

Bei der Struktur fällt auf, dass sowohl chemische als auch die Brückenbindung gemeinsam als Bindung wirken und das führt dazu, dass in jeder Wabe ein Sauerstoffatom mit zwei ungesättigten negativen Bindungen existieren und zwei Protonen aus der Struktur vertrieben werden.

Das ist das typische Bild einer elektrochemischen Doppelschicht, wie sie erstmalig von Hermann von Helmholtz beschrieben wurde. Eine solche Schicht bildet sich vorzugsweise an einer hydrophilen Phasengrenze aus. Daran lagern sich dann gewöhnlich weitere Schichten an, die in der Regel bis auf etwa einen viertel Millimeter anwachsen können, wie Gerald Pollack beobachtet hat.

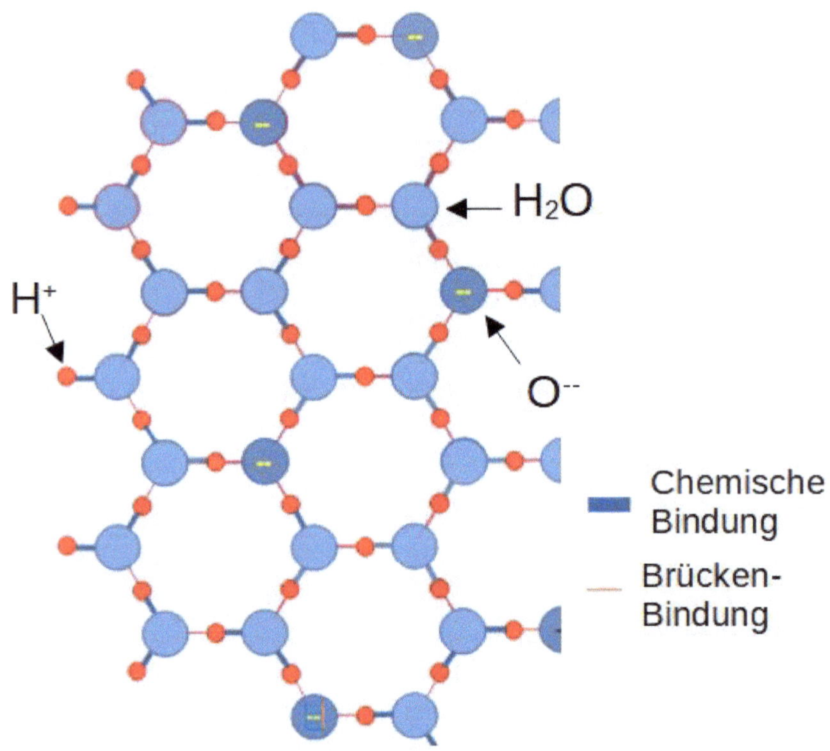

Abbildung 43: Die Ordnung der Wassermoleküle bildet eine Doppelschicht aus

Diese Zone mit dem mysteriösen Wasser wurde von Pollack[138] „Exclusion Zone" (EZ) getauft, weil sich das Wasser in dieser Zone nicht nur ordnet, sondern in faszinierender Weise auch selbst reinigt, weil diese Ausschlusszone keine Fremdkörper duldet: Diese Ausschlusszone besteht aus einzelnen gegeneinander verschiebliche Blätter von elektrischen Doppelschich-

---

138 G. H. Pollack – *The Fourth Phase of Water: Beyond Solid, Liquid, and Vapor* Ebner&Sons Verlag Seatle WA USA, ISBN 978-0-9626895-3-6

ten übereinander gestapelt, die alle gelösten Stoffe aus dieser Zone verdrängen.

Über eine Eisen- und eine Kupferelektrode kann man dann die entstehende Spannung ableiten, wie es erstmals Luigi Galvani 1780 tat und sich wunderte, dass der Muskel eines Froschschenkels zu zucken begann. Die Zugabe von Säure liefert dann die zusätzlichen Protonen, um den Stromfluss zu verstärken.

Im Gegensatz zu gewöhnlichem Wasser, das aus mehr oder weniger frei beweglichen Wasser-Molekülen besteht, die nur kurzzeitig größere Cluster bilden, ist die Ausschlusszone also ein flüssiger Kristall von höchster Regelmäßigkeit und sie bildet sich stets an hydrophilen Phasengrenzen. So erklärt sich auch die Oberflächenspannung des Wassers gegenüber der Luft. Streng genommen ist EZ-Wasser chemisch gar kein Wasser mehr.

Das beweist die Aufnahme von mit pH-sensitivem Farbstoff versetztem Wasser in einer kleinen Glasküvette, die von Pollack angefertigt wurde. Sie zeigt auch, dass der Farbstoff aus der EZ-Zone unmittelbar oberhalb von dem Nafion[139]), einem fluorierten Kunststoff, verbannt ist. Der Ladungsunterschied zwischen der EZ-Zone und der mit Protonen angereicherten Zonen ist groß genug, dass sie wie eine winzige Batterie funktioniert.

Das ist Photovoltaik aus dem Wasser.

---

139 Nafion eine Teflon-ähnliche Folie, die für Anionen wie O^{2-} nicht durchlässig ist.

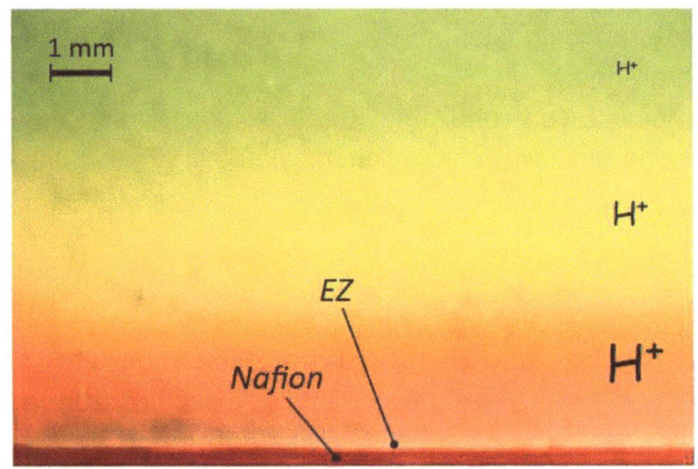

Abbildung 44: Die Wasserbatterie -Quelle: G. Pollack

Schnell wurde Pollack klar, dass das Licht die Stärke der EZ-Schicht des Wassers beeinflusst und von allen Wellenlängen ist es das infrarote Licht mit einer Wellenlänge von 3 µm, das die stärksten Effekte hervorruft.

Mit anderen Worten: Die Wasserbatterie (Abb. 44) wird durch Infra-Rot-Strahlung und Wärme aufgeladen. Eigentlich wissen wir von unserer Autobatterie, dass sie uns besonders bei Frost Probleme bereiten kann, weil da ihre Kapazität mitunter nicht mehr ausreicht, um den Motor zu starten.

Tröpfchen und Blasen

Nun können wir uns der Frage, wie das Wasser der Saale auf den Berg kommt, wieder zuwenden. Unsere Atmosphäre ist ein Gas-Wasser-Gemisch. Der Wasserdampfgehalt schwankt zwischen einem zehntel Volumenprozent an den Polen und drei Volumenprozent in den Tropen, mit einem Mittelwert von 1,3 Vol.-% in Bodennähe. Das wird meist vergessen. Der Anteil von CO_2 beträgt dagegen nur 0.04 Vol.-%, also nur drei Prozent des Wasserdampfes.

Am Taupunkt ist das Gas-Wasser-Gemisch an der Phasengrenze in einem Gleichgewichtszustand, bei dem sich Kondensation und Verdunstung des Wassers genau die Waage halten.

Wenn das Wasser kondensiert, geschieht das an Kondensationskeimen. Das sind in der Regel hydrophile Oberflächen, wie etwa winzige elektrostatisch aufgeladene Staubpartikel oder Ionen, um die sich dann mit Hilfe elektromagnetischer Strahlung negative EZ-Schichten von Wassermolekülen bilden. Diese Schichten bilden eine Oberflächenspannung der Tröpfchen heraus. Überflüssige Protonen sammeln sich innerhalb und außerhalb der Tröpfchen an. Nebeltröpfchen haben die Größe von mindestens 1µm Durchmesser aufwärts, wenn sie sichtbar werden, denn sie müssen deutlich größer sein als die Wellenlänge des reflektierten Lichtes. Das sind dann schon Milliarden von Wassermolekülen. Zwischen dem negativen Erdpotential und der positiven Stratosphäre steigen sie entlang des Temperaturgradienten auf bis das Kräftegleichgewicht zwischen Erdanziehung und elektrischer Potentialkraft erreicht ist. Als Regentropfen fallen sie in der Größenordnung von einem halben Millimeter wieder auf die Erde. Dabei findet eine elektrische Entladung zwischen der Erde und der Hochatmosphäre statt.

Nebeltröpfchen kondensieren gern an hydrophilen Staub- oder Rußpartikeln. Folglich haben die sich bildenden Wolken nach außen eine negative Ladung und nur weil unsere Erde ebenfalls eine negative Ladung hat, können sich tonnenschwere Regenwolken am Himmel halten ohne abzuregnen. Protonen gibt nicht nur das Wasser ab, sondern die Wolken werden auch durch den Sonnenwind ständig mit neuen Protonen beliefert. (Abb. 45) So können auch ionisierende Partikel entlang ihrer Bahn in einem übersättigten Gas-Dampf-Gemisch eine Nebelspur erzeugen.

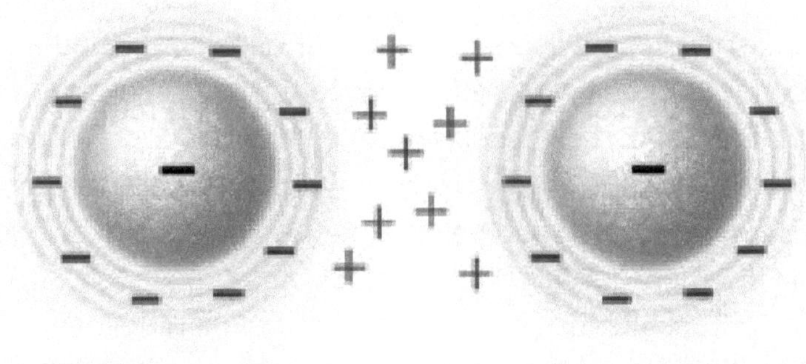

Abbildung 45: Tröpfchen und Blasen – Quelle : G. Pollack

Ein einziges Ruß-Partikel von 5-10 µm löst dabei einen Prozess aus, der Milliarden von Atomen schlagartig in ein Struktur zwingt, die plötzlich sichtbar wird. Im Wasser wirkt dieser Effekt so, dass die Brownsche Bewegung durch die Anlagerung von EZ-Wasser an die Pollenkörner zu Verschiebungen der Ladungsverhältnisse im belichteten Wasser führen und damit zu ihrer ruckartigen Bewegung.

Diesen Effekt nutzt man auch im Labor zum Studium des Verhaltens von Ladungsträgern in Nebel- und Blasenkammern. Ein übersättigtes Gas-Dampf-Gemisch kann man auf zweierlei Arten erzeugen. Im ersten Fall nutzt man die schlagartige Entspannung, wie wir sie auch bei der Wärmepumpe sehen werden.

Die erste Nebelkammer baute 1912 der britische Physiker Charles T.R. Wilson. Diese Kammer besteht aus einem zylindrischen Gefäß, das auf der einen Stirnfläche mit einer Glasplatte und auf der anderen Seite mit einem verschiebbaren Kolben verschlossen ist. Es enthält wasserdampfgesättigte Luft.

Durch das plötzliche Zurückreißen des Kolben wird das Gasvolumen im Gefäß vergrößert. Dadurch expandiert das Gas und kühlt ab, wobei es nun mit Wasserdampf übersättigt ist. Jedoch bilden sich erst Nebeltröpfchen, wenn Kondensationskeime in Form von elektrisch geladener Teilchen vorhanden sind. Dringen nun in das Gefäß elektrisch geladene Teilchen mit hoher Geschwindigkeit ein, dann ionisieren sie auf ihrer Bahn die umgebenden Moleküle und sie formieren sich schlagartig zu kleinsten Tröpfchen mit einer Membran aus einer EZ-Struktur, ehe sie sich durch die Brownsche Bewegung merklich verschieben und sich zu größeren Tröpfchen vereinen. Durch Anlegen eines Magnetfeldes, kann man die Bahn der Teilchen beeinflussen und auf die Art der Ladung des eindringenden Teilchens und seiner Energie schließen. Der Vorgang erfordert eine schnelle fotografische Aufzeichnung.

Das Gegenteil zum Tröpfchen in der Luft ist die Gasblase im Wasser. Auch sie ist umhüllt von einer Schicht EZ-Wasser, wie Pollack herausgefunden hat. Wenn wir eine mit Kohlendioxid versetzte Mineralwasserflasche öffnen, bilden sich an den Glaswänden sofort eine Menge von aufsteigenden Gasbläschen, die auf der Zunge dann das säuerlich prickelnde Gefühl erzeugen. Durch einen gewissen Überdruck ist das Kohlendioxid in der Flasche gelöst. Sobald die Flasche geöffnet wird, ist das Wasser-Gas-Gemisch übersättigt und an den Kondensationskeimen der Flaschenwand bilden sich die Blasen, die wiederum mit einer EZ-Membran ausgekleidet sind, wie Pollack nachgewiesen hat. Analog zur Nebelkammer wird auch die Blasenkammer[140]) zum Nachweis radioaktiver Strahlung genutzt. (Abb. 46)

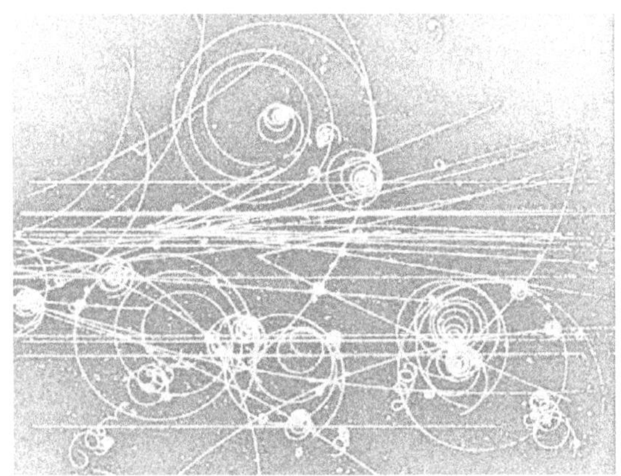

Abbildung 46: Blasenkammeraufnahme – Quelle: CERN

Hier verwendet man das Prinzip der Überhitzung des Arbeitsgemisches. Hierzu wird eine Flüssigkeit – je nach Einsatzbereich zumeist entweder Wasserstoff, Xenon oder Propan – in die Nähe des Siedepunktes gebracht und durch plötzliche Verringerung des Drucks überhitzt. Durchqueren nun ionisierende Teilchen den Detektor, so beginnt die Flüssigkeit entlang der Teilchenbahn zu sieden. Doch von der Ionisationsbahn des Impulses auf das Verhalten des auslösenden Teilchens zurück zu schließen, halte ich für sehr gewagt, da zwar der Impuls in einem dichten Medium weitergegeben wird, aber nicht notwendigerweise das Teilchen selbst.

Am Europäischen Kernforschungslabor CERN waren Blasen-

---

140 https://de.ilovevaquero.com/tehnologii/109004-puzyrkovaya-kamera-princip-deystviya-ustroystvo-shema-preimuschestvo-i-nedostatki-puzyrkovoy-kamery.html (abgerufen am 16.03.2023)

kammern mit flüssigem Wasserstoff bis 1984 als Detektoren im Betrieb.

Die Blasenkammer zeigt zwar die Auswirkung beschleunigter Ionen, aber das auslösende Ion selbst liegt unterhalb der Nachweisgrenze. Die Hochenergiephysik schließt hier induktiv aus der Wirkung auf die Ursache, was der Kausalität widerspricht und nur eine Vermutung ist, die auf dem Glauben an die Symmetrie der Welt beruht, die kein dynamisches Gleichgewicht kennt. Unterhalb der Ebene der verschiedenen Mikroskope oder jenseits der verschiedenen Teleskope können beim Nachdenken über das materielle Universum Phänomene und Strukturen von keinem unserer Sinne direkt erfasst werden, weshalb wir einen deterministischen Zusammenhang vermuten oder ihn ausschließen müssen.

So wissen wir nicht, ob die einzelne Blasenspur eindeutig jeweils einem einzigen geladenen Ursprungs-Teilchen zugerechnet werden kann. So ist es nicht ausgeschlossen, dass ein Teilchen seinen Impuls in mehrere Blasenspuren verteilt und der Umkehrschluss zu der Annahme kommt, dass das Teilchen sich gespalten hätte.

Die Konvektion

Henri Claude Bénard, ein französischer Physiker, hat erstmals um 1900 experimentell herausgefunden, dass ein von unten erwärmtes Fluid (Flüssigkeit oder Gas) ab einer kritischen Temperaturdifferenz zwischen unten und oben Konvektionszellen ausbildet, in denen ein Förderband läuft, um die Wärme effektiver als durch Wärmeleitung zu transportieren. Dieses Phänomen hat dann 1916 Lord John William Rayleigh; ein englischer Physiker; versucht, theoretisch zu beschreiben. Doch nach Manuel Velarde ist die Theorie nur bedingt anwendbar auf die Bénardschen Zellen.[141] Noch heute sind selbst einfache Konvektionsströme für die theoretische Physik eine Herausforderung. Die Kraft, die die Konvektion verursacht, ist abhängig von der sich ändernden Temperaturdifferenz infolge der Konvektionsbewegung und diese hat wiederum Rückwirkung auf den Wärmefluss. Gekoppelte Differenzialgleichungssystem lassen sich am besten mit zellulären Automaten bearbeiten. Dazu muss man aber die Umweltbedingungen der einzelnen Zellen kennen.

In den neunziger Jahren des zwanzigsten Jahrhunderts sah man die Konvektionszellen fälschlicherweise als ein Beispiel der Selbstorganisation an.[142] Organisationen sind dadurch gekennzeichnet, dass alle Mitglieder ein gemeinsames Ziel verfolgen. Das ist bei unbelebter Materie nicht erkennbar. Ich bevorzuge hier den Begriff Stigmergie, der das Zusammenwirken von Molekülen infolge ihrer Ladungsfelder zum Ausdruck bringt.

Wir leben auf einem Wasserplaneten, dessen Oberfläche durch Sonnenstrahlung erhitzt wird. Aus diesem Grund enthält

---

141 M.C. Velarde u. Ch. Normand – *Konvektion,* https://www.softmatter.physik.uni-muenchen.de/teaching/fortgeschrittenenpraktikum/konvektion/velarde_konvektion.pdf (abgerufen am 15.03.2023)

142 K.W. Kratky u. F.Wallner - *Grundprinzipien der Selbstorganisation;* Wissenschaftliche Buchgesellschaft,1990, ISBN 3534-10971-6

unsere Luft einen nicht zu vernachlässigenden Anteil an Wasserdampf, der recht großen Schwankungen unterliegt. Gerade am Beispiel von Wasser wird die Entropieänderung sichtbar, wenn sich Wasser in den Dampfzustand umwandelt. Hier löst sich die Struktur der Flüssigkeit auf und bildet eine neue Struktur infolge der Bläschenbildung. Bei weiterer Wärmezufuhr wird sich dann nicht die Temperatur erhöhen, sondern erst einmal die Entropie. Umgekehrt wird die Wärmemenge wieder frei, wenn der Dampf kondensiert, ohne dass sich die Temperatur ändert. Es entstehen Nebeltröpfchen.

Wird nun dem System weiter Wärme zugeführt, muss sie im System schneller transportiert werden, als das es durch Diffusion möglich wäre. Gasblasen und Wassermoleküle haben unterschiedliche Größen und damit unterschiedliche Geschwindigkeiten, was zur Wirbelbildung führt.

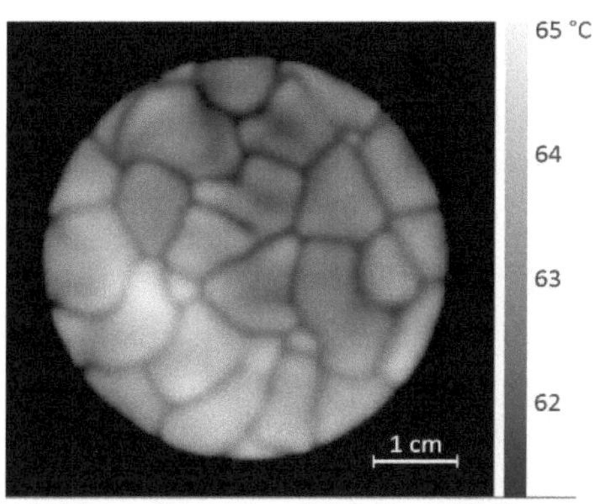

Abbildung 47: Wärmebild einer Kaffeetasse von oben - Quelle: G. Pollack

Das erwärmte Wasser kühlt an der Oberfläche ab und sinkt wieder zu Boden. Daneben steigen die Dampfblasen umgeben von einer EZ-Folie auf und kühlen ihre Umgebung ab. So wird der Transport der Wärme durch die Flüssigkeit bewerkstelligt und dabei das charakteristische Muster auf seiner Oberfläche erzeugt. (Abb. 47) Diese Art Wärmetransport wird als Konvektion (von lat. convehere = **mittragen, mitnehmen**) bezeichnet. Die

Konvektion ist, neben Wärmeleitung und Wärmestrahlung, ein wichtiger Mechanismus zum Transport von thermischer Energie.

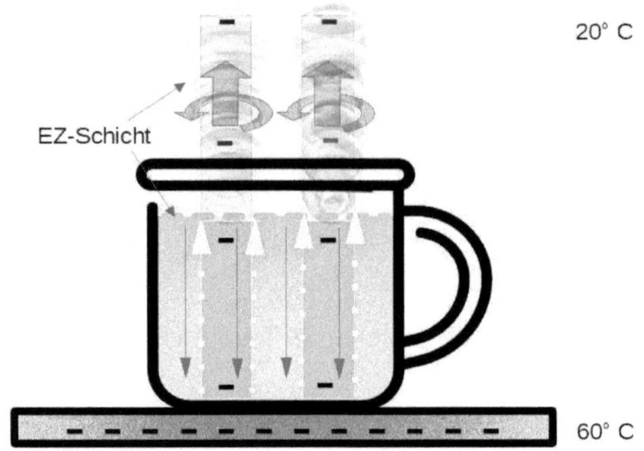

Abbildung 48: Stigmergie in der Kaffeetasse

Schauen wir uns nun den Wärmetransport in einer Kaffeetasse mit Hilfe einer Wärmekamera an, wie es Pollack getan hat, so stellen wir fest, dass wir beim Verdampfen des Wassers an der Oberfläche die besagten Konvektionszellen beobachten. Wenn wir nun die Kaffeetasse von der Seite betrachten, erhalten wir eine schematische Darstellung in Abbildung 48:

Am Boden der Kaffeetasse bilden sich Dampfblasen, die umhüllt sind von EZ-Wasser, deren Oberfläche eine negative Ladung aufweist. Es ist also nicht so, dass einzelne Wassermoleküle die Oberfläche des Kaffees verlassen und sich mit der Luft mischen. Sie werden auch nicht plötzlich leichter, sondern ihre Dichte nimmt ab, sowie die negative Ladung im Verband bewirkt das Aufsteigen in der Luft, da die thermoelektrischen Auftriebskräfte die Gravitation überwiegen.

3.2 Entropie in dynamischen Systemen

Mehrfach haben wir den Begriff Entropie verwendet, ohne ihn richtig fassen zu können. Zuerst war er an die Wärmeenergie geknüpft und in Verbindung mit Unordnung benutzt. In einem geschlossenen System kann die Unordnung nur größer werden, sagt der zweite Hauptsatz der Wärmelehre und der Kosmos soll irgendwann den Wärmetod erleiden, wird uns vorausgesagt.

Doch wieso können sich dann Schneekristalle bilden, die eindeutig eine höhere Ordnung aufweisen als das Wasser? Diesem Phänomen wollen wir in diesem Abschnitt nachspüren.

Das geschlossene System ist eine Idealisierung. Kein reales System ist ganz geschlossen. Ob wir einen Schöpfergott akzeptieren oder nicht, wir haben immer eine Kraft, die ständig in unsere Systeme über eine Impulskette eingreift. Folglich müssen wir jedes System für Energieerhalt offen denken.

Die alten Ägypter verehrten die Sonne in ihrer Personifizierung *Ra* oder *Amun* als Gottheit, wie auch viele andere Kulturen rund um die Welt mit Namen, wie *Helios, Mitra, Viracocha, Utu*, um nur einige zu nennen. Die Liste der Sonnengottheiten ist lang. Die Strahlen der Sonne scheinen die schöpferische Kraft zu besitzen, wie wir in jedem Frühling neu erleben können. Unser Planet ist folglich ein offenes System. Er ist offen für die elektromagnetische Strahlung der Sonne, und diese gibt der irdischen Natur den Takt vor und damit liefert sie auch Information.

Unsere wichtigste bisherige physikalische Erkenntnis ist, dass Einsteins Energie-Masse-Relation unter dem Aspekt der Dynamik zu betrachten ist und dass die Ausbreitung von elektromagnetischer Strahlung keine Vorzugsrichtung hat. Das hat zur Folge, dass Lichtimpulse, wie Funkwellen oder Wärmestrahlung in einem homogenen Volumen in alle Richtungen gleich verteilt werden, weshalb man der Lichtgeschwindigkeit keine Vektoreigenschaften zuweisen kann.

Die Frage ist nun, wie diese Strahlung in einem Sektor mit der dort vorhandenen Materie wechselwirkt. Max Planck hat 1900 das Strahlungsgesetz für den schwarzen Strahler entdeckt und den Zusammenhang zwischen Strahlungsfrequenz, Energie und Temperatur eines materiellen Körpers.

So erhalten wir von der Strahlungsenergie S der Sonne immer nur einen Teil dS_{inp} auf ein offenes System und es wird einen anderen Teil dS_{out} wieder abstrahlen. Warum setze ich Strahlungsenergie gleich der Entropie? Sie ist es bei konstanter Temperatur. Die Strahlung ist nicht monochromatisch, sondern ein Spektrum vieler Frequenzen und damit hat sie eine Struktur und Struktur bedeutet Information. Neben dem mechanischen, thermischen und elektrischen Aspekt der Energie ist die Entropie der informelle Aspekt der Energie.

Nun haben wir gelernt, dass in einem geschlossenen System der zweite Hauptsatz der *Thermodynamik* gilt, dass die Entropieänderung dort stets positiv ist. In einem offenen System ist das anders. Unser Wissen über die Thermodynamik geht auf den deutschen Physiker und Mathematiker Rudolf Clausius zurück. Er ist einer der Begründer der Thermodynamik. Durch seine bereits erwähnte Neuformulierung des Carnot'schen Kreisprozesses um 1850 stellte er die Theorie der Wärme auf eine wissenschaftlich klare Basis. Mit seiner wichtigsten Publikation zur mechanischen Theorie der Wärme formulierte als erster die Grundidee des zweiten Hauptsatzes der Thermodynamik. Allerdings konnte er noch nicht zwischen Wärmestrahlung, Wärmeleitung und Konvektion unterscheiden.

Wärme kann nicht von selbst von einem kälteren zu einem wärmeren Körper strömen.

In dieser Publikation war auch bereits das Konzept der Entropie enthalten, die er als ein Maß für die Transformationsäquivalenz ansah.[143])

Die Thermodynamik ist einerseits Ausdruck einer molekularen Mechanik, die von Ludwig Boltzmann in den 70er Jahren geschaffen wurde, und andererseits Ausdruck einer molekularen Elektrodynamik. Mit anderen Worten:

Die Thermodynamik ist das zentrale Brückenelement zwischen Mechanik und Elektrodynamik, und unsere Welt ist in ihrer Dynamik asymmetrisch.

Nur wie soll in einem geschlossenem System eine Dynamik aufrecht erhalten bleiben, wenn alles einem stabilen Gleichgewicht zustrebt? Außerdem kann man für ein geschlossenes System nicht erklären, wie Wasser gefrieren kann, was eine höhere molekulare Ordnung schafft als im flüssigen Wasser vorhanden ist. Wenn ich aus einem Fluss einen Eimer Wasser schöpfe, kommt das Wasser im Eimer sofort zum Stillstand. In einem geschlossenen Gefäß kann ich keine Dynamik studieren. Innerhalb kurzer Zeit ist im geschlossenen System der Potentialausgleich vollzogen und das System ist tot.

---

143 W. H. Cropper - *Rudoph Clausius and the road to entropy;* American Journal of Physics 54, 1068 (1986); doi: 10.1119/1.14740 ; http://dx.doi.org/10.1119/1.14740 (abgerufen am 16.03.2023)

Die Dynamik eines Flusses erfordert innerhalb eines Betrachtungsrahmen einen Zufluss und einen Abfluss, also ein offenes System. Jedes reale System ist mehr oder weniger offen. Es hat einen Eingang und einen Ausgang für den Entropie- bzw. Massenaustausch mit seiner Umgebung. Ein geschlossenes System ist daher eine Idealisierung. Seine Systemgrenzen müssten absolut undurchlässig sein.

Das einfachste dieser offenen Systeme ist ein Frequenzumformer, wie in Abbildung 21 dargestellt. Er erhält elektromagnetische Strahlung einer Eingangsfrequenz und gibt sie als elektromagnetische Strahlung einer Ausgangsfrequenz wieder ab. Das ist als Compton-Effekt bekannt und wurde erstmals bei Durchgang von Gammastrahlen durch Materie nachgewiesen. Es gibt keinen Grund zu der Annahme, dass energieärmere Strahlung nicht den gleichen Effekt zeigt, nur wirkt die langwelligere Strahlung auf das ganze Atom.

Jeder Atomverband stellt unabhängig von seiner inneren Struktur und Ladung so einen Frequenzumformer dar. Wird eine dichte Schicht Atome von Licht beschienen, wird ein Teil des Lichts aus seinem Frequenzspektrum reflektiert, der Rest wird absorbiert, in mechanische Energie von Ladungsträgern umgewandelt und als thermische Strahlung wieder abgegeben. Wir stellen eine Erwärmung der Atomschicht fest. Ein Atom nimmt Energie aus dem Nanowellenbereich auf und gerät in Resonanzschwingungen. Diese Resonanzschwingungen geben dann Strahlungen im Mikrowellenbereich wieder ab.

Auf dieser Grundlage basiert auch die Wärme-Kraft-Maschine, die Wärme in mechanische Kolbenbewegung oder Turbinenrotation umwandelt. Damit wurde unsere industrielle Entwicklung in den letzten 200 Jahren vorangebracht, die Entwicklung eines offenen Systems einer Industriegesellschaft, das zunehmend mehr Entropie an die Umwelt abgibt, als diese kompensieren kann.

Unter der Maßgabe, dass die Energie erhalten bleibt, folgt nach Planck und dem Helmholtzschen Satz von der Energieerhaltung der schon mehrfach zitierte Zusammenhang

$$h_1 \cdot v_1 = h_2 \cdot v_2. \tag{3.09}$$

Wenn also kurzwellige Strahlungsenergie in ein Atomsystem eindringt und dort etwas in Bewegung gesetzt hat, muss die Energie, die herauskommt, längerwellig sein. Die Zunahme der Bewegung im System messen wir als Temperaturanstieg. Es gibt viele verschiedene Wirkungsquanten und nicht nur das Plancksche Quantum für das Elektron. Um uns Wirkungsquanten vorzustellen, denken wir an einen Bohrhammer aus dem Baumarkt, den wir an einer massiven Wand einsetzen.

Nun hat der Physikochemiker Ilya Prigogine (Илья Романович Пригожин) in den siebziger Jahren des 20. Jahrhunderts von den Physikern unbemerkt ein paar Grundaussagen über das thermische Verhalten offener Systeme gemacht. In einem geschlossenen System wächst die Entropie, so wie die nutzbare Energie abnimmt. Der zweite Hauptsatz der Thermodynamik geschlossener Systeme sagt über die Entropie:

$$\frac{dS_{\text{int}}}{dt} \geq 0 \tag{3.10}$$

oder salopp formuliert: In einem geschlossenen System kann die Unordnung nur zunehmen. Das typische Beispiel ist der Messie, ein Mensch, der in seiner Wohnung den Müll deponiert.

Der zweite Hauptsatz der Thermodynamik ist der Satz, der die Physiker immer wieder in starke Bedrängnis brachte, indem er die schöne Symmetrie brach, und nun stellt sich heraus, dass er auch noch unvollständig ist, da er nur für geschlossene Systeme gilt. Ilja Prigogine erweiterte in den Siebziger Jahren des vorigen Jahrhunderts die Gleichgewichtsthermodynamik auf eine Thermodynamik offener Systeme fernab vom thermodynamischen Gleichgewicht.

In einem offenen System gibt es kein statisches Gleichgewicht mehr, wohl aber einen stationären Energiezustand, bei dem die eingebrachte Energie gleich der abgegebenen Energie sein kann und die eingebrachte Masse auch gleich der abgegebenen Masse ist.

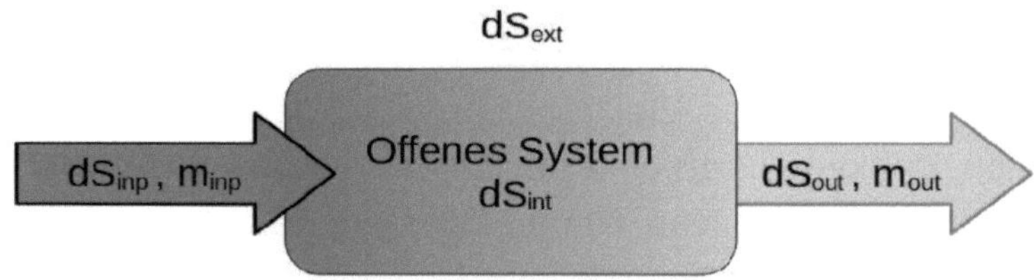

Abbildung 49: Modell eines offenen Systems

Was kann man nun über die Entropie in einem solchen System sagen? Die Entropieänderung eines offenen Systems ist die Summe aus der eingetragenen Entropieänderung und der internen Entropieänderung minus der abgegebenen Entropie. Die Differenz von eingetragener Entropieänderung und abgegebener Entropieänderung fassen wir zur externen Entropieänderung zusammen. Dann können wir schreiben: (siehe Abb.49)

$$dS_{System} = dS_{inp} + dS_{int} - dS_{out} = dS_{ext} + dS_{int} \qquad (3.11)$$

Dafür erhielt Ilya Prigogine 1977 den Nobelpreis für Chemie[144], denn er konnte damit erklären, warum sich in offenen Systemen

---

144 I. Prigogine – *Time, Structure and Fluctuations;* Nobel Lecture, 8 December, 1977 ; https://www.nobelprize.org/uploads/2018/06/prigogine-lecture.pdf (abgerufen am 20.02.2023)

unter bestimmten äußeren Bedingungen eine höhere Ordnung einstellen kann, denn obwohl $dS_{int} \geq 0$ ist, ist dS_{ext} beliebig. So kann man drei Fälle am Modell des offenen Systems unterscheiden:

1) Die Ordnung im offenen System wird aufgebaut.
Es wird mehr Entropie vom System abgeführt als intern erzeugt wird.

$$dS_{ext} < 0, \qquad dS_{int} < |dS_{ext}| \quad \rightarrow dS_{system} < 0$$

2) Es ist ein dynamisches Fließgleichgewicht erreicht.

$$dS_{ext} < 0, \qquad dS_{int} = |dS_{ext}| \quad \rightarrow dS_{system} = 0$$

3) Die Ordnung im offenen System zerfällt.
Dafür gibt es einen inneren und einen äußeren Grund
a) Es wird weniger Entropie vom System abgeführt als intern erzeugt wird.

$$dS_{ext} < 0, \quad dS_{int} > |dS_{ext}| \quad \rightarrow dS_{system} > 0$$

b) Die externe Entropie ist größer als die interne. Die innere Entropie kann nicht abgeführt werden.

$$dS_{ext} > 0, \qquad dS_{int} < dS_{ext} \quad \rightarrow dS_{system} > 0$$

Diese *Ordnung der Natur* ist nun keine neue Entdeckung, sie wurde von Prigogine nur neu formuliert. Man begegnet ihrer philosophischen Formulierung schon in den alten Veden[145] der indischen Philosophie, sie wurde in das *Samsara* (Kreislauf des Lebens) des Hinduismus übernommen und im kosmischen *Trimurti-*

---

145 Veda = Geheimwissen der Priester, altindische mündliche Überlieferungen aus
einer Zeit von vor 3000 Jahren entstanden, die wahrscheinlich ab dem 5.
Jahrhundert n. Chr. teilweise in Sanskrit gefasst wurden.

Prinzip verankert, symbolisiert durch die Götter Brahman als Schöpfer, Vishnu als Erhalter und Shiva als Zerstörer.

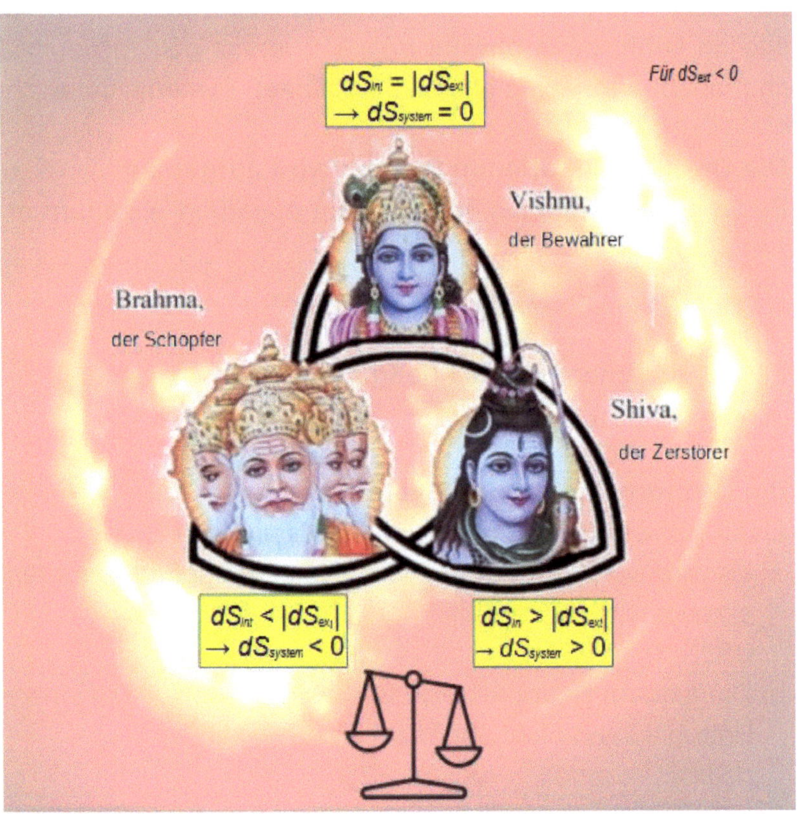

Abbildung 50: Abbild der Thermodynamik in der indischen Religion

Im Christentum ist nur noch die Dreifaltigkeit eines katholisch-patriarchalen Monotheismus davon geblieben. Diese wurde aber ihrer ursprünglichen symbolischen Bedeutung beraubt und im Sinne absolutistischer Machtansprüche umgedeutet, wie auch manch andere Grundideen umgedeutet wurden.

Das zweitausend Jahre alte **Dominium terrae**[146]) der christlichen Lehre in seiner Realisierung als globalen industriellen Revolution mit ihrem beschleunigten Energieumsatz fordert nun seinen Preis. Während es um 1750 auf der Erde etwa 795 Millionen Menschen auf der Erde gab, haben wir inzwischen 8 Milliarden Menschen weltweit. Aber unser Umgang mit der Natur hat sich noch nicht wesentlich geändert. Dafür hat sich der Stoffwechsel aber beschleunigt, indem die Produktlebenszeiten wesentlich verkürzt wurden. Damit haben wir die Erde an die Grenze ihrer Leistungsfähigkeit gebracht.

Ausdruck eines nun veränderten Naturverständnisses auch der Kirche im 21. Jahrhundert ist die Enzyklika *Laudato si'* (169 - 181)[147]) über die Sorge um das gemeinsame Haus von Papst Franziskus, denn auch er musste anerkennen, dass der Klimawandel die Kategorie 3a einleitet, den inneren Grund für den Zerfall der Ordnung in Prigogines thermodynamischem Gesetz.

Der technische Erfindergeist war auch hier Vorreiter vor der wissenschaftlichen Bearbeitung der Thermodynamik offener Systeme. 1758 erfand der Engländer Henry Wood einen Vakuummotor, der auch als Flammenfresser bekannt wurde. (Abb. 51)
Der Arbeitstakt dieses Motors besteht in der Abkühlung des Plasma-Luftgemisches im Zylinder, was zu einer stärkeren Abnahme

---

146 **Dominium terrae** ist ein theologischer Fachbegriff aus dem Alten Testament für den Auftrag Gottes an den Menschen, (Genesis 1,28 EU: *»Seid fruchtbar und mehrt euch, füllt die Erde und unterwerft sie und waltet über die Fische des Meeres, über die Vögel des Himmels und über alle Tiere, die auf der Erde kriechen!«*).

147 Papst Fraziskus - *Enzyklika Laudato si';* https://www.vatican.va/content/francesco/de/encyclicals/documents/papa-francesco_20150524_enciclica-laudato-si.html (abgerufen am 17.03.2023)

der Entropie im Zylinder führt, als die externe Entropieänderung durch Zuführung dieser Entropie ausmacht und damit zu einer Abnahme der Dichte des eingeschlossenen Gases. Der Motor läuft, weil die Trägheit des Schwungrades für die beiden andere Takte sorgt, die das Ventil über ein Kurbelgestänge bedienen und den Kolben wieder in die Ausgangslage zurückbringt.

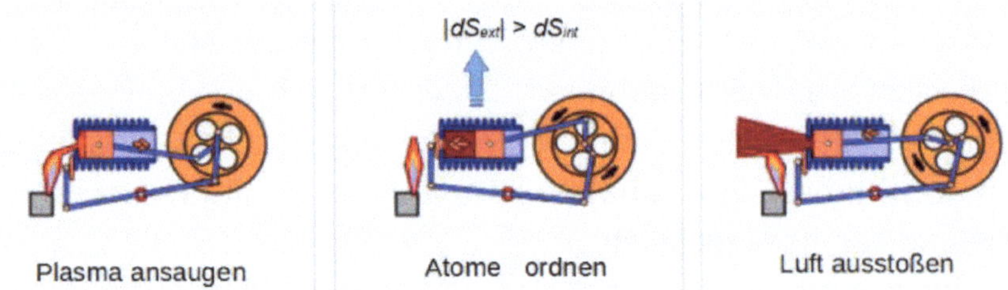

Abbildung 51: Wirkungsweise des Vakuummotors - Quelle: Wikipedia

Das schöne deutsche Wort *begreifen* wird an diesem Beispiel seinem Sinn gerecht, dass sich der menschliche Verstand über die manuellen Arbeit bildet.

Was uns aber über einige Jahrzehnte Segen gebracht hat, nämlich die thermische Energienutzung, wird uns in Zukunft auch noch viel kosten. Es ist der damit verbundene Klimawandel.

Entropie und Information

Der aus der Thermodynamik stammende Begriff der Entropie ebenso wie der technische Begriff der Information haben etwas mit struktureller Anordnung zu tun, womit sich die Physik lange schwer getan hat. Erst durch den Aufsehen erregenden Streit zwischen Stephen Hawking und Leonard Susskind über die Frage, ob Information erhalten bleibt, wenn sie in ein Schwarzes Loch fällt, rückte die Entropie in den Mittelpunkt des Interesses der Physiker. Hawking behauptete nämlich, dass Informationen in Schwarzen Löchern verloren ginge. Susskind argumentierte, dass Hawkings Behauptung eines der grundlegendsten wissenschaftlichen Gesetze des Universums verletzten würde, die Erhaltung von Informationen. Darüber hat Susskind ein aufschlussreiches Buch mit dem Titel *The Black Hole War* geschrieben[148]). Die Auseinandersetzung endete damit, dass Hawking nach jahrelangem Streit schließlich einräumen musste, dass es keine Schwarzen Löcher entsprechend der Theorie gibt.[149])

Entropie und Information sind zwei einander entsprechende Begriffe über Eigenschaften der Materie. Entropie beschreibt die Struktur des Energieflusses quantitativ, die wiederum Information ist, und das Energieerhaltungsgesetz ist eines der fundamentalen Naturgesetze. Beide Begriffe sind wie der Energiebegriff an

---

148 L. Susskind - *The Black Hole War: My Battle With Stephen Hawking to Make the World Safe for Quantum Mechanics;* Back Bay Verlag, Hachete Book Group 2008 ISBN 978-0-316-01640-7 https://www.pdfdrive.com/the-black-hole-war-my-battle-with-stephen-hawking-to-make-the-world-safe-for-quantum-mechanics-e157421678.html (abgerufen am 07.04.2023)

149 St. Hawking - *Information Preservation and Weather Forecasting for Black Holes;* arXiv Forum 2014; https://arxiv.org/abs/1401.5761 (abgerufen am 07.04.2023)

die Begriffe Masse bzw. Ladung gebunden. Niemand von wachem Verstand wird bestreiten, dass Schrift einen materiellen Träger benötigt, ebenso benötigt der Klang einen Träger, damit er unser Ohr erreicht. Heutzutage übertragen wir Informationsmengen mittels Glasfasern, einem optischen Leiter, obwohl die Relativitätstheorie dem Licht einen materiellen Träger abspricht.

Die kabelgebundene elektrische Telegrafie konnte sich erst nach 1730 durch die Erkenntnis entwickeln, dass sich elektrischer Strom entlang eines elektrischen Leiters bewegt. Elektrolyt-Telegrafen waren erst nach der Erfindung der Voltaschen Säule durch Alessandro Volta im Jahr 1800 möglich.

Mit der Verlegung von Seekabeln wurde 1850 begonnen (Dover–Calais). Der erste Versuch, ein Seekabel zwischen Europa und Nordamerika zu verlegen, gelang 1858. Das Kabel funktionierte jedoch nur einige Wochen und musste dann als unbrauchbar aufgegeben werden. Erst 1866, nach weiteren kostspieligen Fehlschlägen, wurde eine dauerhafte Telegrafenverbindung von Valentia (Irland) nach Heart's Content (Neufundland) hergestellt.

Zusammen mit Johann Georg Halske hatte Werner Siemens schon am 12. Oktober 1847 die *Telegraphen Bau-Anstalt von Siemens & Halske* in Berlin gegründet, aus der die spätere Siemens AG hervorging.1848 erhielt das junge Unternehmen einen politisch wichtigen Auftrag: die Telegraphenleitung von Berlin nach Frankfurt am Main zu erstellen, denn dort tagte die deutsche Nationalversammlung. Die Leitung wurde noch im Winter 1848/49 mit Geräten und Kabeln von Siemens & Halske gebaut.

Werner Siemens entdeckte 1866 das Dynamo-elektrische Prinzip[150]. Darauf stellte er 1867 seinen Generator auf der Pariser Weltausstellung vor, wofür er zum Ritter der Ehrenlegion er-

---

150 W. Siemens: *Ueber die Umwandlung von Arbeitskraft in elektrischen Strom ohne Anwendung permanenter Magnete.* In: *Annalen der Physik.* Band 206, Nr. 2, 1867, S. 332–335, doi:10.1002/andp.18672060113 (abgerufen am 23.03.2023)

nannt wurde. Das von Siemens entdeckte Prinzip besagt, dass ein elektrischer Generator für die Anfangserregung zur Erzeugung elektrischer Spannung keinen von außen zugeführten elektrischen Strom benötigt, sondern sich diesen selbst mittels des anfänglich geringen Restmagnetismus in der elektromagnetischen Erregerwicklung durch die elektromagnetische Induktion erzeugen kann. Der dadurch bewirkte, anfänglich sehr kleine Strom verstärkt wiederum den Magnetismus in der Erregerwicklung fortschreitend bis zum maximal möglichen Wert der magnetischen Sättigung des Eisenkerns.

Mit dieser Erfindung des ersten elektrischen Generators auf der Grundlage des wissenschaftlich begründeten Dynamo-elektrischen Prinzips gehörte Werner von Siemens zu den Wegbereitern der Starkstromtechnik. 1888 wurde Siemens durch Kaiser Friedrich III. in den Adelsstand erhoben.

Elektrische Energie, die nun in großem Umfang produziert werden konnte, und ihre Übertragung ermöglichte die Verwendung des flexibel einzusetzenden Elektromotors, der gemeinsam mit den Verbrennungsmotoren die Dampfmaschine ablöste und die zweite Phase der industrielle Revolution einleitete.

Anfang der 1870er-Jahre existierten drei Kabelverbindungen zwischen der Alten und der Neuen Welt. Alle diese Transatlantikkabel waren im Besitz der Anglo American Telegraph Company. Ihr Hauptaktionär, der Brite John Pender, verteidigte das Monopol eisern. Um diese Vormachtstellung zu brechen, beschließen vor allem amerikanische Geschäftsleute und Persönlichkeiten, eine weitere Nachrichtenverbindung zu installieren. Die Einzigen, denen man eine derartige Aufgabe zutraute, waren die Siemens-Brüder. Und diese stellen sich der Herausforderung.

Bei Siemens flossen die zwei Anwendungen der Elektrotechnik zusammen, der Transport von Energie und der Transport von Information, bzw. Entropie per Draht.

Es gibt einen Unterschied zwischen Information und Nachricht. Während Information nur eine Struktur darstellt, hat eine Nachricht eine Bedeutung für den Empfänger. Die drahtlose Nachrichtenübertragung ist mit dem Namen von Nicola Tesla verbunden, obwohl es Heinrich Hertz bereits 1886 als Erstem gelang, freie elektromagnetische Wellen im Ultrakurzwellenbereich bei einer Frequenz von etwa 80 MHz experimentell zu erzeugen und nachzuweisen.[151] Am 13. November 1886 gelang Herz im Experiment die Erzeugung elektromagnetischer Wellen und ihre Übertragung von einem Sender zu einem Empfänger ohne Draht. Damit bestätigte er die von Maxwell entwickelten Grundgleichungen des Elektromagnetismus und insbesondere die elektromagnetische Theorie des Lichts. Die von Hertz nachgewiesene elektromagnetische Strahlung eines oszillierenden elektrischen Dipols entsprach genau derjenigen, wie er sie selber aus Maxwells Gleichungen für einen punktförmigen Dipol vorher berechnet hatte.

Aber erst 1947 bearbeitete Claude Elwood Shannon den Nachrichtenkanal theoretisch[152] und schloss damit die Lücke im Verständnis zwischen Thermodynamik und Elektrodynamik, nachdem Boltzmann schon die Verbindung von statistischer Mechanik und Thermodynamik hergestellt und auch Überlegungen in Richtung Elektrodynamik angestellt hatte, jedoch noch unter dem Primat der Mechanik. Shannons Entropie unterschied sich

---

151 https://www.deutsches-museum.de/sammlungen/meisterwerke/meisterwerke-v/originalapparate/ (abgerufen am 20.03.2023)

152 C. E. Shannon: *A Mathematical Theory of Communication*. In: *Bell System Technical Journal*. Band 27, Nr. 3, 1948, S. 379–423, doi:10.1002/j.1538-7305.1948.tb01338.x (PDF). (abgerufen am 20.03.2023)

von der thermodynamischen Entropie durch den positiven Umrechnungsfaktor $k_B \cdot \ln 2$, versehen mit seiner physikalischen Einheit, dem Bit. Es handelt sich bei dem Umrechnungsfaktor um einen Normierungsfaktor im Sinne einer Skalierung. Damit schließt sich der Kreis der Dynamiken. Die Entwicklung der Nachrichtentechnik und die Miniaturisierung der Elektronik in der Mitte des 20. Jahrhunderts brachten einen neuen Schub der industriellen Revolution, der jedoch kaum Auswirkungen auf das Grundverständnis der Physik hatte. Allerdings wurde der Äther als Nachrichtenkanal nun Feld genannt. Doch ein Zitat von Albert Einstein von 1922 dazu ist bemerkenswert:

»Anfangs wurde der umwälzende Charakter der Feldtheorie noch nicht in seiner ganzen Härte erkannt. Maxwell selbst war noch davon überzeugt, dass die elektrodynamischen Prozesse als Bewegungsvorgänge des Äthers aufzufassen seien, ja er benutzte noch die Mechanik, um zu den Feldgleichungen vorzudringen. Aber in der Zwischenzeit stellte es sich immer deutlicher heraus, dass eine Zurückführung der elektromagnetischen Gleichungen auf mechanische unmöglich sei. Das Streben nach einer einheitlichen Basis der Physik zwang unter diesen Umständen dazu, den Versuch zu machen, die mechanischen Gleichungen umgekehrt auf die elektromagnetischen zurückzuführen. Dieses Streben lag umso näher, nachdem J.J. Tompson erkannt hatte, dass es eine elektromagnetische Trägheit elektrisch geladener Körper gibt, und nachdem M. Abraham gezeigt hatte, dass sich die Trägheit der Elektronen rein elektromagnetisch auffassen ließ. Mit der Zurückführung der Trägheit auf elektromagnetische Vorgänge war eine vollständige Umwälzung der Physik vollzogen, wenigstens grundsätzlich.«[153])

---

153 A. Einstein – *Über die gegenwärtige Krise der theoretischen Physik*; August 1922, https://einsteinpapers.press.princeton.edu/vol13-trans/280 (abgerufen am 21.03.2023)

Nur leider hat er dabei übersehen, dass er bei dieser Umwälzung der Physik mit seinen Relativitätstheorien sich selbst im
Wege stand. Auch seine intensiven Bemühungen um eine Feldtheorie fanden in der Folge keine Beachtung mehr. Mit der Symmetrisierung der Maxwellschen Gleichungen hatte er, der ‚Zauberlehrling', seine Aufgabe hin zu einer Entmaterialisierung der
Physik erfüllt. Den nächsten Schritt bereitete sein Meister im Vatikan vor. Siehe dazu Abbildung 52 und Abschnitt: *Zur Entstehung der modernen Physik.*

Abbildung 52: Einstein & Lemaître - Quelle:
katholisch.de/artikel/18280

Information und Gewissheit

Im Zusammenhang mit dem Begriff der Entropie traten die Begriffe Information und Wahrscheinlichkeit auf. Die neue Stufe der industriellen Revolution wird auch das Informationszeitalter genannt. Doch Information ist erst einmal nur ein Muster und noch kein Wissen. Wir wollen hier den Zusammenhang zwischen Information und Wissen über die Nachricht herstellen. Wir haben erfahren, dass Information in einem Nachrichtenkanal proportional der Wahrscheinlichkeit ihrer Übertragung ist. Information kann als wahr oder falsch bewertet werden. Wie kommen wir nun zur Gewissheit, ob eine Information richtig bewertet ist, ob wir begründete Schlüsse ziehen können, ob eine Wirkung durch immer die gleiche Ursache hervorgerufen wird? Es handelt sich um das fundamentale Kausalgesetz. Die Physik betrachtet determinierte Prozesse, die sie seit Ernst Mach mit mathematischen Funktionen annähert. Während mathematische Funktionen reeller Variabler in ihrem Definitionsbereich jedoch unbegrenzt sind, sind physikalische Funktionen durch ihren Messbereich begrenzt, also determiniert. Auf Grund dieser Kausalität kann man deduktiv Schlussfolgerungen aus determinierten allgemeinen Gewissheiten ziehen, doch sie erzeugen kein neues Wissen, da die Funktionen im Definitionsbereich bekannt sind.

Neues Wissen kann man durch Verallgemeinerung spezieller Aussagen treffen, die auf speziellen Informationen beruhen. Diese umgekehrte Schlussweise nennen wir Induktion. Doch ob die Schlussfolgerung, die auf speziellen Informationen beruht, wahr oder falsch ist, bewertet vorerst allein unser Glaube und Induktionsschlüsse funktionieren nur in engen Grenzen, die jedoch gewöhnlich unbekannt sind. Folglich sollten induktive Schlussfolgerungen zur Ähnlichkeit nur auf der Grundlage umfangreicher Daten gezogen und mit äußerster Vorsicht behandelt werden. Wir kennzeichnen Aussagen, die auf der Grundlage induktiver Schlüsse auf der Basis von Ähnlichkeitsrelationen getroffen wurden, als Hypothesen. Ob wir eine Hypothese annehmen können, oder verwerfen müssen, entscheiden wir mittels statistischer Tests.

Wir verbessern unser Wissen also mit statistischen Verfahren von Unwissenheit bis zur Gewissheit, indem wir mit dem Maß der Wahrscheinlichkeit unseren Wissensstand quantifizieren. Wenn nun aber Aussagen auf Informationen mit dem Logarithmus von Wahrscheinlichkeitswerten beruhen, dann multiplizieren sich die Wahrscheinlichkeiten, während wir die Informationen selbst nur addieren. Das bedeutet, dass, wenn man aus unsicheren Aussagen induktive Schlüsse zieht, sich deren Gesamt-Wahrscheinlichkeit verringert, diese Schlüsse stets unsicherer werden. Aus einer Hypothese, deren Wahrscheinlichkeitswert bei ½ liegt, darf man keine weitere Hypothese ableiten, denn dann sinkt die Wahrscheinlichkeit auf ¼. Solche Aussagen sind als falsch zu bewerten und zu verwerfen. Trotzdem findet man in der heutigen Welt der modernen Physik genügend Beispiele, wo aus Hypothesen neue Hypothesen generiert werden. Zum Beispiel wird auf der Basis eines Aufsatzes von Einstein[154] behauptet, dass Schwarze Löcher Gravitationswellen emittieren sollen, die man dann 2017 an Hand von Barkhausenschen Kippschwingungen im Hintergrundrauschen eines riesigen Interferometers nachgewiesen haben will.

---

154 A. Einstein - *Über Gravitationswellen;* https://articles.adsabs.harvard.edu/cgi-bin/get_file?pdfs/SPAW./1918/1918SPAW.......154E.pdf (abgerufen am 10.04.2023)

Was würden Sie sagen, wenn Sie ein Auto kaufen wollen und der Verkäufer erklärt Ihnen, dass ihr ausgewähltes Modell zu 50% den Angaben im Verkaufsprospekt entspricht? Ich nehme an, Sie würden vom Verkaufsangebot Abstand nehmen. Selbst wenn der Verkäufer Ihnen versichert, dass das Auto zu 100% den Angaben entspricht, werden Sie auf eine Probefahrt bestehen. In der theoretischen Physik ist das anders.

Da werden Hypothesen schon mal mit Nobelpreisen ausgezeichnet, ohne dass die Allgemeinheit, die den höchstmöglichen Nutzen haben sollte, die Hypothese einer eingehenden Prüfung unterziehen kann. Beispiele finden wir bei dem Nobelpreis für die Entdeckung des Higgs-Bosons 2013, eines angeblichen Teilchens, das allen anderen Teilchen ihre Masse verleihen soll; oder bei dem Nobelpreis 2015: dass nicht existierende Neutrinos eine Masse hätten, und auch bei dem Nobelpreis 2020 für die Entdeckung eines Schwarzen Lochs in der Milchstraße mittels mehrerer Radioteleskope, deren Messbereich nicht ausreicht, um die optische Strahlung im Inneren des zentralen Staubring zu registrieren.

Nein, das wird hinter verschlossenen Türen entschieden. Hauptsache ist, die Hypothesen passen zum christlichen Glauben. Es ist schon erstaunlich, mit welcher Dreistigkeit sich diese Sekte über grundlegende physikalische Tatsachen hinwegsetzt und uns diese pseudowissenschaftlichen Kreationen verkaufen will.

Die idealistische Methode des Entdeckers als reine Geistesleistung, die das Experiment zur Bestätigung missbraucht, hat nichts mehr mit Naturwissenschaft zu tun.

Welche Funktion hat nun die Wahrscheinlichkeit auf dem Weg zur Gewissheit? Wir haben gesehen, dass der Übertragungskanal als eine Störgröße zu betrachten ist, wenn es darum geht, die Information vom Sender zu empfangen.

Nun ist das keine spezielle Eigenschaft des Mikrobereiches. Wenn wir die Warenströme über die Handelswege beobachten, dann stellen wir fest: Es kamen nie alle Waren unbeschädigt und vollständig beim Empfänger an, weil es viele Unwägbarkeiten auf dem Weg gab. Stürme ließen Schiffe untergehen. Räuber plünderten durchziehende Karawanen. Ob nun im normalen Leben oder im Mikrobereich der Atome: ein Übertragungskanal, je länger er ist, birgt Unsicherheiten und Verluste, die man mittels Wahrscheinlichkeiten beschreiben kann. So verhält es sich auch zwischen Beobachtungsobjekt und Messgerät. Das sicherste Mittel gegen diese Unwägbarkeiten ist die vielfache Wiederholung des Vorgangs. Dann kann Reproduzierbarkeit des Ergebnisses geprüft werden. Zu diesem Zweck wurden eine Reihe statistischer Tests entwickelt, die eine Hypothese dahingehend beurteilen, ob sie angenommen werden kann oder verworfen werden muss. Wenn man vermutet, dass die Wahrscheinlichkeit kleiner ist, als bislang angenommen, spricht man von einem linksseitigen Hypothesentest bzw. Signifikanztest. Vermutet man eine größere Wahrscheinlichkeit des Ereignisses, spricht man von einem rechtsseitigen Signifikanztest. Ein wichtiger Test ist der für eine Nullhypothese. Dazu wird berechnet, wie wahrscheinlich es ist, dass ein Muster oder eine Beziehung zwischen Variablen zufällig entstanden sein könnte.

Wie schwierig solche Tests jedoch sein können, illustriert die Nullhypothese des Michelson-Morley-Experiments, ob es keinen elektromagnetischen Äther gibt, indem man die Geschwindigkeit der Erde relativ zu diesem ruhenden Äther auf ihrer Bahn um die

Sonne nachweist. Das Experiment ergab eine obere Grenze von 5–8 km/s für diese Relativgeschwindigkeit im Laborkeller des Observatoriums auf dem Telegraphenberg in Potsdam 1881. Erwartet wurde eine Geschwindigkeit von 30 km/s. Nun kann man die Frage stellen: War das Experiment geeignet für eine solche Messung und war der Standort in einem Keller für die Messung geeignet? Damit war das Experiment überfordert, aber die Nullhypothese wurde angenommen und sie wurde zum Schlüsselelement für die Bestätigung der Richtigkeit der Relativitätstheorie mit der Behauptung, dass die Lichtgeschwindigkeit in allen Bezugssystemen, ob ruhend oder bewegt konstant wäre.

Georges Sagnac hat dann 1913 die Bewegung der Erde mittels Interferometer bestimmt. Zwei Lichtstrahlen, welche in entgegengesetzter Richtung eine kreisförmige Bahn beschreiben, müssten aufgrund der Erdrotation unterschiedliche Laufzeiten benötigen, was als Verschiebung der Interferenzlinien nachzuweisen sein müsste. Damit sollte festgestellt werden, ob die Erde den Äther, eine hypothetische Substanz, welche nach den damaligen Vorstellungen den Raum ausfüllen sollte, mitführt, was ein negatives Resultat ergeben sollte, oder ob der Äther ruht, was ein positives Resultat ergeben sollte. Es ergab die erwartete Verschiebung der Interferenzlinien. Das Ergebnis sagt aus, dass sich die Geschwindigkeiten von Lichtquelle und Wellenfront des Lichtes bezüglich des Beobachters vektoriell addieren und somit der Relativitätstheorie widersprechen. Das gleiche sagt der Dopplereffekt des Lichtes.

Hypothesentests sind nicht immer zielführend, insbesondere dann, wenn sie über quantitative Aussagen hinausgehen sollen. Eine Verallgemeinerung ist ein quantitativer Schluss als Wissenserweiterung aus einer begrenzten Stichprobe auf eine ähnliche Grundgesamtheit. Sie muss in jedem Fall von statistischen Prüf- und Analyseverfahren bestätigt werden. Das schließt singuläre Ereignisse als Zufälle aus. Über den Zufall können wir nichts wissen. Es wird behauptet, dass der Zufall objektiven Charakter habe. Der österreichische Wissenschaftler Philipp Frank schlug schon im Jahre 1932 folgende Erklärung vor:

> *»Ein Zufall schlechthin, also gewissermaßen ein absoluter Zufall wäre dann ein Ereignis, das in Bezug auf alle Kausalgesetze ein Zufall ist, das also nirgends als Glied einer Kette auftritt.«* [155])

Der Zufall fällt damit aus dem Zusammenhang der Welt heraus. Das würde aber bedeuten, dass wir über ein zufälliges Ereignis genau wissen müssten, dass es außerhalb der Kausalkette steht. Es wäre auch folgenlos. Das ist jedoch unmöglich. Somit sind Zufall und Wunder nur Eintrittstore zum Glauben. Dagegen steht Alexander von Humboldt, der schon sagte: *„Alles ist Wechselwirkung."* [156]) Folglich hat unser Handeln bei der Umgestaltung unserer Umwelt auch stets unerwünschte und unerwartete Rückwirkungen auf unsere Gesellschaft.

In den vorangegangenen Kapiteln haben wir die industrielle Revolution und ihre Auswirkung auf die Wissenschaft betrachtet und schließlich wissenschaftliche Irrtümer und Fehlleistungen, sobald Wissenschaftler versucht haben, sich von der wirtschaftlichen Entwicklung abzukoppeln. Im nächsten Kapitel betrachten wir die negativen Auswirkungen und Folgen der industriellen Revolution, wo sich Wissenschaftler dem Finanzkapital andienen.

---

155 P. Frank: *Das Kausalgesetz und seine Grenzen.* Springer Verlag, 1932
156 A.v. Humbold *Tagebücher der Amerikanische Reise,* 1. August 1803
    https://staatsbibliothek-berlin.de/die-staatsbibliothek/abteilungen/handschriften-und-historische-drucke/sammlungen/nachlaesse-und-autographen/projekte/alexander-von-humboldts-amerikanische-reisetagebuecher (abgerufen am 20.03.2023)

3.3 Erderwärmung – Klimawandel

»Wes Brot ich ess, des Lied ich sing.« - Volksmund

Es ist wissenschaftlich allgemein anerkannt, dass es einen statistisch signifikanten menschlichen Einfluss auf den weltweiten Temperaturanstieg gibt. Der französische Physiker Jean Baptiste Joseph Fourier hatte 1824 berechnet, dass ein Himmelskörper mit der Größe der Erde und der Entfernung von der Sonne nicht so warm sein dürfte, wie er ist. In einem Artikel[157] verwies Fourier auf ein Experiment mit einer Vase, die mit geschwärztem Kork auskleidet war. In den Kork setzte er mehrere Scheiben aus transparentem Glas ein, die durch Luftabschnitte getrennt waren. Das mittägliche Sonnenlicht konnte an der Oberseite der Vase durch die Glasscheiben eindringen. Die Temperatur in den Innenräumen dieser Gläser erhöhte sich signifikant zur Umgebung der Vase.

Dieser Effekt ist später als Treibhausgaseffekt bezeichnet worden. Fourier schloss daraus, dass Gase in der Atmosphäre eine stabile Barriere zum Weltraum bilden müssten wie die Glasscheiben in der Vase. Er hatte nicht berücksichtigt, dass es im Falle einer Reflexion der Wärmestrahlung einer dichteren Schicht wie etwa der Glasscheibe oder eines Felles bedarf. Menschen gehen in der Atmosphäre gewöhnlich nur in den äquatorialen Gegenden unbekleidet. Der Eisbär dagegen hat nicht nur ei-

---

157 *Mémoire sur les températures du globe terrestre et des espaces planétaires,* Annales de Chimie et de Physique 1824, leicht verändert 1827 in den *Mémoires de l'Academie royal des Sciences de l'Institut de France,* Band 7, S. 570–604, nachgedruckt und in Fouriers Werken 1890, Band 2,

ne schwarze Haut, er hat auch ein dichtes Fell, das seine Wärmestrahlung nach innen reflektiert und die Luft darin erwärmt.

Eunice Foote hatte 1856 die Auswirkungen des Sonnenlichts mit Hilfe von Glasröhren untersucht, die Luft und andere Gasgemische - darunter Kohlendioxid - enthielten. Ihre Ergebnisse wurden zuerst im American Journal of Science and Arts veröffentlicht.[158]) Ein Jahr später erschien auch eine Meldung in Deutsch[159]), wo es heißt:

> *Eunice Foote hat gefunden, dass der Unterschied im Stande eines von der Sonne bestrahlten und eines beschatteten Thermometers in verdichteter Luft größer ist, als in verdünnter, in feuchter Luft größer, als in trockener. Unter denselben Umständen, unter welchen ein Thermometer in atmosphärischer Luft auf 41,1° stieg, zeigte dasselbe, wenn es von Wasserstoffgas umgeben war, 40° in Sauerstoffgas 42,2° in Kohlensäure 51;7°.*

Es handelt sich dabei nicht um Luft mit Spuren der angegebenen Gase sondern um technischer Gase hoher Konzentration.

John Tyndall entdeckte durch eine Reihe von Experimenten am Londoner Royal Institute Mitte des 19. Jahrhunderts, dass Schwebeteilchen, wie Stäube und Dämpfe das Licht streuen. Sind diese dicht genug, dann wirken sie wie das Glasdach im Treibhaus. Sie reflektieren die Wärmestrahlung.

Svante August Arrhenius stellte im Jahr 1895 eine Theorie zum Treibhausgaseffekt vor.[160]) CO_2 könnte die infraroten Wärmestrahlen des von der Erde abgestrahlten Lichts absorbieren

---

158 Eunice Foote, 'Circumstances affecting the heat of the Sun's rays',Am. J. Sci. Art.22, 382 – 383 (1856).

159 Jahresbericht über die Fortschritte der reinen, pharmaceutischen und technischen Chemie, Physik, Mineralogie und Geologie, für 1856 (J. Ricker'sche Buchhandlung, Giessen, 1857), S. 63

160 Svante Arrhenius - *On the Influence of Carbonic Acid in the Air upon the Temperature of the Ground.* In: *Philosophical Magazine and Journal of Science Series 5, Volume 41, April 1896, pages 237-276.* (englisch). https://www.rsc.org/images/Arrhenius1896_tcm18-173546.pdf (abgerufen am 24.03.2023)

und vermehrtes CO_2 könnte das Erdklima aufheizen. Insbesondere durch Verbrennung fossiler Energieträger wie Kohle, Öl und Erdgas erhöhe sich der CO_2-Gehalt der Atmosphäre, so dass es zu einem Temperaturanstieg kommen könne. Auch nahm er an, dass der Gehalt an Wasserdampf in der Atmosphäre in die gleiche Richtung wie CO_2 wirke und so das Resultat verstärken könne. Er rechnete damit, dass eine Verdoppelung der CO_2-Konzentration in der Atmosphäre zu einer weltweiten Temperaturerhöhung von 5 °C führen werde. Auch er vernachlässigte die reflektierende Schicht, die für den Treibhauseffekt notwendig ist. (Abb. 52)

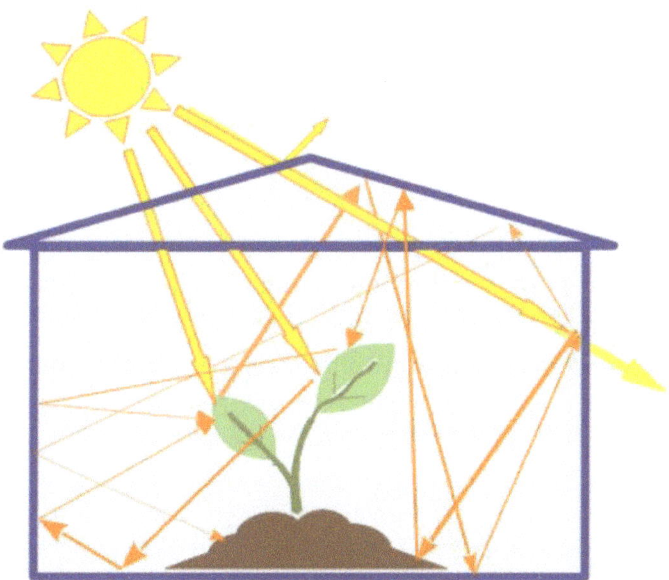

Abbildung 53: Zum Treibhauseffekt - Die vielfache Reflexion der Wärmestrahlen erwärmt die Luft

1971 warnte erstmals die Deutsche Physikalische Gesellschaft vor einem Klimawandel:

> *„Geht aber die Industrialisierung und die Bevölkerungsexplosion ungehindert weiter, dann wird spätestens in zwei bis drei Generationen der Punkt erreicht, an dem unvermeidlich irreversible Folgen globalen Ausmaßes eintreten."* [161])

Diese Prophezeiung scheint sich jetzt zu erfüllen. Doch die Vermittlung dieser Prophezeiung war der Weltgemeinschaft nicht zu vermitteln und sie ist es heute noch nicht. Denn statt auf die Primärenergie-Erzeugung als Verursacher zu blicken, soll die verminderte Abfuhr von Wärme Schuld am weltweiten Temperaturanstieg haben, und dafür wurde allein der Anstieg des Kohlendioxidgehalts um etwa 100 ppm in den letzten Jahrzehnten verantwortlich gemacht.

Blickt man in die Erdgeschichte, so kann man den CO_2-Anteil der Luft in Einschlüssen des Eises bestimmen. Setzt man voraus, dass diese Gase im Eis wie in einer Zeitkapsel eingeschlossen bleiben, dann ergaben die Eisbohrkerndaten, dass die atmosphärischen CO_2-Werte in den vergangenen 420.000 Jahren bis zum Beginn der Industrialisierung Mitte des 18. Jahrhunderts zwischen 190 ppm während den Höhepunkten der Eiszeiten und 280 ppm während der Warmzeiten schwankten.[162,163,164,165]) Eine andere Quelle berichtet von einer Zeit vor 65 Millionen Jahren, wo die CO_2-Konzentration der Luft 2% betragen haben soll. Es

161 R. Ell, H. Westram – *Die Geschichte der Klimaforschung;* Stand: 05.10.2022 https://www.ardalpha.de/wissen/umwelt/klima/klimawandel/klimawandel-klimaforschung-geschichte-historisch-100.html (abgerufen am 25.03.2023)
162 Stefan Rahmstorf, Hans Joachim Schellnhuber: *Der Klimawandel.* C. H. Beck, 7. Auflage 2012, S. 23.
163 https://de.statista.com/statistik/daten/studie/1716/umfrage/entwicklung-der-weltbevoelkerung/ (abgerufen am 25.03.2023)
164 https://de.statista.com/infografik/18722/energieverbrauch-von-klimaanlagen/
165 https://www.google.com/search?client=firefox-b-d&q=Tino+Gottschall+Physiker

war die Zeit der Bildung der Braunkohlenlagerstätten.[166] Blickt man in diese Zeit, das Känozoikum vor etwa 65 Millionen Jahren war die Erde komplett eisfrei. Nur gibt es keine Erklärung, woher damals das CO_2 gekommen war.

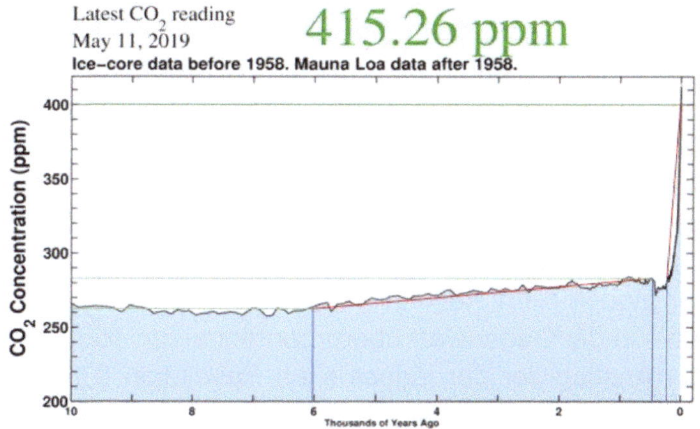

Abbildung 54: Kohlendioxidkonzentration über die letzten 10 000 Jahre - Quelle: Eric Holthaus, Maunaloa Obervatory

Abbildung 54 zeigt den Anteil des CO_2 der letzten zehntausend Jahre, gewonnen aus der Luft von Eisbohrkernen und den Klimadaten vom Mauna-Loa-Observatorium auf Hawaii. Einen moderaten Anstieg des CO_2-Gehaltens registriert man bereits ab einem Zeitraum von vor sechstausend Jahren. Bis zu diesem Zeitpunkt blieb der CO_2-Anteil in Eiseinschlüssen ziemlich konstant bei 265 ppm.

Zu dieser Zeit begann die Menschheit sesshaft zu werden. Mit dem Übergang zur Landwirtschaft standen nun mehr Nahrungs-

---

166 J.Hansen u. a. - *Target Atmospheric CO2: Where Should Humanity Aim?* TargetCO2_20080407.pdf (columbia.edu; (abgerufen am 07.06.2023)

güter zur Verfügung und die Weltbevölkerung wuchs. Dadurch wurden Arbeitskräfte frei, die zur Produktion von ersten metallurgischen Gütern aus Kupfer benutzt werden konnten, was zu ersten Entwaldungen führte. In den folgenden fünfeinhalb Jahrtausenden war dann ein Anstieg von etwa 16 ppm zu verzeichnen.

Interessant ist die kleine Senke von etwa 10 ppm vor dem drastischen Anstieg nach Beginn der weltweiten industriellen Revolution. Die Senke fällt mit der kleinen „Eiszeit" im Mittelalter zusammen. In diese Zeit fällt ein massiver Bevölkerungsrückgang durch die Auslöschung erst eines Drittels der europäischen Bevölkerung infolge einer Pestpandemie, anschließend der amerikanischen indigenen Völker und dann infolge des 30-jährigen Krieges in Europa im 17. Jahrhundert. Die darauf folgende Wiederbewaldung hat einen Großteil des CO_2 gebunden. Seit Beginn der industriellen Revolution vor 250 Jahren stieg der CO_2-Gehalt bis in die Gegenwart überproportional um 150 ppm. Während der Anstieg vor der industriellen Revolution 0,17% betrug, war der Anstieg nach Beginn der industriellen Revolution bis zur Gegenwart 60%, denn mit der Industrialisierung stieg der Bedarf an fossilem Brennmaterial sprunghaft an, da der Rohstoff Holz knapp wurde.

Es gibt eine Korrelation zwischen industrieller Entwicklung der Menschheit und dem weltweiten CO_2-Anstieg.

Aber was hat das mit den weltweiten Klimaänderungen zu tun? Ist ein so eindimensionales Denken in einem so komplexen System wie unserer Atmosphäre überhaupt sinnvoll? Während uns die Erfahrung lehrt, dass die Verbrennung die Ursache eines Temperaturanstiegs ist, wissen wir, dass das CO_2-Gas die Folge der Verbrennung ist. Werden hier nicht Ursache und Wirkung verwechselt? Wir müssen also die Frage beantworten:

Ist der CO$_2$-Anstieg in der Atmosphäre Ursache oder Folge der Erderwärmung?

Unser Planet ist ein Wasserplanet und unser Klima wird hauptsächlich von der Zirkulation des Wassers auf der Erde bestimmt. Betrachtet man jedoch die spezifischen Wärmekapazitäten von Wasserdampf mit 1,859 bis 1,891 kJ/kgK und CO$_2$ mit 0,818 bis 0,916 kJ/kgK bei einem Druck von 1 bar und einem Temperaturintervall von 0 bis 100 °C, so ist die Behauptung, dass die Änderung des Anteils des CO$_2$-Gases für den Temperaturanstieg verantwortlich sei, mindestens erstaunlich, denn der CO$_2$-Anteil ist in der Luft um Größenordnungen niedriger als der des Wasserdampfes in der Atmosphäre; und CO$_2$ wird erst bei 5,2 bar flüssig, was ein Kondensieren in der Erdatmosphäre ausschließt.

Das Kohlendioxidmolekül unterscheidet sich in seinem Aufbau vom Wassermolekül dahingehend, dass es keinen Dipol ausbil-

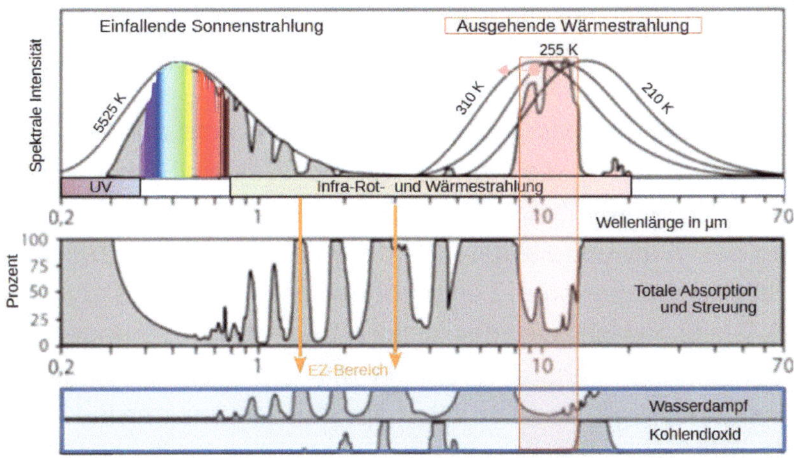

Abbildung 55: Spektrale Absorption der Atmosphäre - nach https://commons.wikimedia.org/wiki/File:Atmospheric_Transmission.png (abgerufen am 7.04.2023)

det, womit es elektrisch neutral ist. Wasser hingegen absorbiert Energie in einem deutlich größeren Spektralbereich im langwelligen Infrarot als das CO_2, wie Abbildung 55 ausweist.

Das obere Spektrum zeigt die Strahlungsverhältnisse zwischen einfallender und reflektierter Strahlung entsprechend Plancks Strahlungsformel (3.09). Im Normalfall befindet sich die Erde im thermodynamischen Fließgleichgewicht. Die Sonne strahlt mit einer Temperatur von 5525 K und die Erde strahlt mit einer Temperatur von 255 K gemessen in 5 km Höhe. Doch die menschlichen Aktivitäten der industriellen Revolution erfordern bei der Umgestaltung der Erde viel Energie. Dabei ist es ziemlich gleichgültig, ob wir fossile Lagerstätten ausbeuten oder uns der Kernkraft bedienen. Solange wir nicht nur auf die aktuelle Sonnenenergie zurückgreifen, werden wir mindestens ein bis zwei Drittel der umgesetzten Energie als eine zusätzliche Wärmequelle auf der Erde haben, egal ob wir Kohlendioxid in die Atmosphäre blasen oder nicht. Die Frage ist daher:

Bringt die industrielle Wärmeproduktion die Erde aus dem Gleichgewicht oder verändern wir das Rückstrahlverhalten der Erdoberfläche?

Durch die Unterdrückung des Pflanzenwachstums auf der Erde, insbesondere durch die Abholzung von Wäldern, verlieren wir große Teile des Klimaregulators. Denn sie bestimmen die Regulierung des Wasserkreislaufs und der Kühlung. Mit der Zeit stellt sich auf einem höheren Temperaturniveau ein neues dynamisches Gleichgewicht ein, das unsere Eisreserven verringert. Es gilt, den Zusammenhang zwischen der verminderten Reflexion der Sonnenenergie und der Wärmeproduktion unserer Industriegesellschaft abzuschätzen.

Da unsere Erde ein Wasserplanet ist, kann man nicht einfach den CO_2-Gehalt der Luft für den Klimawandel verantwortlich machen, sondern man muss das Wechselspiel von Wasser und Verbrennungsrückständen berücksichtigen.

Nun hat man kaum eine Vorstellung von 415 ppm CO_2 zur Wasserdampfmenge in der Atmosphäre, weil letzterer sehr großen Schwankungen unterliegt. Nehmen wir einen Wert in trockener Luft an. Das Hygrometer zeigt 50% relative Luftfeuchte an. Es ist ein klarer wolkenloser Himmel. Diese Luftfeuchte entspricht einem Wassergehalt von rund 9,7 g/m³ bei 20 °C. Wenn man diesen Wert umrechnet, erhält man 12952 ppm.[167]) So viel Wasserdampf kann die trockene Luft aufnehmen, ehe der Taupunkt erreicht ist. Setzen wir den CO_2-Gehalt mit der Wasserdampfsättigung ins Verhältnis, erreicht der CO_2-Anteil nicht mal 3% des Wasseranteils für die trockene Luft. Über die gesamte Erde gemittelt ist der Wasserdampfanteil in der Atmosphäre immer noch zehnmal höher als der Kohlendioxidanteil Der Vergleich des CO_2-Spektrums mit dem Wasserdampfspektrum zeigt im untereren Teil von Abb.55 im normierten Spektrum über den Spektralbereich eine deutlich stärkere Strahlenabsorption des Wassers und das spektrale Fenster zwischen 8 und 12 µm, wo die Abstrahlung der Hochatmosphäre erfolgt, wird durch die spektralen Eigenschaften des Kohlendioxids kaum tangiert. Das Fenster zwischen 4 und 5µm könnte da schon eher eine spektrale Wirkung haben, nur beginnt dort die Wärmestrahlenkurve für 255 K erst anzusteigen. Die beiden Spektren zeigen nicht die quantitativen Verhältnisse der Absorption beider Stoffe.
Jeder Mensch weiß aus Erfahrung, dass bei wolkenverhangenem Himmel die Erde über Nacht nicht so stark abkühlt wie bei

---

167 St. Rahmstorf, H. J.Schellnhuber: *Der Klimawandel*. C. H. Beck, 7. Auflage 2012,
    ISBN 978-3-406-74376-4 ; S. 23.

wolkenlosem Nachthimmel. Dagegen schützt eine Wolkendecke bei Tage vor zu starker Erwärmung.

Warum soll das CO_2 da einen so viel größeren Einfluss auf das Klima haben als die Wolkenverteilung? Abbildung 56 zeigt das Wärmebild einer Wolkenformation im Wellenlängenbereich 9–12 µm, also dem spektralen Fenster, wo die Hochatmosphäre die Wärme an den Weltraum abgibt.

Abbildung 56: Infra-Rot-Bild von Wolken - Quelle: G. Pollack

Die Bodentemperatur in Abb. 56 betrug laut Pollack etwa 0° C. Links unten im Bild sind Schornstein und Baumkronen sichtbar. Auf der Temperaturskala des Kameraherstellers erscheinen ferne Wolkenregionen etwa 15 °C warm und der freie Himmel noch -5 °C, obwohl dort eine Temperatur von weniger als -18 °C (255 K) zu erwarten wäre, die über den Wolken bei offenem Himmel herrschen müsste, wenn die mittlere Temperatur pro 100 m Höhe um 0,65 °C abnehmen würde. Da muss ein Eichfehler vorliegen. Nehmen wir an, dass die schwarzen Bereiche des Himmels bei -18 °C liegen, dann hätten wir in den weißen Wolkenbereiche eine Temperatur von 2 °C, was bei der angegebenen Bodentemperatur einen realistischen Wert ergäbe. Trotzdem hätten wir einen beachtlichen Temperaturgradienten von 20 K und die Wolken geben ihre Wärme ab.

Die Interpretationen von Klimamodellen wie etwa RCP8.5[168]) auf der Basis des CO_2-Anstiegs müssen einen systematischen Fehler haben, denn sie sprechen von einem Strahlungsantrieb von 8,5 W/m² bis 2100.[169]) Kohlendioxid ist ein farbloses Gas ohne Dipolmoment und hat lediglich eine Wärmekapazität, dessen Wert vergleichbar mit dem von Luft ist aber deutlich geringer als für Wasser ist. CO_2-Gas kann in der Erdatmosphäre keine Wolken bilden, da es erst bei einem Druck von 5,2 bar kondensiert und bei -78,6° C sublimiert. Das Gas ist keine aktive Wärmequelle, die einen Strahlungsanstieg in der prognostizierten Höhe erzeugen könnte.

Dafür gibt es nur drei Möglichkeiten:
1. Die industrielle Energieumwandlung durch Verbrennung setzt die zusätzliche Wärme frei.
2. Die Sonneneinstrahlung nimmt infolge der Umgestaltung der Erdoberfläche durch die menschliche Aktivität zu.
3. Die Sonnenstrahlung wird infolge extraterrestrischer Ursachen intensiver.

Letztere Möglichkeit wollen wir ausschließen, da wir hier ausschließlich den menschlichen Einfluss auf das Klima betrachten. Wir nehmen eine konstante Sonneneinstrahlung an.

Betrachten wir nun den Kohlenstoffkreislauf etwas genauer.

---

168 *RCP 8.5: Business-as-usual or a worst-case scenario?;*
    https://climatenexus.org/climate-change-news/rcp-8-5-business-as-usual-or-a-
169 https://wiki.bildungsserver.de/klimawandel/index.php/RCP-Szenarien

Die natürliche Energiegewinnung

Infolge des Bevölkerungs- und wirtschaftlichen Wachstums haben wir zwei Energiequellen, die unser Klima bestimmen, die Sonne, die den Kohlenstoffkreislauf über das Pflanzenwachstum treibt und die Einlagerung der Kohlenwasserstoffe in erdgeschichtlichen Zeiten bewirkt und den industriellen Stoffwechsel, der auf diese eingelagerten Kohlenstoffreserven zugreift und die Verbrennungsrückstände der Natur überlässt. Pflanzen und phototrope Bakterien nehmen Kohlendioxid aus der Atmosphäre auf und wandeln es durch Photosynthese unter Einwirkung von Licht und Aufnahme von Wasser in Kohlenhydrate wie etwa Glucose um. Dabei wird Energie verbraucht und durch Verdunstung von Wasser eine zusätzliche Kühlung der Atmosphäre bewirkt.

Abbildung 57 zeigt die vereinfachte Netto-Reaktionsgleichung für die Photosynthese[170]. Langwellige Infrarotstrahlung (ca. ab 780 nm) wird von Pflanzen zu großen Teilen reflektiert. Diese Reflexion ist weitaus höher als die des grün-gelben Spektrums im Bereich des sichtbaren Lichts. Das bedeutet, dass die Fotosynthese ein endothermer Prozess ist. Während der Fotosynthese ist zur Bildung von Glucose und Sauerstoff aus Kohlenstoffdioxid und Wasser wie bei jeder **endothermen** chemischen Reaktion Energie notwendig, die vom Sonnenspektrum geliefert wird.

Des Nachts wird ein Teil der Glukose von den Pflanzen wieder veratmet. Doch der größere Teil geht in das Pflanzenwachstum ein. Von den Pflanzen ernährt sich direkt oder indirekt die gesamte Fauna und schließlich fossilisieren Flora und Fauna zu den Kohlenstofflagerstätten, die wir seit der industriellen Revolution in immer stärkerem Maße ausbeuten.

---

170 St. Rahmstorf, H. J. Schellnhuber: *Der Klimawandel.*; C. H. Beck, 7. Auflage 2012, S. 23.

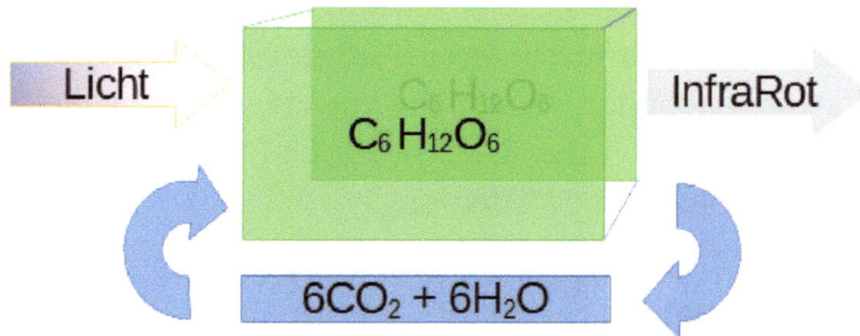

Abbildung 57: Der natürliche Prozess der Energiegewinnung und -speicherung auf der Erde

Hätten wir keine Pflanzen auf der Erde wie beispielsweise auf dem Mars, könnten wir nicht überleben, da Pflanzen der natürliche Energiespender und Temperaturregler sind. Insbesondere die Bäume mit ihrer Blattmasse auf dem Quadratmeter liefern den höchsten Anteil am Energieumsatz. Die Pflanzen liefern die Energie für die Tiere. Im Zeitraum 2000 bis 2012 gingen laut Anja Garms insgesamt 2,3 Millionen km² Wald verloren.[171] In dem folgenden Jahrzehnt dürfte der Anteil noch weiter gestiegen sein.- Verheerende Waldbrände auf den Kontinenten nach 2020 haben ihr übriges getan. Wenn man weiß, dass zwischen Wald und freiem Feld etwa 5 °C Temperaturunterschied bestehen, kann man ermessen, welche gewaltigen Kühlflächen der Erde verlorengegangen sind.

---

171 Anja Garms - *Wo die Wälder der Welt verschwinden;* 2013;
https://www.welt.de/wissenschaft/article121935241/Wo-die-Waelder-der-Welt-verschwinden.html (abgerufen am 26.03.2023)

Die industrielle Energiewirtschaft

Den industriellen Prozess kann man ebenfalls als eine vereinfachte Nettoreaktion darstellen. Nur wird diesmal die Energie aus
der Verbrennung des fossilisierten Kohlenstoffs gewonnen, den
die Pflanzen angehäuft haben. Insgesamt entfallen laut einer
Statistik von 2019 [172]) nur 4,7% der Welt-Primär-Energiewand-
lung auf nicht-thermische Verfahren.

Abbildung 58: Der industrielle Stoffwechsel

Seit der industriellen Revolution haben wir uns unabhängig
von der Sonne eine Sekundär-Energiequelle erschlossen, die
auf der Verbrennung des fossilen Kohlenstoffs beruht und den
Primär-Energiekreislauf der Natur stört, in Abb. 58 als graues
Rechteck symbolisiert. Der Unterschied zur Natur ist der
schlechte Wirkungsgrad der Nutzung dieser Energiequelle durch
die Industrie. Überall dort, wo Schornsteine und Kühltürme in
den Himmel ragen, kommt vor allen Dinge Wärmeenergie und
Aerosol heraus, denn der Wirkungsgrad der Kraft-Wärme-Ma-
schine steigt mit der Temperaturdifferenz zwischen Maschine
und Umwelt. Der Carnot-Prozess, auf dem maßgeblich die se-
kundäre Energiewandlung beruht, liefert theoretisch nur zwei

---

172 Wissenschaftlicher Dienst des Deutschen Bundestages
   https://www.bundestag.de/resource/blob/805260/53df18dcfba9e0b515f8c56d495fb
   4a1/WD-8-014-20-pdf-data.pdf

Drittel der Gesamtenergie als mechanische Energie. Das letzte Drittel geht als Wärme verloren. Der reale Wirkungsgrad von Kohlekraftwerken liegt üblicherweise aber nur im Bereich von 30 bis 40%, moderne überkritische Kraftwerke können bis zu 45% Wirkungsgrad erreichen.[173]) Die Verbrennungsrückstände gelangen oft ungefiltert in die Atmosphäre. Dazu wurden die Schornsteine immer höher gebaut.

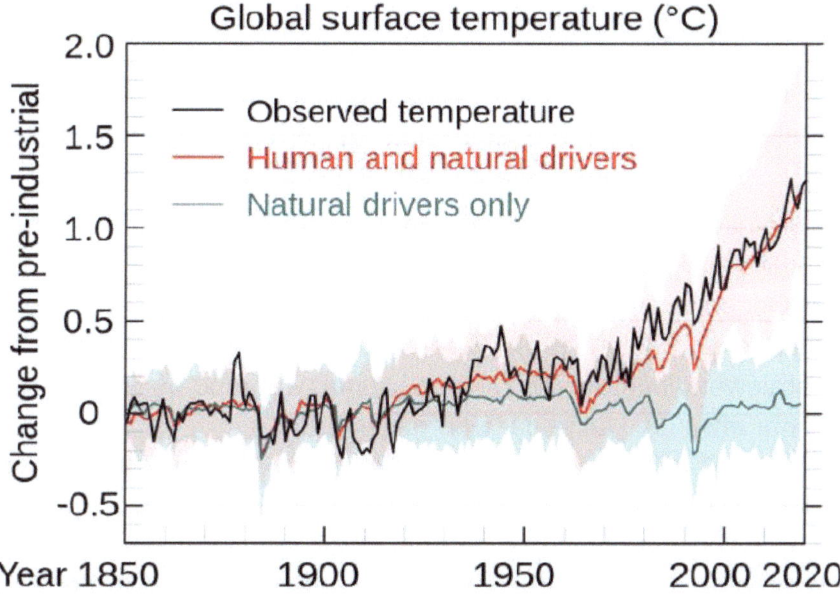

Abbildung 59: Globale Temperaturentwicklung – Quelle: Wikipedia

Abb. 59 zeigt die globale Temperaturentwicklung im 20. Jahrhundert. Ab 1940 bis 1975 beobachtete man gegen den Trend eine Abkühlung der erdnahen Atmosphäre und der Meere von et-

---

173 Stefan Rahmstorf, Hans Joachim Schellnhuber: *Der Klimawandel.* C. H. Beck, 7. Auflage 2012, S. 23.

wa 0,3 °C, deren Ursache in einem verstärkten Eintrag von schwefelhaltigen Aerosolen in die Wolken gesehen wurde; und dann einen weiteren globalen Temperaturanstieg ab 1975, der mit dem Beginn der weltweiten Nutzung der Kernenergie zusammenfällt. Kernkraftwerke produzieren zwar kein CO_2, dafür ist der Anteil an Abwärme besonders hoch. So hat ein thermonukleares Kernspaltungs-Kraftwerk nur einen Wirkungsgrad von 35%. Doch die Zahl dieser Kraftwerke stieg von 75 im Jahr 1970 bis auf 440 im Jahr 2020 und es sind weitere 57 im Bau. Doch das kann auch eine Scheinkorrelation sein.

Also gilt als Faustregel:

Bei der thermischen Stromerzeugung geht nur ein Drittel in Elektroenergie über und zwei Drittel wärmen über riesige Kühltürme die Atmosphäre auf.

Lediglich bei der Stromerzeugung durch Wasserkraft ist der Wirkungsgrad bei 80-90% und die Abwärme gering.
Die Gesamtenergiewandlung betrug im Jahr 2019 14,25 Gtoe (Gigatonnen Öleinheiten). (Siehe Abb. 59) Davon fallen 86% der Energiewandlung auf die Nordhalbkugel, während es vor 30 Jahren nur etwa die Hälfte der Energie war.

In der Zeit von 1950 bis 1990 wuchs die Weltbevölkerung von 2,5 auf 5,3 um 2,8 Milliarden Menschen und der globale Temperaturanstieg betrug 0,4 °C und im Zeitraum von 1990 bis 2020 wuchs die Weltbevölkerung dann um weitere 2,5 Milliarden auf 7,8 Milliarden Menschen[174] und der globale Temperaturanstieg betrug 0,6 °C, wie Abbildung 59 zeigt.

In den subtropischen Gebiete der Erde, insbesondere in den USA und China, werden verstärkt Klimaanlagen eingesetzt. Der weltweite Energieumsatz von Klimaanlagen steigt kontinuierlich.

---

174 *Primary energy consumption.* In: *Our World in Data.* (abgerufen am 24.08.2022.)

Für die Kühlung von Wohn- und Geschäftsgebäuden sollen im Jahr 2016 rund 2 Petawattstunden verbraucht worden sein.

Das waren geschätzt rund 10 Prozent des gesamten Stromverbrauchs der Welt[175]) im Jahr 2022. Umgekehrt wird die für Klimaanlagen eingesetzte Energie die Luft in Innenstädten weiter erwärmen. Wenn also in den Subtropen Entwaldung und Urbanisierung zunehmen, werden diese Gebiete sich weiter erwärmen und ihre Energie an die höheren Breitengrade abgeben.

In Mitteleuropa haben wir beispielsweise in den letzten Jahrzehnten viel häufiger eine Windströmung aus Südwesten als aus Nordosten beobachtet. So ist es auch ohne wissenschaftliche Datenreihen verständlich, dass es auch im hohen Norden zu einer Erwärmung kommen muss, da dieses Wärmeplus nur durch die Eisschmelze abgeführt werden kann.

In erster Linie hängt die Erwärmung der Erde also wohl von der globalen Entwickelung der menschlichen Bevölkerung und ihrer Wirtschaftsform ab.

Dabei ist die Kapitalmaximierung die größte Umweltsünde. Die Natur hat bei der Entscheidung über Investitionen keine Lobby.

Wir können davon ausgehen, dass der Prozess der Energiewandlung, so wie ihn die Natur seit Millionen von Jahren entwickelt hat, der effektivste ist, und keine Technik, die wir in ein paar menschlichen Generationen entwickeln, wird ihre Perfektion erreichen. Also wird es klug sein, der Natur in Zukunft wieder mehr

---

175 Dull u. a.: *The Columbian Encounter and the Little Ice Age: Abrupt Land Use Change, Fire, and Greenhouse Forcing.* In: *Annals of the Association of American Geographers.* Band 100, Nr. 4, September 2010, doi:10.1080/00045608.2010.502432. (abgerufen am 22.03.2023)

Raum zu geben. Wenn wir uns auf der Erde umschauen, fällt auf, dass viele antike Hochkulturen in heutigen Wüsten oder Halbwüsten liegen. Das sollte uns zu denken geben. Die Desertifikation, wie die Wüstenbildung bezeichnet wird, nimmt auch heutzutage große Ausmaße an. Durch Abholzung, Überweidung und Übernutzung von Böden breiten sich die Wüsten immer stärker aus. Jedes Jahr kommen etwa 2500 Quadratkilometer hinzu.

Das betrifft besonders die subtropischen Regionen.[176] Gerade in diesen Regionen ist das stärkste Bevölkerungswachstum zu verzeichnen.[177] Die Folge sind Flüchtlingsströme in die gemäßigten Zonen.

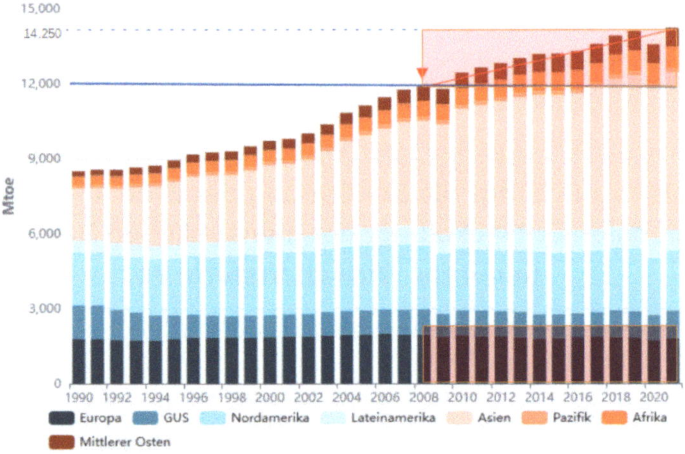

Abbildung 60: Primärenergiewandlungentwicklung -
Quelle: Enerdata

Abbildung 60 zeigt den weltweiten Primär-Energiezuwachs in Megatonnen-Öleinheiten. Während es in Europa keinen Zuwachs mehr gibt, ist er in Asien ab 2008 bis 2022 um den Betrag von Europa angestiegen. Selbst wenn wir in Europa unsere

---

176 https://de.statista.com/themen/7093/wuesten-und-desertifikation/
#topicHeader__wrapper (abgerufen am 14.03.2023)

177 https://www.laenderdaten.info/bevoelkerungswachstum.php (abgerufen am
14.03.2023)

Energiewandlung in den nächsten 10 Jahren vollständig auf erneuerbare Energien umstellen würden, könnten wir den Energiehunger Asiens nicht kompensieren.

Da wir die weltweite Primär-Energieproduktion nun kennen, können wir die Flächenleistung pro Quadratmeter bestimmen, die die Abwärme zur weltweiten Erwärmung beiträgt.
Zuerst müssen wir die Öleinheiten in kWh umrechnen. 1 Mtoe = 11,63 TWh   und 14250 Mtoe sind dann 165727,5 TWh. Die Erde hat eine Oberfläche von $5,1{\times}10^{14}$ m². Wir müssen $1657,275 \times 10^{14}$ Wh durch $5,1{\times}10^{14}$ m² dividieren und erhalten die Wh/m² pro Jahr. Das ergibt etwa 325 Wh/m² im Jahr. Nun müssen wir diesen Betrag noch durch die Sekunden eines Jahres dividieren um die Änderung der Flächenleistung herauszubekommen. Das Jahr hat etwa 31,5 Millionen Sekunden und so erhalten wir eine zusätzliche Flächenleistung von etwa 10,3 µW/m². Das bleibt sechs Größenordnungen unter der Prognose des Klimamodells RCP8.5. Damit ist Punkt 1 unserer Befürchtungen unkritisch. Wir können weiter Wärme produzieren, ohne befürchten zu müssen, dadurch eine eine globale Erwärmung auszulösen.

Atomkraftwerke sind klimaneutral.

Wenn CO_2 und die Abwärme der Verbrennung für das Klima unschädlich sind, was ist dann die Ursache?

Schauen wir uns doch den Verbrennungsvorgang im folgenden etwas genauer an.

Die Verbrennung von Kohlenwasserstoff

Meine Kindheit habe ich in einem Kohlebergbaugebiet verbracht. Da der Vater im Bergbau tätig war, hatten wir jeden Winter 100 Zentner Braunkohlen-Briketts zur Verfügung, um unsere Wohnung zu heizen. Damit waren wir nach dem Krieg privilegiert. Allerdings hatte ich auch den Geruch von Ruß immer in der Nase und die Mutter hatte ihre liebe Not mit dem Trocknen der Wäsche. Nicht weit von unserem Haus war der Bahnhof und die mit Braunkohle befeuerten Lokomotiven wurden da noch einmal richtig aufgeheizt. *„Nun ist die Wäsche wieder voll Ruß"*, hörte ich sie des öfteren klagen. Regelmäßig musste der Schornsteinfeger kommen und den Ruß aus dem Schornstein entfernen und der Ofensetzer hatte ihn noch aus den Kachelöfen zu entfernen. Überall flog der Ruß in der Wohnung herum. Dann war ein Großreinemachen angesagt und die Tapeten an den Wänden mussten alle drei Jahre gewechselt werden, sollten sie nicht gar zu dunkel werden.

Es gab sogar ein Gedicht von Hans Daube[178] über den Ruß in Altenburger Mundart, der Sprachen aus meinen Kindertagen. Das kann sich die junge Generation, die mit Gasheizung aufgewachsen ist, gar nicht mehr vorstellen.

Im Chemieunterricht lernen wir, dass Kohle so verbrennt:

Kohlenwasserstoff + Sauerstoff => Kohlenstoffdioxid und Wasser

Das ist der Idealfall bei vollständiger Verbrennung. Das wäre schön, eine solche Verbrennung zu erreichen. Dazu ist aber viel Sauerstoff notwendig, der leider selten in ausreichender Menge zur Verfügung steht. Wenn nicht aktiv Sauerstoff zugeführt wird,

---

178 H. Daube - *Wos olles su possiert ('ne Schtimme aus'n Bargmannsorte)*: Gedichte in Altenburger Mundart. Thüringer Volksverlag., 1954.

ist der Sauerstoff um den Brandherd schnell verbraucht und die Verbrennung geht in den unvollständigen Zustand über. Auch die weit verbreitete Aussage, dass bei der unvollständigen Verbrennung von Kohlenwasserstoffen nur die Produkte Kohlenstoffmonoxid und Wasser entstünden, stimmt nicht. Vor allem verbrennt zuerst der Wasserstoff zu Wasser und und dabei werden Kohlenwasserstoffe niederer Kettenlänge frei und reißen auch reinen Kohlenstoff in Form von Ruß mit. Ich erinnere mich, wie ich mit einer Kerzenflamme eine Glasscheibe geschwärzt habe, um damit die Sonnenfinsternis von 1953 zu beobachten.

Wenn Verbrennung nicht vollständig ist, oder das Brenngut auch noch andere Bestandteile enthält, entstehen Ruß und Rauch. Die Bestandteile des Rauches sind die unsichtbaren Gase CO_2 und CO und jede Menge Staubpartikel wie etwa Ruß, Flugasche und Nebeltröpfchen wie zum Beispiel Wasser-, Öl- und Säuredämpfe. Negativ aufgeladene Nebeltröpfchen mit Radien von 1 - 5 µm tragen die um eine Größenordnung kleineren Aerosole in die Hochatmosphäre und verteilen sie über den gesamten Erdball. Abbildung 62 zeigt einen Fabrikschlot, wie ich ihn noch aus meiner Jugendzeit in Erinnerung habe und wie er in ärmeren Ländern noch zusehen ist. Im Fokus der Betrachtung der Klimaforscher ist aber nur der CO_2-Ausstoß, der als Gas zwar in der Folge einer Verbrennung entsteht, aber physikalisch zu keiner Erwärmung der Erde beiträgt. Glücklicherweise hat sich durch den Betrieb moderner Gasheizungen im Wohnbereich das Bild des Schornsteinfegers völlig gewandelt. Heute braucht er keine Schlote mehr zu kehren und rußverschmiert von Dach zu Dach klettern.

Abbildung 61: Rauchender Fabrikschlot - Quelle anonym

Wenn die Aerosole in die Hochatmosphäre gelangen, nehmen sie Einfluss auf das Klimageschehen. Erfreulicherweise erkennen wir seit 2011 eine Verringerung der Wachstumsraten im Emissionsgeschehen infolge von verstärkter Nutzung nichtfossiler Energiequellen. Was aber tun die Aerosole in der Atmosphäre? Das hat die Klimawissenschaft offensichtlich in den letzten Jahrzehnten nicht mehr interessiert. Während noch 2010 über die Funktion der Aerosole bei der Wolkenbildung nachgedacht wurde[179]), ist das Thema in jüngerer Zeit nicht mehr aktuell.
Doch ungeachtet dessen kommt der Ruß mit dem Regen nach wie vor von weit her. Seit einigen Jahren habe ich selbst einen sensiblen Blick auf die Luftreinheit entwickelt und beobachte die Wolken. Mein Schlüsselerlebnis hatte ich 2019 auf einem Flug von Berlin nach Manchester. Über England sah ich viele schmutzige Wolken unter mir und einen leicht rötlich schimmernden Dunstschleier in etwa 5 km Höhe. Abbildung 62 zeigt einen Blick über eine englische Landschaft Richtung Nordost auf halben

---

179 R. Wengenmayr - *Staub, an dem Wolken wachsen;* 2010;
  https://www.mpg.de/forschung/aerosole-und-wolken (abgerufen am 17.06.2023)

Abbildung 62: Schwarze Wolken über Bowness on Windermere England; -
Quelle: Hüfner 19.09. 2019 13.45 Uhr

Abbildung 63: morgendlicher Himmel über dem Saaletal am 16.05.2023 gen
Westen geblickt - Quelle: M. Hüfner

Weg zwischen Manchester nach Glasgow. Später fielen mir auch
die schmutzigen Wolken über Deutschland auf, die man im Auf-

licht der Sonne besonders in den Morgen- und Abendstunden erkennen konnte. Abbildung 63 zeigt schmutzige Wolken über meinem Haus.

In meinem Beatmungsgerät, das ich des Nachts brauche, ist ein Pollenfilter, der monatlich gewechselt werden muss. Das Gerät steht im Schlafzimmer und man sollte meinen, dass dort die Luft sauber sei. Doch der Filter ist in den Nächten eines Monats deutlich dunkler geworden, wie alter Schnee. Es strahlt etwa 15% weniger Licht zurück als der neue Filter. Wir nennen das die ‚Weiße' oder lateinisch die Albedo. Es handelt sich dabei um das Rückstrahlvermögen von diffus reflektierenden Oberflächen. Währende die Albedo einer weißen Oberfläche auf 100% gesetzt wird, hat die absolut schwarze Oberfläche eine Rückstrahlung von 0%. Das Rückstrahlvermögen aller irdischer Oberflächen wird durch Aerosole offensichtlich massiv beeinflusst, wie wir besonders an Schneeflächen und Wolken beobachten können.

Wenn ich die Frage stelle, wie kommt der Dreck und das Wasser in die Höhe, bekomme ich zur Antwort, weil warme Luft leichter sei. Doch Luft wird nicht so einfach leichter. Das

Abbildung 64: Nachweis der Plasmaeigenschaften einer Flamme mittels Elektroskop

hat etwas mit den Kräften zwischen Ladungen zu tun, die durch Wärme aktiviert werde.

Jede Verbrennung ist ein elektrochemischer Vorgang. Eine gewöhnliche Flamme leuchtet wegen ihrer elektrischen Anregung, was man leicht mit einem selbstgebauten Elektroskop nachweisen kann. Schon als Schüler habe ich so ein einfaches Elektroskop gebaut. Es wird mit Reibungselektrizität von einer Decelith-Tafel aufgeladen und die im Glas befindlichen Alustreifen spreizen sich, wie in Abbildung 63 zu sehen ist. Nun kann man mittels eines brennenden Streichholzes das Elektroskop entladen. Die Alustreifen ziehen sich zusammen. Folglich ist auch zu erwarten, dass die bei der Verbrennung freiwerdenden Aerosole von Nebeltröpfchen umhüllt, elektrisch negativ geladen sind. Die Ionosphäre wird durch den Sonnenwind positiv aufgeladen. Negativ geladener Wasserdampf nimmt Rußpartikel und andere Aerosole mit in die Hochatmosphäre und diese Aerosole bewirken eine schnellere Kondensation des Wassers um die Partikel herum als das in staubfreier Luft der Fall wäre. Unter https://earth/null-school.net kann man den Aerosol-Transport über den Erdball und speziell in die Arktis in Echtzeit verfolgen.

Doch die überragende Bedeutung der Aerosole und ihre optischen Eigenschaften für Klima und Wetter kommen erst ganz langsam im Bewusstsein der Menschen an.

Im nächsten Kapitel werden wir diese Erkenntnisse auf ein einfaches Klimamodell anwenden.

Ein einfaches Klimamodell der Erde

Unter einem Klimamodell versteht die Meteorologie umfangreiche Computerprogramme, die dazu verwendet werden, die künftige Entwicklung des Klimas auf Basis bestimmter Annahmen zu berechnen. Diese Annahmen werden zu Treibhausgasszenarien zusammengefasst. Doch in den vorangegangen Abschnitten habe wir erfahren, dass diese Annahmen physikalisch nicht haltbar sind, weil der Treib<u>haus</u>effekt zu einem Treib<u>gas</u>effekt umgedeutet wurde. Klaus Hasselmann erklärte nach Erhalt seines Physiknobelpreises 2012 den Zusammenhang von chaotischem Wetter und Klima in einem Interview folgendermaßen:[180])

> *»Dass beides miteinander zusammenhängt, war damals noch nicht bewusst, dass man langfristige Klimaveränderungen ablesen kann, auch wenn das Wetter kurzfristig ständig schwankt. Man kann das mit der Random-Walk-Theorie erklären: Ein Mensch geht mit seinem Hund spazieren, der zieht ihn hin und her, bleibt stehen, schnüffelt und rennt vorweg. Beobachtet man den Weg des Hundes, dann sieht das chaotisch aus. Aber der Mensch folgt doch mehr oder weniger einer Linie. So ergeben doch die kurzfristigen Schwankungen des Wetters auf Dauer die langfristigen Klimaveränderungen.«*

Einfacher ist es allerdings, nicht als Floh den Weg des Hundes zu beobachten sondern den Weg seines Herrn. Wird der sich von seinem Hund führen lassen? Mir scheint der Ansatz eines solchen Klimamodells durchaus zweifelhaft, da nicht der Weg für dieses Klima entscheidend ist, sondern was die Hundenase auf dem Weg erschnüffelt hat, wie beispielsweise den Ruß.

Mit der industriellen Revolution beschleunigte sich der gesellschaftliche Stoffwechsel in einem nie gekannten Ausmaß. Ein

---

180 M. Göring - *Muss Forschung neutral bleiben, Herr Hasselmann?* Interview mit K. Hasselmann P.M. Magazin 3/2022 S.34

beschleunigter Stoffwechsel einer wachsenden Gesellschaft produziert immer mehr Müll oder Entropie, die die Natur nicht mehr abbauen kann.

Doch geschlossene Stoffkreisläufe sind in den Industrien der Welt noch die Ausnahme. Auch stellt die Natur die benötigte Energie als elektrischen Strom, wie wir ihn heutzutage gebrauchsfertig aus der Steckdose erhalten, nicht zur Verfügung. Wir erhalten elektromagnetische Strahlung, sehr unterschiedlich über den gesamten Erdball verteilt, und ohne technische Hilfe können wir sie nicht in nutzbare mechanische Energie umwandeln. Dazu brauchen wir die Pflanzen als Energiesammler gebunden an Kohlenwasserstoffe. Diese verbrennen wir, um die Energie für unsere Bedürfnisse freizusetzen. Es gibt kein effizienteres Verfahren, sonst hätte die Natur es schon längst erfunden.

Der verschwenderische Umgang mit der Ressource Energie hat natürlich negativen Einfluss auf unsere Umwelt. Wir haben entweder vor dem dabei entstandenen Dreck die Augen verschlossen, ihn gleichmäßig über große Flächen verteilt oder auch über viele Jahre im Meer verschwinden lassen. Schließlich bemerken wir, dass sich unsere Umwelt verändert hat und sich spürbar weiter verändert.

Nur eine dieser besorgniserregenden Veränderungen sind die zunehmenden ungewöhnlichen Extrem-Wetterereignisse. Wir müssen zwischen Klima und Wetter unterscheiden, wie Hasselmann zwischen Hund und Herrn unterscheidet. Nur werden wir das Wettergeschehen in ein physikalisches Klimamodell einzuordnen versuchen, also dem Klima das Primat geben. Wir haben Klimazonen, die durch den Einfallswinkel der Sonneneinstrahlung bestimmt sind. So unterscheiden wir zwischen fünf großen Klimazonen: Polarzone, Subpolarzone, Gemäßigte Zone, Subtropen und Tropen. Die Klimazonen legen sich wie Gürtel von 18 Breitengraten um die Erde und sind abhängig vom Einstrahlungswinkel der Sonne.

Klimaprognosen sind sehr schwierig, da die Daten über unsere Atmosphäre in drei Dimensionen multikausal vom Wetter überlagert variieren. Deshalb versucht man das gegenwärtige Klima in kleinen Zellen wie das Wetter über den Erdball zu erfassen.

»Eine einzelne Wolke fällt buchstäblich durch die Maschen des Rechengitters, weil sie im Allgemeinen viel kleiner als der Abstand zwischen zwei Gitterpunkten ist«,

sagt Mojib Latif vom Leibniz-Institut für Meereswissenschaften in Kiel. [181]

Also ist es notwendig, einige charakteristische physikalische Parameter wie die eingestrahlte und reflektierte Energie auszuwählen und nur ein sehr einfaches Klimamodell, wie Abbildung 65 zeigt, zu betrachten. Aber das sollte bereits genügen, um zumindest die gesamte Problematik qualitativ besser verstehen zu können, als das, was die Hysterie der Medien uns bietet.
Damit die Temperatur in einem offenen System konstant bleibt, muss sich ein Fließgleichgewicht eingestellt haben. Die von der Sonne importierte Strahlungs-Entropie muss gleich der von der Erde exportierten Entropie sein, damit unser Klima konstant bleibt. Wir müssen also prüfen, ob die Erde im thermodynamischen Gleichgewicht ist.

---

181 H. Dambeck - *Wenn Wolken durch das Raster fallen;* Spiegel Wissenschaft 11/2009; https://www.spiegel.de/wissenschaft/mensch/klima-modellierung-wenn-wolken-durch-das-raster-fallen-a-661771.html (abgerufen am 17.06.2023)

Zur Berechnung der eingestrahlten Energie ist die Solarkonstante I_{sol} ausschlaggebend. Sie gibt die Flächenleistung der Sonnenstrahlung im Abstand Sonne-Erde an. Da die Erdbahn eine Ellipse ist, schwankt die Solarkonstante in Abhängigkeit von den Jahreszeiten.

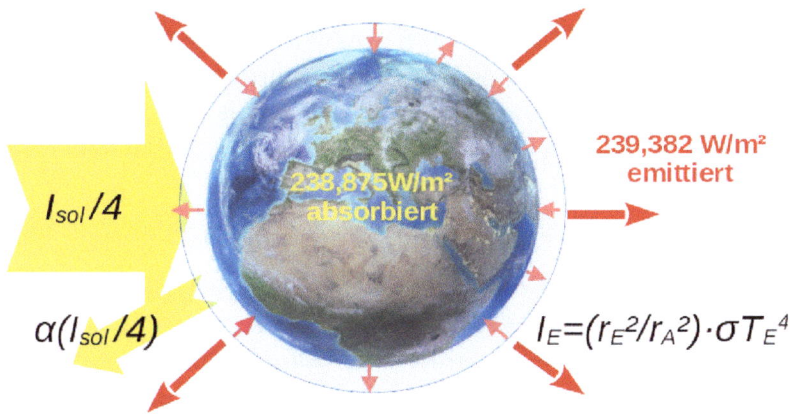

Abbildung 65: einfaches globales Klimamodell

Im Januar erreicht die Sonne ihr Perihel und dann ist I_{sol} etwa 1412 W/m² und im Juli erreicht sie den größten Abstand im Aphel mit einer Flächenleistung von etwa 1320 W/m². Auch der Sonnenfleckenzyklus hat einen geringen Einfluss. Aber nicht die gesamte Strahlung erreicht die Erdoberfläche. Die Wärmemenge der Sonne ergibt sich aus dem Produkt der Solarkonstanten $I_{sol} =$ *1365±5 W/m²* mal der beschienenen Fläche mal der Zeit. Die Sonne strahlt auf den Erdquerschnitt, aber da die Erde Kugelgestalt hat, trifft sie im Mittel nur das Verhältnis von Querschnitt zu Kugeloberfläche, also nur ein Viertel der Strahlung, rund 341

W/m², von der ein bestimmter Prozentsatz α, die planetare Albedo, reflektiert wird.

Mit einer Temperatur von 255 K aus Satellitenmessungen in 5 km Höhe ergibt sich nach Stefan-Boltzmann mit der Konstante σ mit $5,67 \times 10^{-8}$ W/m²K⁴ dann eine mittlere Abstrahlungsleistung I_E unter Berücksichtigung des Verhältnisses von Erdradius r_E ohne und r_A mit Atmosphäre von 239,382 W/m² als schwarzer Strahler.[182]

Die planetare Albedo ist der wichtigste Parameter im Klimamodell. Sie wurde in den siebziger Jahren auf 0,3 geschätzt. Daraus errechnet sich die mittlere Flächenleistung der Sonne zu

$$\frac{I_{sol}}{4} \cdot (1-\alpha) = 238,875 \, W/m^2 \qquad (3.12)$$

Setzt man jedoch die oben berechnete Flächenleistung der Erde auf Grund ihrer Abstrahlung ein, so erhält man für α einen Wert von 0,2985. In diesem Modell gibt es zwei Variable: das ist die durch die Sonneneinstrahlung erzeugte Wärme und die planetare Albedo α. Würde die gesamte industrielle Primär-Energieerzeugung als Wärme in die Atmosphäre gelangen, würde das etwa einer Flächenleistung von 10,3 µW/m² entsprechen, wie wir im Abschnitt *Die industrielle Energiewirtschaft* errechnet haben. Die Energiewirtschaft mit ihren primären Wärmewirkungen kann global vernachlässigt werden, wenngleich sie als Mikroklima an speziellen Standorten durchaus eine Einfluss ausüben kann. Wenn wir davon ausgehen, dass die eingestrahlte Energie konstant bleibt, sind es die sekundären Auswirkungen durch die Veränderung der Albedo, die wir betrachten müssen.

Die Erde strahlt also im Mittel 0,507 W/m² mehr aus, als sie nach dem Strahlungsgleichgewicht mit der Albedo 0,3 strahlen

---

182 C. Simmer - *Einführung in die Meteorologie Teil III Strahlung;* Universität Bonn https://www2.meteo.uni-bonn.de/mitarbeiter/rlindau/download/met110/met110-111-III-2_Strahlungsbilanz-der-Erde.pdf (abgerufen am 27.06.2023)

dürfte. Nun liegt die Abweichung noch im Schwankungsbereich der Solarkonstante. Die Temperatur muss da sehr genau bestimmt werden, da sie mit der vierten Potenz in die Rechnung eingeht.

Die Rückstrahlung der Erd- bzw. Meeresflächen ist jedoch von Ort zu Ort sehr unterschiedlich.

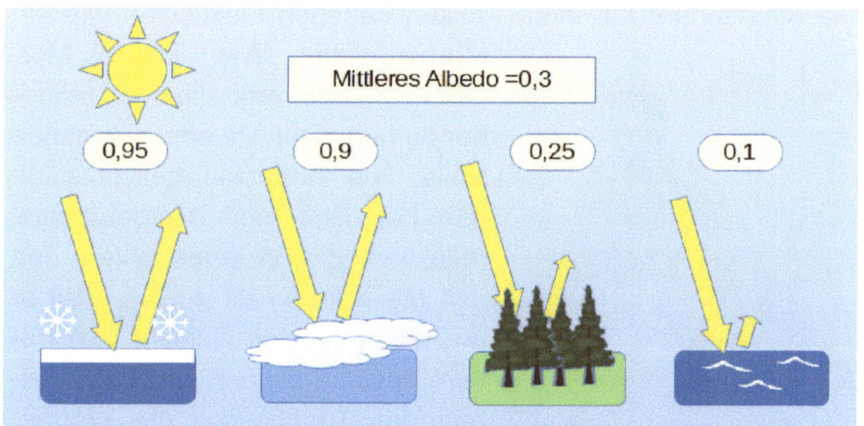

Abbildung 66: Albedo - Die Werte haben eine große Schwankungsbreite abhängig vom Einstrahlungswinkel und vom Material

Sie muss, wie bei meinen Pollenfiltern, durch die Albedo α berücksichtigt werden. Dieser Teil der Energie wird von dem beschienenen Erdkörper diffus reflektiert und trägt nicht zur Erwärmung bei. Der absorbierte Teil der Energie trägt zur Erwärmung des Bodens, des Wassers und der Luft darüber bei. Die Albedo ist ein Maß für die relative Helligkeit eines Körpers. Ein schwarzer Körper hat eine Albedo von Null, weil er alle Strahlung absorbiert und ein weißer Körper hat die Albedo von Eins, weil er alle Strahlung diffus reflektiert. Die Albedo ist von der Oberflächenstruktur und deren Farbe abhängig und damit Ausdruck der Entropie. Sie hängt nicht nur vom Breitengrad und damit vom Einfallswinkel und der Intensität der Strahlung ab, sondern auch von der Menge der Eisflächen und der Gletscher, von der Wolkenverteilung und den Wald- und Wüstenflächen. Wenn bei konstanter Strahlungsintensität die Albedo infolge von Umweltverschmutzung sinkt, steigt die Leistung der Sonneneinstrahlung und damit die Temperatur.

Die Atmosphäre mit ihren Wolken dagegen funktioniert wie ein Morgenmantel. Wenn ich des Morgens aufstehe, wirkt die mich umgebende Luft nicht wie eine wärmende Hülle, wie Arrhenius geschlussfolgert hat. Erst mein Morgenmantel reflektiert die Wärmestrahlen und hält die warme Luft zurück, weil er aus einer dichten Schicht von Fasern besteht, die wie die Glasscheiben des Treibhauses die Wärmestrahlung aus dem Inneren durch

Abbildung 67: Mann mit Rettungsfolie

Reflexion an der Kleidung zurück hält. Dabei produziert weder mein Morgenmantel noch die darin enthaltene Luft selbst Wärme. Die Wärme produziert allein mein Körper. Den gleichen Treibhauseffekt bewirkt auch eine Rettungsfolie. (Abb. 67) Dabei ist also weniger die Gasfüllung entscheidend für Wärmestrahlen als das Reflexionsvermögen der umhüllenden Schicht. Wir nennen solche halbdurchlässigen Schichten semipermeabel und sie spielen in der Optik eine große Rolle. Reflexion tritt auf, wenn das Licht auf Elektronen an der Oberfläche des Materials trifft, in das es eintritt. Die Elektronen absorbieren das Licht und geben es mit einem gewissen Energieverlust wieder ab, weshalb die

Frequenz abnimmt. Glänzende, hoch-reflektierende, verspiegelte Materialien haben mehr Elektronen mit freier Beweglichkeit, was zu maximaler Reflexion und minimaler Transmission führt. Die Elektronen haben wir auch an der Oberfläche der Wassertröpfchen in den Wolken, wie in Abb. 45 dargestellt. Sind dann Rußpartikel in den Tröpfchen eingeschlossen, absorbieren diese die Strahlen und geben sie an die sie umhüllenden Nebeltröpfchen ab und erwärmen diese über ihre Umgebungstemperatur hinaus, wie auch aus Abb.56 ersichtlich. Aus solchen Wolken ist kein Schnee zu erwarten.

Wenn also das Klimamodell RCP8.5 einen Zuwachs von 8,5 W/m² bis 2100 prognostiziert, bedeutet das, dass die planetare Albedo infolge des Kohlenstoffeintrags in die Atmosphäre abnehmen muss. Löst man (3.12) mit dem Zuwachs von 8,5 W nach α auf, erhält man eine planetare Albedo von 0,275. Das würde bedeuten, dass die Polarregionen eisfrei würden und in 5 km Höhe wäre die Temperatur auf

$$T = \sqrt[4]{\frac{I_E \cdot r_A{}^2}{\sigma \cdot r_E{}^2}} = 257,1\,K \qquad (3.13)$$

gestiegen. Das Klimamodell spricht von einem CO_2-Äquivalent, aber nicht von CO_2-Emission. Das ist ein gravierender Unterschied, der zur Verwirrung führt und zu politisch falschen Entscheidungen bei der Bekämpfung des Klimawandels.

In der Hochatmosphäre bilden die Wolken und die Stäube von Ruß diesen Mantel, aber nicht das CO_2-Gas, dessen spezifische Wärmekapazität nur 85% der von Luft erreicht, Wasserdampf jedoch die doppelte Wärmekapazität von Luft hat [183]). Auf Grund

---

183 https://de.wikipedia.org/wiki/Spezifische_W%C3%A4rmekapazit%C3%A4t

dieser Tatsache ist es schwer zu vermitteln, dass das CO_2-Gas die Ursache des Klimawandels sei.

Jeder Mensch macht die Erfahrung, dass, wenn er seine Schritte beschleunigt, sich sein Körper erhitzt, weil der Stoffwechsel angekurbelt werden muss, um die nötige Energie in die Muskeln zu bekommen. Der Körper scheidet im Gegenzug Wasser aus, damit es auf der Haut verdunstet, um einer Überhitzung vorzubeugen. Menschen haben dann zusätzlich die Möglichkeit, Kleidungsstücke abzuwerfen und sie nach dem Lauf wieder anzuziehen. Das geht mit unserer Atmosphäre nicht. Im Gegenteil unsere Gesellschaft sorgt dafür, dass, wenn die Oberfläche des Erdballs Feuchtigkeit in die Atmosphäre abgibt, zusätzlich noch Aerosole eingetragen werden und der Mantel in der Hochatmosphäre immer dichter wird. Insbesondere tritt das an Stellen auf, wo Menschen gewöhnlich nicht so genau hinschauen, auf den Meeren und am Himmel.

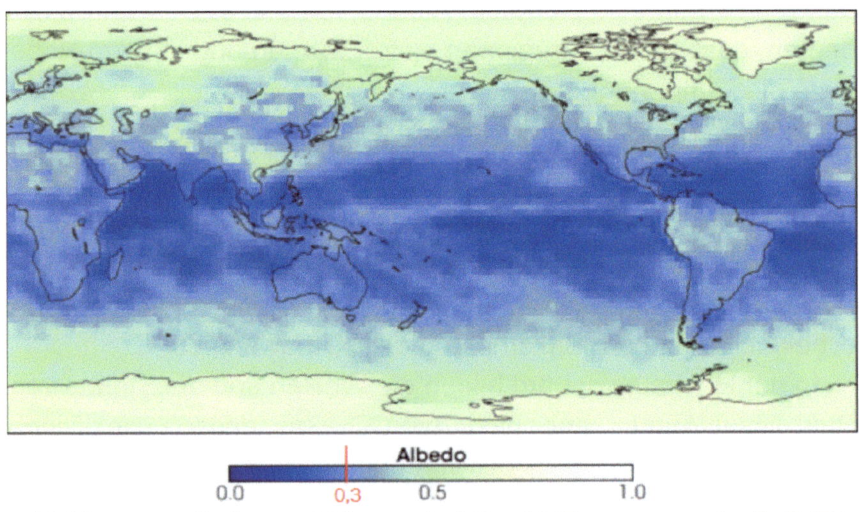

Abbildung 68: Albedo vom Weltraum im März 2005 gemessen - Quelle NASA

(abgerufen am 29.04.2023)

Die mittlere Albedo für die gesamte Erdoberfläche zu erfassen, ist schwierig und aufwändig. Am besten funktioniert das mit Satellitentechnik. Über den Messfehler ist nichts bekannt. Immerhin ist an Abbildung 68 zu erkennen, dass die subpolaren Regionen mit ihren Wolken und Eisflächen, aber auch die großen Waldgebiete eine höhere Albedo aufweisen als die äquatorialen Meeresflächen. Wenn die Albedo dort abnimmt, werden diese Regionen wärmer. Es kommt zu weniger Schneefall im Winter, weil dunkle Wolken mehr Strahlungswärme aufnehmen. Wie sich das auswirkt, kann man leicht der Abbildung 68 entnehmen, wenn die rote Markierung auf der Farbskala der Albedo weiter nach links rückt. Das blaue Band wird breiter.

Wir verwechseln im Alltag die Begriffe Klima und Wetter sehr häufig. Physikalisch wird das Klima durch die effektive Sonneneinstrahlung bestimmt. Das Wetter wird jedoch durch den atmosphärischen Wärmetransport bestimmt.

Ein paar Bemerkungen zum Wetter

Während das Klima für einen bestimmten Ort der Erde annähernd konstant bleibt, ist das Wetter einem ständigen Wechsel unterworfen. Das liegt daran, dass innerhalb der Atmosphäre die Wärme von der Erd- bzw. Wasseroberfläche vorwiegend per Konvektion in die Hochatmosphäre transportiert wird, wo sie dann abgestrahlt wird. Das Konvektionsverhalten der Atmosphäre wird uns täglich auf der Wetterkarten als die Wanderung von Tiefdruck- und Hochdruckgebieten angezeigt. Wirbelstürme sind Ausdruck einer erhöhten Konvektionsgeschwindigkeit in Gebieten besonders starker Verdunstung von Wasser. Dabei übernimmt der Wasserdampf den Hauptteil des Transports, weshalb ein Seeklima bezüglich Temperaturwechsel stets ausgeglichener als ein Landklima ist. Wenn dann Ruß aus den großen am Meer gelegenen Industriestädten in die Hochatmosphäre gelangt, wird er in die Wolken und Schneegebiete der Hochgebirge und in die subpolaren Klimazonen transportiert und dort verringert dieser Eintrag die Albedo, weshalb der Klimawandel in diesen Gebieten zuerst beobachtet wird.

Infolge der stärkeren Erwärmung des Bodens durch die verringerte Albedo verstärkt sich die Konvektionsgeschwindigkeit des Temperaturaustauschs in der Atmosphäre und wir registrieren eine Zunahme von Tornados und anderen Turbulenzen, die die Konvektion in der Atmosphäre antreiben. Wir haben hier ähnliche Verhältnisse wie bei unserem obigen Beispiel mit der Kaffeetasse im Kapitel *Konvektion.* Der Unterschied ist, dass die Konvektionszellen in der Atmosphäre angetrieben von den Höhenströmungen und der Erdrotation wandern.

Unsere Atmosphäre ist am Boden dichter als in der Höhe. Der Luftdruck nimmt mit der Höhe exponentiell ab. Luft ist kompressibel und zusätzlich wird sie, wenn sie mit Wasserdampf angereichert ist noch schwerer. Trotzdem steigt Luft auf, wenn sie von der Sonne beschienen wird und es bilden sich über Wasser Tiefdruckgebiete. Gegen Abend entsteht an der Küste ein ablandiger Wind, weil die Luftmassen am Tagesende vom Land zum Meer strömen, da das Land viel schneller abkühlt. Über Land kondensiert der Wasserdampf in der Höhe zu Wolken und entlädt sich nicht selten als Regen. Das Phänomen, dass sich über Land Wolken bilden, haben schon die alten Seefahrer der Antike gewusst. Das Konvektionsverhalten der Atmosphäre wird uns täglich auf der Wetterkarten als die Wanderung von Tiefdruck- und Hochdruckgebieten angezeigt. (Abb. 69)

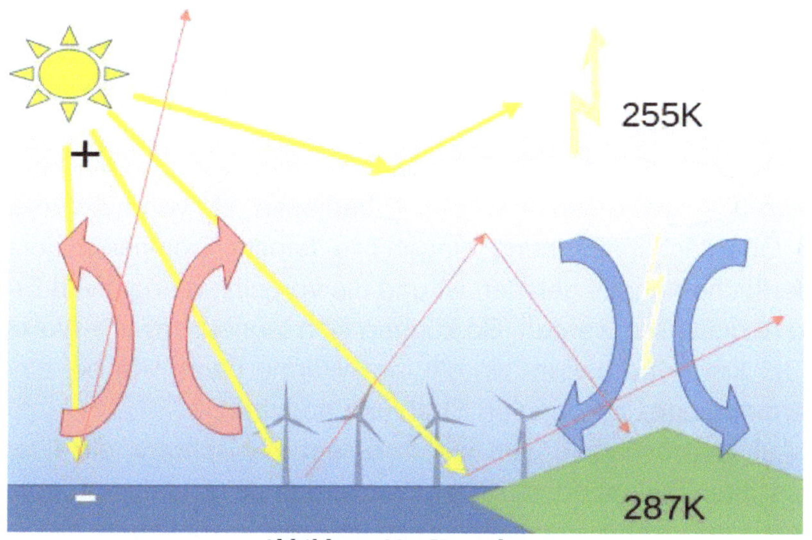

Abbildung 69: Konvektion

Wenn auf dem Meer besonders viele Schiffe Rauchfahnen auf stark befahrenen Schifffahrtsrouten ausstoßen, werden die Rußpartikel zusammen mit dem Wasserdampf in die Hochatmosphäre getragen. An den Rußpartikeln kann besonders viel Wasserdampf kondensieren und Starkregenereignisse nehmen in küstennahen Gegenden zu. Die Regenfracht wird eher abgeladen So sind Flutkatastrophen ähnlich wie vom 14. auf den 15. Juli 2021 im Ahrtal zu erwarten und die weiter im Landesinneren liegenden Gebiete erhalten weniger Regen, was dort zu häufigeren Waldbränden führt. Die in der Atmosphäre verbleibenden Rußpartikel wandern in Richtung Erdpole wegen der geringeren Rotationsgeschwindigkeit und senken in den polaren Klimazonen die Albedo der Eisflächen, die dann zu schmelzen beginnen.

Für die heutige Generation ist die Bildung von Konvektionszellen verblüffend und wird fälschlicherweise als Selbstorganisation bezeichnet, als hätte die Atmosphäre ein Organisationsziel. Man kann auch behaupten, es sei Fremdorganisation, denn schließlich würde der Prozess nicht ohne die Sonnenstrahlung in Gang kommen. In der Tat bewirkt die Strahlung der Sonne einen photoelektrischen Effekt an den Wassermolekülen auf dem Erdboden und auf der Wasseroberfläche. Dabei verdunstet Wasser wie in unserem Beispiel mit der Kaffeetasse als von EZ-Wasser mit Oberflächenspannung eingehüllte feinste Tröpfchen, deren Oberfläche negativ geladen ist und die von einem negativen Erdfeld abgestoßen werden. So können sich tonnenschwere Wolken in 3-5 km Höhe halten, wo sie ihre Wärme dann, wie bei einer Wärmepumpe, in Form von Strahlung abgeben.

Auf Meeresniveau wird wie in einem Kühlschrank ein flüssiges Kältemittel gasförmig. Der Wasserdampf kondensiert in den oberen Atmosphärenschichten und gibt die gespeicherte Wärme in Form von Strahlung wieder ab. Wenn wir uns anschauen, welche natürlichen Kältemittel es gibt, stehen Wasser, Kohlendioxid und Ammoniak oben auf der Liste der Kältetechniker.

Niemand käme auf die Idee, das Innere des Kühlschranks zu heizen. Unsere Industriegesellschaft heizt nicht nur die Wärmepumpe Atmosphäre, sondern reduziert auch noch ihre Verdunstungsflächen an Land. Wenn sich die Erde abkühlen soll, muss man dafür sorgen, dass die Wärme, die unsere Industriegesellschaft in Ballungsgebieten produziert, entweder effektiver genutzt wird oder schneller abgeleitet werden kann. Da wirken Windräder in großer Zahl als Widerstände im Kreislauf des Wassers eher kontraproduktiv und Fotovoltaikanlagen erhöhen die Albedo auch nicht gerade, kommen in den gemäßigten Breiten großflächig aufgebaut als Konkurrenten der Nahrungsgüterproduktion daher.

Als Kohlenstoffspeicher und Kühlflächen eignen sich Feuchtgebiete wie Moore und Wälder. Ihre Flächen müssen vergrößert statt verringert werden. Insgesamt sollte der industrielle Stoffwechsel auf ein notwendiges Maß heruntergefahren werden. Ein ständiges Wirtschaftswachstum verträgt sich nicht mit dem Klimaschutz.

Den Manteleffekt der Wolken spüren wir deutlich. Ein bedeckter Himmel verhindert die Auskühlung der Erde beträchtlich. Dagegen wird es in der Wüste, wo die Tagestemperaturen bis auf 50°C steigen können, des Nachts empfindlich kalt. Das liegt an der extremen Trockenheit der Luft.

Das Kohlendioxid löst sich im Wasserdampf und gelangt als saurer Regen wieder auf die Erde. Das konnten wir zu DDR-Zeiten beobachten. Erst seit wir mit Gas heizen, gibt es keinen sauren Regen mehr. Die Flechten wachsen wieder an den Bäumen und Sträuchern. Das CO_2-Gas, das wir aus der Seltersflasche kennen, ist schwerer als Luft. Es sammelt es sich in höherer

Konzentration eher in Bodensenken an, als dass seine Konzentration in den oberen Atmosphärenschichten ansteigt. Es sei denn es reist zusammen mit Rußpartikeln in kleinsten Wassertröpfchen als Kohlensäure gelöst in die Wolken. Diese Tropfen wachsen besonders schnell und fallen dann als Starkregen vom Himmel ohne dass dieser das Grundwasserreservoir auffüllen könnte.

Wir müssen also feststellen, dass die Veränderung der Albedo der Erdoberfläche und der Wolken durch Aerosole den entscheidenden Einfluss auf den Klimawandel hat, und das wirkt sich besonders in den Polargebieten und in den Hochgebirgen auf die Schnee- und die Eisflächen aus.

Das erfordert eine Umorientierung in der Klimapolitik auf Aerosolvermeidung.

Am 25.06.2023 lief abends im ZDF eine Diskussionsrunde über Klimapolitik, zu der Markus Lanz geladen hatte.[184] Kontrahenten waren der Klimaforscher Mojib Latif und der Energiepolitische Sprecher der AfD Steffen Kotré. Latif hatte auf Kotrés Statement, dass der Einfluss des CO_2 auf das Klima noch nicht erwiesen sei, überhaupt nicht souverän reagiert. Nämlich statt fachlicher Argumente seitens der Klimaforschung endete die Diskussion in politischem Streit. So hatte ich Mojib Latif zwei Tage nach seinem Auftritt gebeten, mir die Wirkungsweise des CO_2 auf das Klima zu erklären und etwas zur Zuverlässigkeit der offiziellen Klimamodelle zu sagen. In der Anlage zur Email hatte ich ihm das Manuskript über meine Vorstellungen von einem Klimamodell zugesandt. Meine Anfrage habe ich im wöchentlichen Abstand noch zweimal wiederholt. Seit dem warte ich auf Antwort ...

---

184 https://www.zdf.de/gesellschaft/markus-lanz/markus-lanz-vom-25-mai-2023-100.html (abgerufen am 06.06.2023)

Ist die Venusatmosphäre das Vorbild für die Zukunft der Erdatmosphäre?

Auf der Venus sollen einst paradiesische Bedingungen fast wie auf der Erde geherrscht haben. Das Klima wäre mild gewesen und es hätte sogar flüssiges Wasser gegeben - zumindest träumten sich das einschlägige Klimamodelle, wenn man den Ausführungen von M.J. Way und anderen Glauben schenken will.[185]) und nun würde die Erde ein ähnliches Schicksal wie die Venus erleiden. Die Idee, dass nicht das Haus, sondern die Gasfüllung für den Treibhauseffekt verantwortlich sei, geht wohl auf ein Missverständnis zurück, für das niemand so recht verantwortlich zu sein scheint. Es heißt aber Treibhauseffekt und nicht Treibgaseffekt.

Über die Venusatmosphäre berichteten erstmals S. I. Rasool, und C. De Bergh 1970 [186]) und sie schlussfolgerten daraus, dass auf der Erde ein galoppierender Treibhauseffekt einträte, wenn sie sich etwa 7 % näher an der Sonne befände. In der Zusammenfassung lesen wir:

> *»Obwohl Venus und Erde in Größe und Masse ähnlich sind, im Sonnensystem benachbart sind und wahrscheinlich vor etwa 4,5 Milliarden Jahren aus derselben homogenen Mischung aus Gas und Staub entstanden sind, unterscheiden sich ihre Atmosphären und Oberflächenbedingungen deutlich. Beispielsweise ist die Atmosphäre der Venus etwa 75-mal massereicher als die der Erde und*

---

185 M.J. Way u. a. - *Was Venus the first habitable world of our solar system?* Geophysical Research Letters Volume 43, Issue 16 p. 8376-8383; 08/ 2016; https://agupubs.onlinelibrary.wiley.com/doi/10.1002/2016GL069790

186 Rasool, C. De Bergh: *The Runaway Greenhouse and the Accumulation of CO2 in the Venus Atmosphere.* In: Nature. Band 226, Nr. 5250, 1970, S. 1037–1039,

besteht größtenteils aus Kohlendioxid, einem Gas, das nur 0,03 Prozent der Erdatmosphäre ausmacht. Die Venusatmosphäre scheint im Vergleich zur Erde um den Faktor 104 an Wasser zu fehlen. Die Oberflächentemperatur der Venus beträgt 700 K. Wir glauben, dass die Hauptunterschiede durch den einzigen Umstand erklärt werden können, dass die Venus 30 Prozent näher an der Sonne entstand. Hätte sich die Erde nur 6 bis 10 Millionen Kilometer näher an der Sonne gebildet, wäre sie möglicherweise auch ein heißer und steriler Planet geworden. Was den Mars betrifft, so scheint es, dass die relative geringe Größe und Masse – eine schwächere innere Aktivität – seinen Fortschritt in Richtung der Bildung einer erdähnlichen Atmosphäre und erdähnlichen Ozeanen verlangsamt hat. «

Die Erkundung der Venus ist schwieriger als die Erkundung des Mars, obwohl sie als Zwillingsschwester der Erde gilt. Die Planetologen gehen davon aus, dass die vier inneren Gesteins-Planeten des Sonnensystems – Merkur, Venus, Erde und Mars – eine sehr ähnliche Entstehungsgeschichte hinter sich haben. Das mag zutreffen, doch ob sie das gleiche Alter haben, wage ich zu bezweifeln, denn sie könnten sich auch zeitversetzt aus riesigen Massenauswürfen der Sonne gebildet haben. Wie ich zu dieser Schlussfolgerung komme, soll nun erläutert werden.

Die Klimaeffekte ihrer Atmosphäre werden gern zum Vorbild für irdische Klimamodelle verwendet. Von den vielen Versuchen, die Venus zu erreichen, war der 15. Versuch durch Mariner 5 1967 der erste erfolgreiche, indem ein Vorbeiflug der Sonde im Abstand von knapp 4000 km gelang. Erste Daten über die Atmosphäre der Venus brachten die Sonden Venera 5-7 in den Jahren 1969-70.

So maß Venera 7 am 15. Dezember 1970 eine Bodentemperatur von 457 bis 474 °C und einen Außendruck von 90 bar und bestätigte die Voraussage einer heißen Venus von Immanuel Velikovsky, der mit seiner Katastrophentheorie in den 50er Jahren des

20. Jahrhunderts einen Skandal in der wissenschaftlichen Welt auslöste. Die erste Landung auf Planet Venus gelang Venera 8 1972. Sie blieb 50 Minuten Sekunden heil, bestätigte die Messungen von Venera 7 und erkundete die Lichtverhältnisse. Sie entsprachen denen an einem trüben Tag auf der Erde. Dann fiel sie wegen Überhitzung aus. Venera 10 lieferte 1975 die ersten Bilder von der Oberfläche. Die Sonde sendete 65 Minuten, ehe sie auch wegen Überhitzung ausfiel. Später wurden die Missionen erfolgreicher. Die hohe Oberflächentemperatur wurde sowohl auf der Tag- als auch auf der Nachtseite und auch an den Polkappen gemessen. Lediglich in der Höhe über dem Boden registrierten die Geräte einen Temperaturabfall.

Die Gasanalyse der Venusatmosphäre ergab:

Hauptbestandteile der Venus-Atmosphäre	
Kohlendioxid	ca. 96 %
Stickstoff	ca. 3,5 %
Schwefeldioxid Schwefelsäure Wasserdampf Argon	Zusammen ca. 0,5 %

Diese Hypothese vom Treibhauseffekt bei hohem Kohlendioxidanteil in der Atmosphäre hat sich hartnäckig gehalten. Inzwischen – obwohl unbewiesen – wird sie für den Stand der Wissenschaft gehalten. Die Daten würden es belegen. Es kommt immer auf die Interpretation der Daten an. Allerdings wird zugegeben, dass der galoppierende Treibhauseffekt auf der Venus noch nicht verstanden wird.[187]

---

187 https://www.scinexx.de/news/kosmos/temperaturkarte-von-der-venus-oberflaeche-erstellt/(abgerufen am 09.06.2023)

Kann diese Hypothese vom galoppierenden Treibhauseffekt erhärtet werden? Die Erde ist ein Wasserplanet. Ihre Wolken bestehen aus Wasserdampf. Die Venus ist ein Kohlendioxidplanet auf dem Wasser fast völlig fehlt, folglich werden ihre Wolken vorwiegend aus Kohlendioxid-Dampf bestehen und nicht wie überall zu lesen ist aus Schwefeldioxid. Dazu wäre der Dampfdruck des Schwefeldioxids als alleiniger Wolkenbildner zu gering. Auf der Erde bestehen die Wolken aus Wasserdampf und nicht aus Kohlendioxid. Der Versuch, mein Klimamodell der Erde auf die Venus zu übertragen, scheiterte. (Abb. 70) Es konnte keine Übereinstimmung der Daten des Strahlungsenergieeeingangs mit dem Strahlungsenergieausgang festgestellt werden. Wenn der Planet keine eigene Wärmequelle hat, müssen Strahleneingang und Strahlenausgang identisch sein. Das fordert das Energieerhaltungsgesetz.

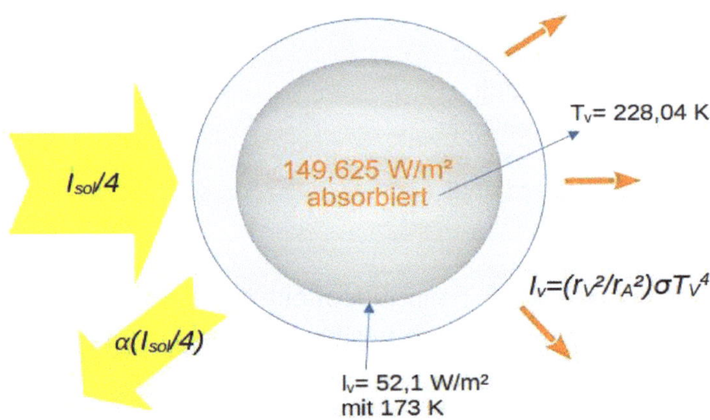

Abbildung 70: Anwendung des Klimamodells der Erde auf die Venus

Nach der Abstrahlung in 100 km Höhe dürfte die mittlere Temperatur nur 173 K betragen, aber sie betrug 228 K. Damit lag die Temperatur um 55 K höher als erwartet. Dieser Umstand wird in der Literatur als galoppierender Treibhauseffekt bezeichnet. Das ist physikalischer Unsinn. CO_2 ist vergleichbar mit Wasser eine Wärmekapazität aber keine Wärmequelle. Um das Klimamodell der Venus zu berechnen, habe ich die Daten aus folgender Tabelle entnommen:

	Venus	Erde
Solarkonstante I_{sol}	2601.3 W/m²	1361.0 W/m²
Radius	6051,8 km	6370 km
Albedo α	0.77	0,30

Aus einer Chatanfrage am 9.06. 2023 bei Bing über den Temperaturverlauf in der Venus erhielt ich folgende Tabelle. Als Quelle wurde auf astropage.eu verwiesen. Man kann annehmen, dass es sich um Mittelwerte aus verschiedenen Messreihen handelt.

Höhe (km)	Druck (Bar)	Temperatur (K)
0	92	737
10	65	720
20	45	700
30	30	230
40	18	240
50	9	250
60	4	300
70	2	350
80	0,8	400
90	0,3	>400

Dabei ist zu beachten, das die horizontale Konvektion zwischen Tag- und Nachtseite sehr ausgeprägt sein sollte, da ihre Rotationsdauer annähernd eine Sonnenumrundung dauert. Jedoch konnte man keine wesentlichen Temperaturunterschiede zwischen Tag- und Nachtseite beobachten. Aus diesen Daten und den technischen Daten des Dampfdruckverhaltens von CO_2 habe ich dann ein Diagramm (Abb. 71) der Venusatmosphäre erstellt.

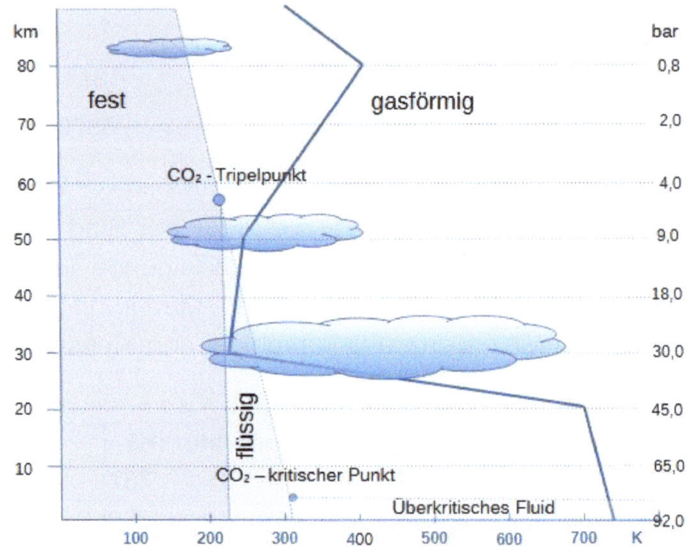

Abbildung 71: Diagramm der Venusatmosphäre, blaue Linie ist der Temperaturverlauf

Wenn die Atmosphäre überwiegend aus Kohlendioxid besteht, bestehen die Wolken aus Kohlendioxidtröpfchen oder sublimiertem Kohlendioxid-Schnee. Das bestätigt auch Bernd Leitenberger.[188]
Wenn das Diagramm auch ziemlich schematisch ist, fällt jedoch der starke Temperatursprung zwischen 20 und 40 km Höhe auf.

---

188 B. Leitenberger – *Bernd Leitenbers Blog* ;
https://www.bernd-leitenberger.de/blog/2021/03/07/die-loesung-fuer-ein-ueberfluessiges-problem-wie-misst-man-die-oberflaechentemperatur-der-venus/
(abgerufen am 09.06.2023)

Die Venusoberfläche ist von flüssigem Kohlendioxid bedeckt, dass offensichtlich lichtdurchlässiger als Wasser ist. Wenn die Sonne die einzige Wärmequelle auf der Venus wäre, müsste die Temperatur am Boden in der Nähe von 230 K herauskommen. Mit der Restwärme der durch die Kohlendioxid-Wolken dringenden Sonnenstrahlen von 52 W/m² bekommt man nie eine Oberflächentemperatur von 737 K. Das würde die Wärmeleitung und Konvektion verhindern. Zum Vergleich: Ein 60 W Lötkolben entwickelt an der Lötspitze eine Temperatur zwischen 450 und 500 K. Durch die Tatsache, dass das Gas in den Wolken verflüssigt wird, wird der Umgebung Wärme entzogen. CO_2 ist ein hervorragendes Kühlmittel und so wird eine viel niedrigere Temperatur gemessen, als ein stetiger Temperaturverlauf erwarten lassen würde. Die Venus muss selbst eine intensive aktive Wärmequelle unter ihrer Oberfläche haben.

Als Ursache für die hohe Bodentemperatur kann man eigentlich nur den **Vulkanismus** auf der Venus vermuten, den sie von der Sonne geerbt hat. Mit weit über 50000 Vulkanen ist deren Zahl auf der Venus 33 mal größer als auf der Erde.

Man könnte auch an Elektroerosion denken. Wegen des fehlenden Magnetfeldes und der größeren Nähe zur Sonne ist der elektrische Einfluss der Sonne viel stärker als auf der Erde. Pioneer Venus 1 hat im Mittel dreimal so viele Protonen im Sonnenwind gemessen als im Erdorbit.[189]) So ist auch die Wahrscheinlichkeit größer, dass die Venusoberfläche von Sonnenstürmen getroffen wird.

---

189 L.Colin u.a. - *Venus - von Pioneer enthüllt;*
https://www.spektrum.de/magazin/venus-von-pioneer-enthuellt/821597 (abgerufen am 13.06.2023)

Es gibt ganze Felder von Schildvulkanen und Felder mit Hunderten kleiner Vulkankuppen und -kegeln. Schildvulkane werden entsprechend ihrem Eruptionsverhalten auch als *rote Vulkane* bezeichnet. Sie fördern gigantische Massen dünnflüssiger (*rotglühender*) Lava, die sich über weite Flächen bei flachen Hangneigungen weit ausbreiten können. Ihre Lava ist bis zu 1000 °C heiß.

Die Venus erweckt den Eindruck, dass sie ein junger Planet ist, dessen Oberfläche noch nicht abgekühlt ist. Auch fehlt ihr der Wasserstoff, um eine Entwicklung wie auf der Erde einzuleiten. Ein Analogieschluss, dass die Erde mit ihrer Wasserchemie sich in Richtung Venus entwickeln könnte, ist zu bezweifeln. Der Unterschied der Erde zur Venus ist, dass die CO_2-Wolken der Venus kein Wasser und keinen Ruß enthalten, der die Albedo beeinflussen könnte. Verbrennungen sind auf der Venus ausgeschlossen. Die Wolken verhindern das Eindringen von Sonnenenergie und gleichzeitig verhindert ihr Mantel das Abkühlen einer vom Vulkanismus beheizten Venusoberfläche. Wolken funktionieren für Planeten ebenso wie unsere Kleidung oder das Fell der Säugetiere. Ohne die Eigenwärme des Körpers ist die Hülle wirkungslos, weshalb wechselwarme Tiere weder Fell noch Federn besitzen.

Der Volksmund sagt: Was gegen Kälte schützt, schützt auch gegen die Hitze.

Die Wolkendecke der Erde ist viel dünner, weil der Dampfdruck des Wassers einer abgekühlten Erde viel geringer ist. Dafür ist der Einfluss der Strahlungsenergie der Sonne auf die Erdoberfläche viel größer. Das geschwisterliche Verhältnis von Erde und Venus ist sehr ambivalent und es gibt keine Analogien zwischen beiden Atmosphären. Es ist höchst gefährlich, aus dem unvollkommenem Wissen über die Venusatmosphäre über Qualitätsgrenzen der Chemie hinweg auf die Zukunft der Entwicklung der Erdatmosphäre induktiv zu schließen, geschweige denn Handlungsanleitungen für die Politik abzuleiten.

An der Wolkenbildung und ihrer Auflösung kann man jedoch die Kompression oder Entspannung eines Gases über Phasengrenzen hinweg studieren. Es kann entweder zum Kühlen oder zum Erwärmen genutzt werden. Wie das geschieht, wollen wir im folgenden Kapitel betrachten.

Wärmepumpen gegen die Erderwärmung ?

Einen großen Anteil an der Aufheizung der Atmosphäre hat die Feinstaubemission aus den Schornsteinen der Feststoffheizungen von Kraftwerken und Haushalten aber auch von Schwerölen aus Containerschiffen. Dagegen emittieren Gasheizungen so gut wie keine Aerosole. Dort hat der Schornsteinfeger nichts zu tun. Eine Gasheizung gegen eine Wärmepumpe auszutauschen beschleunigt den industriellen Stoffwechsel, ist aber unter Klimagesichtspunkten eher kontraproduktiv. Der Austausch jeder Form von Feststoffheizung gegen Wärmepumpen ist dagegen empfehlenswert. Dem stehen die hohen Kosten einer Umrüstung gegenüber, was ihre Verbreitung einschränkt und nur bei Neubauten sinnvoll erscheinen lässt. Den Grund dafür werden wir gleich sehen.

Für das Wohlbefinden der Menschen sind Temperaturen von 20 bis 25 °C nötig. Konventionelle Warmwasserheizungen arbeiten mit Vorlauftemperaturen um 60 °C. Eigentlich wären Vorlauftemperaturen um 40 °C ausreichend, wenn nur die Heizkörper genügend groß wären. Doch da versagt die natürliche Konvektion. Eine Schwerkraftumwälzung des warmen Wassers funktioniert erst ab Vorlauftemperaturen über 50 °C. Für geringere Vorlauftemperaturen sind elektrisch betriebene Umwälzpumpen essentiell.

Ein konventioneller Heizkessel erzeugt von 100% Brennstoffenergie (Heizöl, Erdgas oder Biomasse) nur etwa 6,5% Nutzwärme für die Räume in einem Haus. Die meiste erzeugte Wärme wird durch den Schornstein abgeführt. Dort wäre der Einbau eines zusätzlichen Wärmetauschers sinnvoll.

In der Flamme eines Kessels mit einer Temperatur von 1800 °C und einer angenommenen Raumtemperatur von 20 °C beträgt der Anteil an nutzbarer Energie 85,9% der Wärme. Jedoch soll ein konventioneller Heizkessel diese hohe Qualität der Flammenenergie sehr schlecht nutzen. Bei einer Heizungsvorlauftemperatur von 40 °C soll der Anteil an nutzbarer Energie nur wenige Prozent der produzierten Wärme betragen. Der Kessel verliert nach Aussage von Martin Zogg 92,5% der nutzbaren Energie.[190] Es liegt auf der Hand, dass man sich in Zeiten der Klimakrise besonders in Städten nach effizienteren Heizungstechnologien für die Gebäudeheizung umsehen muss. Mit den steigenden Energiekosten wird die Wärmepumpe wieder interessant.

Die Entwicklung der Wärmepumpentechnologie kann man bis ins 19. Jahrhundert zurück verfolgen. Der Franzose Nicolas Carnot veröffentlichte 1824 erste Grundsätze zum Wärmepumpenprinzip, als er die Reversibilität des Carnot-Prozesses erkannte. Das Grundprinzip einer Wärmepumpe wurde dann um 1852 von dem englischen Physiker William Thomson (1824 -1907) gefunden, der später wegen seiner Verdienste zum Lord Kelvin geadelt wurde. Lord Kelvin hat die Wärmepumpe bereits 1852 vorausgesagt, indem er bemerkte, dass eine "umgekehrte Wärmekraftmaschine" nicht nur zum Kühlen, sondern auch für Heizzwecke eingesetzt werden könnte. Er erkannte, dass eine solche Heizeinrichtung dank dem Wärmeentzug aus der Umgebung weniger Primärenergie benötigen würde.

Doch erst einmal ging die technologische Entwicklung in die Richtung, Kälte zu erzeugen. Carl von Linde legte 1870 in seiner Arbeit zum Wärmeentzug bei tiefen Temperaturen mit mechani-

---

190 M. Zogg - *Geschichte der Wärmepumpe*;
 https://ub.unibas.ch/digi/a125/sachdok/2009/IBB_1_004662046.pdf (abgerufen am 20.03.2023)

schen Mitteln den Grundstein zu einer sauberen thermodynamischen Theorie der Kältetechnik. Dabei spielte die Dampfkompression des Kältemittels eine große Rolle.

Abbildung 72:
Stabfeuerzeug mit
Nachfüllkartusche

Wie das funktioniert, lässt sich leicht nachvollziehen. Inzwischen hat in jedem Haushalt ein nachfüllbares Stabfeuerzeug die klassischen Streichhölzer ersetzt. Dazu gibt es mit Butan und etwas Propan gefüllte Nachfüllkartuschen. (Siehe Abb. 72) Darin kann das Gas unter einem Druck von etwa 4 bar flüssig gehalten werden. Wenn man das Feuerzeug nachfüllt, beobachtet man eine starke Abkühlung am Auslassventil der Nachfüllkartusche und dem Feuerzeug. Der Grund ist, dass sich das Gasgemisch am Auslassventil entspannt. Das verflüssigte Gas aus der Kartusche beginnt unter Normaldruck zu sieden. Der Siedepunkt ist von der Stärke der Bindungskräfte zwischen den kleinsten Teilchen der flüssigen Phase abhängig: Je geringer die Bindungskräfte sind, desto niedriger ist der Siedepunkt einer Flüssigkeit. Da der Siedepunkt zunächst überwunden werden muss, entzieht das aus der Kartusche entweichende Gas der Umwelt Wärme. Butan ist ein hervorragendes Kältemittel für Kühlschränke.

Erhöht man den Druck, wird der Siedepunkt einer Flüssigkeit zu höheren Temperaturen verschoben und die Wärme der Gasphase wird bei der Kondensation abgegeben. Das ist das Grundprinzip einer Wärmepumpe. Das ist nicht auf den ersten Blick einleuchtend. Aber wenn man ein Gefäß mit Getreidekörnern füllt, dann erreicht man durch Klopfen an den Boden, dass sich die Körner verdichten. Damit erreicht man, dass sich die Körner ordnen. Ihre Entropie wird geringer und ihr Volumen kleiner. Das bedeutet, dass Entropie abgeführt wird und, da die Temperatur konstant bleibt, auch Wärme. Das Gleiche macht ein Kompressor mit dem Kältemitteldampf. Im Kondensator wird dann die im Dampf enthaltene Wärme abgegeben. In der oberen Atmosphäre passiert das Gleiche, nur ist es dort die verminderte Temperatur, zusammen mit den Kondensationskeimen, die den Kondensationsvorgang bewirkt.

Erste technische Anwendung dieses Prinzips gelang 1876 Antoine-Paul Piccard bei der Eindampfung einer Salzsole, indem die mit Wasserdampf gesättigte Luft über der heißen Sole auf einen Druck für eine Kondensationstemperatur von 114 °C verdichtet wurde und die daraus rückgewonnene Wärme der Sole wieder zugeführt wurde. Das Verfahren wurde unter dem Namen Brüdenkompression bekannt. Noch war der Kreislauf nicht geschlossen.

Die Schweiz litt während und nach dem 1. Weltkrieg an großer Brennstoffknappheit. Sie hatte aber ein großes Potential für den Ausbau von hydroelektrischer Energiegewinnung, was die Entwicklung von Wärmepumpen förderte. So begannen um 1918 ernsthafte Diskussionen über die Aussichten einer Raumheizung mit Wärmepumpen. Die Installation der weltweit ersten Wärmepumpe im Rathaus Zürich durch die Firma Escher Wyss war 1937 ein Meilenstein in der Entwicklung dieser Technologie. Das Wärmereservoir war der Fluss Limmat. Das Wärmepumpensystem wurde durch die Ingenieurfirma Heinrich Lier in Zürich geplant. Die nominale Wärmeleistung der Wärmepumpe betrug 100 kW. Die Heizungsvorlauftemperatur lag bei rund 60 °C. Im Jahr

1969 nahm Klemens Oskar Waterkotte die erste Erdwärmepumpe in Deutschland in Betrieb.

Intensiver genutzt wurden Wärmepumpen für Wohnraumheizung aber erst seit etwa 1990. Ich habe die erste Wärmepumpe in Portland Oregon auf der Street of Dreams 1994 gesehen.

Wärmepumpen sind in den letzten Jahren technisch erheblich weiterentwickelt worden. Seitdem haben sich Wärmepumpen zwischen 15 kW und 25 kW zur Heizung von Einfamilienhäusern und für die Warmwasserbereitung zu einer ebenso zuverlässigen wie umweltfreundlichen Heizungsvariante entwickelt. Davon entfallen etwa 75% auf die Umweltwärme und 25% auf den elektrischen Strom zu ihrem Betrieb. Dank der jahrelangen Erfahrungen wird die Technologie zudem durch Innovationen ständig weiter entwickelt. Lediglich unsere jetzigen Häuser eignen sich nicht für eine effektive Wärmepumpenheizung mit vertretbarem Aufwand, da die niedrigeren Vorlauftemperaturen größere Heizflächen erfordern. Dennoch lassen sich Neubauten mit effektiver Wärmepumpentechnik planen. Wenn keine Fernwärme vorhanden ist, wird es oft notwendig, 100 bis 400 m tief in den Boden zu bohren, um die Erdwärme für die Pumpe zu gewinnen. Wärmepumpen, die nur die Außenluft nutzen, verlieren im Winter an Effizienz. Werden Wärmepumpen jedoch mit einer Kaminheizung kombiniert, geht der klimafreundliche Effekt verloren.

Das Wirkprinzip einer Wärmepumpe funktioniert in vier Schritten, ähnlich wie wir das schon in der Atmosphäre gesehen haben. Zuerst nimmt im **Verdampfer** das Kältemittel die Wärme auf. Die Wärmequelle kann das Grundwasser, das Erdreich oder die Umgebungsluft sein. Durch die Aufnahme der Wärme verdampft das Kältemittel. Dieser Dampf wird dann zum Verdichter weitertransportiert. Im **Verdichter** wird der Kältemitteldampf komprimiert. Die Moleküle des verdampften Kältemittels haben nicht mehr so viel Bewegungsfreiheit. Ihre Schwingungen werden schneller und dadurch wird Wärme an den Kondensator abgegeben. Der Verdichter ist das entscheidende Teil der Wärmepumpe in Bezug auf die zu erreichende Temperatur. Die Eigenschaft des Kältemittels kommt zur Geltung, indem es bei hohem Druck und hoher Temperatur die Wärme gut abgibt. Der **Kondensator** ist von einem Wasserkreislauf umgeben, der die gewonnene Wärme nun an das Wasser abgibt, welches zum Heizsystem gehört. Im Kondensator verflüssigt sich der abgekühlte Kältemitteldampf wieder und wird vom letzten Teil der Wärmepumpe, dem **Expansionsventil** noch weiter entspannt. Das heißt, dass die Temperatur sowie der Druck gesenkt werden. Danach fließt das Kältemittel wieder weiter zum Verdampfer und der Kreislauf beginnt von neuem.

Zu den natürlichen Kältemitteln zählt man z. B. Kohlenwasserstoffe wie Propan mit einer Siedetemperatur von -42 °C oder Butan mit einer Siedetemperatur von -1 °C, Kohlendioxid mit einer Siedetemperatur von -78.5 °C und Ammoniak mit einer Siedetemperatur von -33,34 °C und dazu noch Wasser und Luft – also Stoffe, die es in der Natur gibt. Natürliche Kältemittel haben zudem geringe Auswirkungen auf die Umwelt anders als fluorierte Kohlenwasserstoffe, die die Ozonschicht der Hochatmosphäre angegriffen haben.

Die Wärmepumpe ist ein schönes Beispiel, wo Mechanik, Thermodynamik und Elektrodynamik eine gemeinsame Anwendung finden. Derzeit sollen Wärmepumpen den Energieverbrauch gegenüber konventionellen Heizungen auf ein Drittel reduzieren können. Der Stromverbrauch wird ausschließlich zum Betrieb des Kompressors benötigt. (Abb. 73)

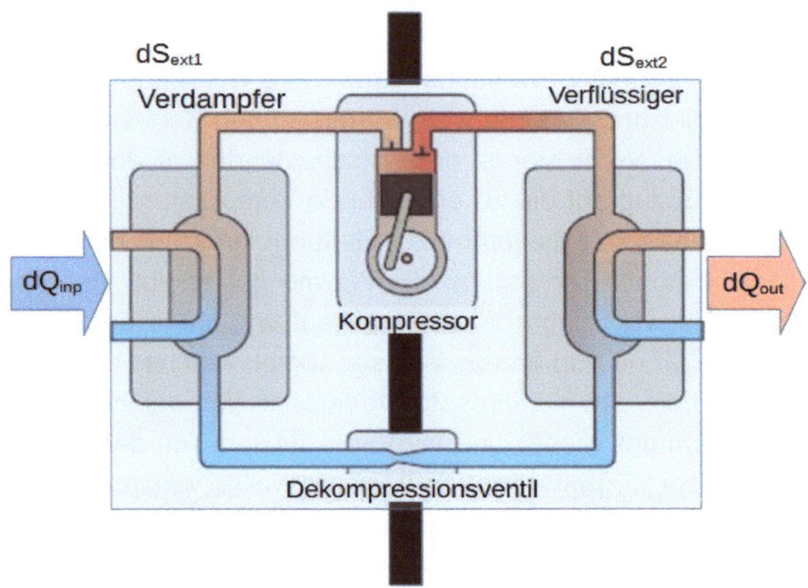

Abbildung 73: Wärmepumpe mit Kompressor

Da Strom keine Primärenergie ist und die sogenannten erneuerbaren Energien nur dann als Primärenergie zur Verfügung stehen, wenn die Heizung nicht benötigt wird, sind große Speicher notwendig, deren Errichtung wiederum viel Energie benötigt, was die Effektivität solcher Heizungssysteme im massenhaften Einsatz wiederum begrenzt.

Wir brauchen eine saubere primäre Energiequelle, wie die Sonnen auch in den dunklen Jahreszeiten, doch davon scheinen wir mit unseren Kenntnissen über das Atom noch weit entfernt zu sein. Der akademische Kenntnisstand hat sich im Land der Entdeckung der Atomkraft seit fast 100 Jahren nicht verändert.

Wir können mittels Strom Wasser in Wasserstoff und Sauerstoff spalten. Aber ihn dann großtechnisch einfach wieder zu verbrennen, wie vordem die Kohlenwasserstoffe, die uns die Natur gratis liefert, ist einfach absurd.

3.4 Was wir über Atome wissen sollten

Unschärfe und Zufall sind keine typischen Erscheinungen nur der Mikrowelt. Wir begegnen beiden Erscheinungen auch in unserer Erfahrungswelt. Der Unschärfe begegnen wir überall bei Bewegungen, die schneller als die Reaktionszeit des Beobachters sind, und der Wirkung des Zufalls treten wir mit vielfacher Wiederholung unserer Beobachtung oder Messung entgegen. Glücksspiel ist nicht Teil der Naturwissenschaft. Die Natur hat bereits bessere Strategien und energetisch effizientere Wege gefunden, als wir uns ausdenken können, und alles hat eine Ursache oder vielleicht auch mehrere Ursachen, die wir nicht immer erkennen können. Wir sollten uns nicht einbilden, wir könnten die Natur beherrschen und sie uns untertan machen. Wir sind Teil der Natur, auch wenn wir uns eine technische Umgebung geschaffen haben.

Wir verstoffwechseln Naturprodukte und geben Stoffwechselprodukte und Entropie an die Natur ab. Doch die Natur kann sie nicht so schnell, wie wir sie verstoffwechseln wieder aufbereiten. Statt zu glauben, wir wären klüger als die Natur, müssen wir von ihr lernen, damit das dynamische Gleichgewicht der Natur nicht in den stabilen Zustand kippt. Während die abendländische Religion auf Wunder hofft, ist die fernöstliche Tradition mit dem Karma[191]) vertraut, das Ausdruck uralter Kausalität ist. Folglich können wir auch davon ausgehen, dass der freie Wille des Menschen in seiner Durchsetzung stets auch Folgen hat.

---

191 Karma bezeichnet ein spirituelles Konzept, nach dem jede Handlung – physisch wie geistig – unweigerlich eine Folge hat.

Auf der Ebene der Atome ist die Impulsweiterleitung des Wirkungsquantums Ausdruck der Kausalität. Da wir die Atome als Quelle von Ladung kennen, müssen wir auf sie die Elektrodynamik anwenden und nicht die ladungslose Mechanik.

Einen Großteil meiner Spezialausbildung habe ich dem Atom und seiner Radioaktivität gewidmet. Nach meinem Diplom am Leipziger Institut für angewandte Radioaktivität begann mein Berufsleben bei Carl-Zeiss-Jena im Entwicklungslabor für Geräte der Atomspektroskopie. Dort haben wir uns mit der Anregung der Atome mittels Laserstrahlen beschäftigt. Eine hochenergetische Xenonlampe hat einen Neodymglasresonator angeregt, dessen rotes Licht durch eine Spiegeloptik fokussiert wurde, um eine winzige Stelle auf einer Materialoberfläche zu verdampfen. Das Licht des verdampften Materials wurde anschließend in einem Spektrometer analysiert.

Wenn wir uns Plancks Strahlungsgesetz anschauen und von Helmholtz wissen, dass Energie nicht verloren geht, können wir auch aufgrund der Laserexperimente schreiben:

$$h_1 \cdot v_1 = h_2 \cdot v_2 \tag{3.14}$$

Hochfrequentes Licht kleiner Wirkung wird an einer Phasengrenze zu einem dichteren Medium in niederfrequente Wärmestrahlung hoher Wirkung umgesetzt, wie wir es schon an den Wolken gesehen haben. Die Plancksche Konstante ist also keine Naturkonstante, sie ist lediglich konstant bezüglich eines Elektrons und da sie in ihrer Einheit [Js = kg m^2 s^{-1}] die Masse beinhaltet, gilt sie für beliebige Massen. Ich erinnere an die mechanische Transmission. Die Kraftquelle überträgt mittels Drehmoment per Transmission Energie, die an der Arbeitsmaschine ihre Wirkung entfaltet. In der Elektrodynamik haben wir das gleiche Prinzip. Dabei gilt: Kleine Strukturen schwingen in hohen Frequenzen und große Strukturen in niedrigen Frequenzen. Dieser Zusammenhang wird uns an den Orgelpfeifen in der Kirche sehr bewusst gemacht. In der Mechanik übertragen wir von Rädern mit kleinen Durchmessern hohe Drehzahlen auf Räder mit großen Durchmessern und erhalten niedrige Drehzahlen hoher Wirksamkeit. Der Laser setzt die Lichtfrequenz in langwellige Wärmestrahlung um. Natürlich funktioniert das auch in die andere Richtung, indem Wärme in Licht umgesetzt werden kann. Folglich können wir die obige Gleichung (3.14) als Transmissionsgleichung der Elektrodynamik bezeichnen.

Energetisch angeregte Atome transformieren folglich die Frequenz der elektromagnetischen Strahlung. Jede Atomsorte liefert dabei ein charakteristisches Lichtspektrum, an dem man das Atom identifizieren kann. Das ist etwa so, als hätte es einen Satz charakteristischer Drehmomente. Das machen sich Chemiker und Mineralogen zur Materialbestimmung zu Nutze. Das ist auch der Grund, warum Entropie und Information so miteinander verknüpft sind.

Ein Spektroskopiker kann die Information der elektromagnetischen Strahlung lesen und diese Strahlung ist die einzige Informationsquelle aus der kosmischen Makrowelt. Aus der Zusammenführung der verschiedensten spektroskopischen und chemischen Informationen haben wir über die Zeit ein schemenhaftes Bild von den Atomen und ihren Bestandteilen gewonnen. Aufgrund der elektrischen Ladung unterscheiden wir nur zwei stabile Elementarteilchen: Negative Elektronen und positive Protonen. Die Elektronen finden wir in der Atomhülle, deren Dichte sehr gering ist, aber im Verhältnis zum positiven Kern sehr viel ausgedehnter ist als der dichte positive Atomkern.

Als James Chadwick durch den Beschuss von Berylliumatomen mit Heliumkernen aus Polonium 1932 der experimentelle Nachweis für die Existenz eines neuen Teilchens gelang, das durch Blei nicht abgeschirmt wurde, erhielt das Teilchen den Namen Neutron. Es erwies sich als instabil und zerfiel, mit einer Halbwertszeit von 14,6 Minuten in ein Proton und ein Elektron.

Da bei der Spaltung des Urankerns, die 1939 von Otto Hahn und Liese Meitner entdeckt wurde, auch Neutronen entweichen, vermutete Heisenberg diese Teilchen auch im Inneren des Atomkerns [192]), obwohl es sich bei der natürlichen Radioaktivität vorwiegend um Emission und Absorption von Elektronen handelt. Schwere Nuklide ab Massenzahlen jenseits von Blei emittieren Heliumkerne, auch als Alphastrahlung bezeichnet. Diese haben wegen ihres Impulses eine hohe biologische Wirksamkeit, aber nur eine sehr geringe Reichweite. Alle Zerfallsprozesse werden von sehr kurzwelliger elektromagnetischer Gamma-Strahlung hoher Energie aus dem Atomkern begleitet, weshalb man auf die Größenverhältnisse zwischen Hülle und Kern von etwa 4 bis 5 Größenordnungen bei Normaldruck schließen kann. Der Atomradius liegt bei etwa 10^{-10} m, so dass wir bei Atomkernen in den Bereich von 10^{-15} m kommen. Der Protonradius wurde zu $0,84 \times 10^{-15}$ m bestimmt, wie eine Meldung der Universität Bonn sagt. [193]) Die Packung im Kern muss sehr dicht sein, da die Elektronenhülle einen vernachlässigbaren Masseanteil besitzt, denn die Dichte eines Protons ist 1836 mal größer als die Dichte eines Elektrons. Der Begriff *Masse* ist bei Elementarteilchen irreführend, denn es handelt sich um abzählbare Quanten von Ladung.

---

192 W. Heisenberg – *Theorie der Neutronen* Vorlesung, gehalten im Winter 1950/51 Ausgabe 1952 https://books.google.de/books/about/Theorie_der_Neutronen.html?id=tVHGzQEACAAJ&redir_esc=y (abgerufen am 13.03.2023)
193 https://www.uni-bonn.de/de/neues/020-2022 (abgerufen am 13. 03.2023)

Jeweils zwei negative Elektronen kompensieren die Ladung eines positiven Protons, wovon eins in der Hülle und eins im Kern enthalten sein muss. Die Annahme, dass Atome eine konstante Ausdehnung haben, ist zweifellos falsch, weil sich dadurch der irrige Glaube ergibt, dass das Vakuum ein leerer Raum sei. Dem widersprach schon René Descartes 1644 mit seiner Wirbeltheorie[194]) und der Physiker Gabriele Veneziano entdeckte 1968, dass Atome keine feste Größe haben,[195]) worauf dann die Stringtheorie entwickelt wurde, um die starken Kernkräfte in den Atomen zu erklären. Die Stringtheorie wartete mit einigen irrigen Hypothesen auf, die selbst den weltfremdesten Theoretikern suspekt waren.

Nachdem schon Einstein 1918 über Gravitationswellen fabulierte[196]), erfanden die Physiker Gravitonen und eine Reihe anderer Teilchen aus der quantenmechanischen Idee des Welle-Teilchen-Dualismus, die man letztlich, wie schon die Neutrinos, auch nachgewiesen haben will. Doch wenn große Massen schwingen, dann müssen die Frequenzen um Größenordnungen geringer sein, als die im Experiment ausgewiesenen Frequenzen. Ansonsten schwingen Ladungen. Siehe obige Gleichung (3.14). Trotzdem wurden diese zweifelhaften Ergebnisse, die schon

---

194 R. Descartes - *Prinzipien der Philosophie;*
http://www.zeno.org/Philosophie/M/Descartes,+Ren%C3%A9/Prinzipien+der+Philosophie/3.+Von+der+sichtbaren+Welt (abgerufen am 14.03.2023)

195 G. Venetiano - *Construction of a crossing-symmetric , Regge-behaved amplitude for linearly rising trajectories.* Nuovo Cimento A 57:190-7, 1968.
http://www.garfield.library.upenn.edu/classics1986/A1986A161800001.pdf (abgerufen am 14. 03.2023)

196 A. Einstein – Über Gravitationswellen;
https://articles.adsabs.harvard.edu/cgi-bin/get_file?pdfs/SPAW./1918/1918SPAW.. .....154E.pdf (abgerufen am 14.04.20223)

Heinrich Barkhausen als Kippschwingungen im Hintergrundrauschen identifiziert hatte, als wissenschaftliche Großtat gefeiert und mit dem Nobelpreis für Physik 2017 belohnt.

Die bipolaren Ladungskräfte in den Atom sorgen dafür, dass ein zur Verfügung stehendes Volumen auch ausgefüllt wird. Neutronen treten in der Natur nur sehr selten auf und sind alles andere als neutral. Sie machen andere Atome instabil und zerstören sie, manchmal mit fatal langen Halbwertszeiten. Glücklicherweise sind Neutronen selbst instabil und zerfallen mit einer Halbwertszeit von etwa 14,6 Minuten in Proton und Elektron, die sich in der Folge zu einem Wasserstoffatom zusammenfinden. Deshalb kommen sie unter normalen Umständen gar nicht vor und höchstwahrscheinlich auch nicht in stabilen Atomkernen. Sie werden freigesetzt, wenn man schwere instabile Atomkerne mit Protonen beschießt und dadurch eine Kernspaltung ausgelöst wird. Wie Lew D. Landau theoretisch die Existenz von Neutronenkernen vorschlagen konnte, nämlich von extrem dichten Kernregionen im Inneren herkömmlicher Sterne und daraufhin Walter Baade auf die Idee kam, es gäbe Neutronensterne, ist unter dem Aspekt der Instabilität von Neutronen höchst unverständlich. Um eine Nova zu erklären, reicht schon der Hinweis auf die Anreicherung von Uran im Sterninneren. 1967 wurde ein Stern mit schwankender Helligkeit entdeckt, der dann auch für einen Neutronenstern gehalten wurde. Es liegen keine Spektren solcher Objekte vor. So ist die akademische Vorstellung von den Neutronen im Atomkern mit Sicherheit ebenso falsch wie der Glaube an die Kugelgestalt der Elementarteilchen. Was man mit Sicherheit sagen kann, ist, dass Atome Dipole sind, da sie elektromagnetische Strahlung selbst sogar aus dem Kern emittieren, so wie sie Maxwell vorausgesagt und Heinrich Herz entdeckt hat.

Gemäß ihrer Symmetrievorstellung wollen Teilchenphysiker jedoch jenseits der Nachweisgrenze einen ganzen Teilchenzoo bei Crashtests mit Elementarteilchen gesehen haben. Die Trümmer hatten Lebenszeiten von Picosekunden. Das, was da entdeckt wurde, ist höchst instabil und hat deshalb keine praktische Bedeutung. Auch über die Reproduzierbarkeit ihrer Entdeckungen findet man keine Angaben. Es gibt keine Möglichkeit der unabhängigen Überprüfbarkeit dieser Aussagen, zumal nach Aussagen ihrer Quantentheorie in dem Bereich keine kausalen Zusammenhänge mehr bestehen würden. Deshalb brauchen wir uns dafür auch nicht weiter zu interessieren.

Man sollte sich die Elementarteilchen in Anlehnung an Maxwell und Lorentz besser als elastische Wirbelringe vorstellen, die sich gegenseitig durchdringen und aneinander lagern, deren Ausdehnungen je nach Umgebung in Größenordnungen schwanken können. Statt einer Ansammlung von kugelförmigen Protonen und Neutronen mit mystischen Kernkräften ergäbe dagegen eine Kombination von Elementarmagneten aus zwei Protonen(rot) und mindestens einem Elektron (blau) eine stabile Struktur. Mir kam diese Idee, nachdem ich mit Edo Kahl auf der EU2017 in Phönix Arizona über sein strukturiertes Atommodell SAM[197]) diskutiert hatte und er mir ein paar Neodym-Magnetkugeln überließ. Kahls Modell basiert dagegen auf

Abbildung 74:
Modell
Elementarmagnet
Deuteriumkern

---

197 E. Kaal – *Das strukturierte Atommodell*
https://lenr.wiki/index.php/Das_strukturierte_Atommodell_(2021)#Edo_Kaal
(abgerufen am 15.03.2023)

elektrostatischen Vorstellungen der atomaren Ladungen. Mir erschien ein elektrostatisches Modell jedoch unbefriedigend. Wenn er schon Magnete zur Modellierung verwendet, warum dann nicht gleich auf die Elektrodynamik setzen?

In unseren alten Vorstellungen wird das Verhältnis von Protonen zu Neutronen in Richtung schwerer Kerne etwas zu Gunsten der Neutronen verschoben. Das macht die Sache in meinem elektrodynamischen Modell etwas komplizierter. Aber die Radioaktivität wird in diesem Modell ohne Hinzunahme von zusätzlichen Kernkräften verständlich. Dazu verweise ich auf mein Buch: *Dynamische Strukturen in unbelebter Materie.*[198])

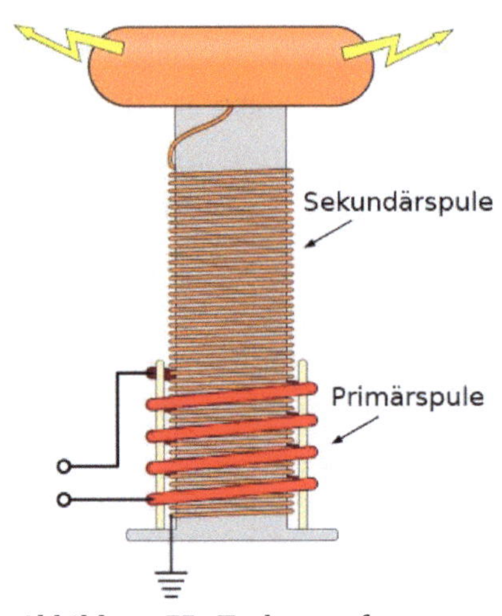

Abbildung 75: Teslatransformator - Quelle: Wikipedia

Während das Hüll-Elektron vergleichsweise lange Wege zurücklegen muss, hat das Kern-Elektron in der gleichen Zeit viel mehr Umkreisungen im Kern ausgeführt. Das wiederum erinnert an einen elektrischen Resonanztransformator zur Erzeugung hoher Spannungen bzw. eine Teslatransformator (Abb. 38 und 75) mit einem Kern und zwei verschieden langen Stromschleifen. Wenn ein Teslatransformator angeregt wird, sendet diese auch Lichtimpulse aus. Nicola Tesla hatte die Idee dazu 1891. Der Teslatransformator zeichnet sich dadurch aus, dass er mittels geringer Leistungen eine relativ gefahrlose Hochspannungsquelle darstellt.

198 M. Hüfner – *Dynamische Strukturen in unbelebter Materie;* 2022 ISBN-13: 9783756293513

Abbildung 76: Teslas Wardenclyffe Tower
Quelle: Wikipedia

Ein Kuriosum ist der Wardenclyffe Tower (Abb. 76), ein riesiger Teslatransformator, mit dem Tesla eine Energieübertragung hoher Energiedichte per Funk realisieren wollte. Der 1901 zu diesem Zweck auf Long Island in den USA gebaute Turm wurde wegen Geldmangels 1917 wieder abgerissen.

Wenn auch die zu übertragenden Energien, die am Empfänger ankamen, viel zu gering waren, weil der Sender seine Energie über ein ganzes Gebiet verteilt hat, haben sich aus dieser Idee die Funktürme der Nachrichtentechnik entwickelt, wo die flächendeckende Verbreitung ausdrücklich erwünscht ist. Daraus entwickelte sich dann das Verständnis, dass Entropie nicht nur in der Thermodynamik, sondern auch in der Informatik eine wichtige Bedeutung hat.

Fassen wir zusammen:

Zwei Protonen und ein Elektron liefern einen Elementarmagneten, der die Kernkräfte erklärt. Der physikalische Raum ist nicht leer, sondern von einem materiellen Kraftfeld erfüllt, in dem sich die Teilchen bewegen. Im 19. Jahrhundert nannte man dieses Kraftfeld Äther, ohne es näher spezifizieren zu können.

Die Struktur-Asymmetrie des Atoms bezüglich der Ladungsverteilung ist der Ausgangspunkt der Kraft und aller Dynamik der Materie.

Die Struktur-Asymmetrie des Atoms bezüglich der Ladungsverteilung ist der Ausgangspunkt aller Dynamik.

Diese Struktur-Asymmetrie produziert Dipole, die der Ausgangspunkt elektromagnetischer Wellen sind, deren Frequenz eine Funktion der Größe der Dipole ist. Nun emittiert der instabile Atomkern bei Anregung Gammastrahlen. Dabei wird entweder ein Elektron emittiert oder eingefangen, um ein Ladungsgleichgewicht im Atomkern zu erhalten. Schwere Atomkerne jenseits von Blei emittieren Heliumkerne und bei ihrer Spaltung treten auch die gefährlichen Neutronen auf, die, wenn sie in andere Atomkerne eindringen, diese instabil machen. Das ist das Problem bei Atomkraftwerken auf der Basis von Urankernspaltung. Die Halbwertszeiten der dabei entstehenden Spaltprodukte sind sehr lang und sie haben eine hohe biologische Wirksamkeit. Das erfordert eine über Jahrtausende sichere Einlagerung, wenn nicht ein Verfahren gefunden wird, ihren Zerfall enorm zu beschleunigen.

Bei leichten Atomen erreicht man eine strukturelle Stabilität in wesentlich kürzeren Zeitabläufen, weshalb Fusionskraftwerke eine bessere Alternative für klimaneutrale Energiegewinnung wären.

3.5 Das Mysterium Sonne

Die Sonne ist von den alten Ägyptern bis zu den Inkas in vielen Kulturen als göttlich verehrt worden, weil sie schöpferische Fähigkeiten hat. Wir erinnern uns, thermodynamisch bedeutet das, dass in einem offenen System die innere Entropieänderung dS_{int} negativ werden muss, um eine Ordnung aufzubauen. Wenn die Sonne schöpferische Fähigkeiten hat, müssen wir davon ausgehen, dass Kernfusion im Gegensatz zur Kernspaltung eine Ordnung aufbaut.

Die akademische Physik versteht die Sonne als einen isolierten glühenden Gasball in einem leeren Raum. Die Sonne sei ein thermonuklearer Ofen. In ihrem Innern würden Temperaturen von rund 15 Millionen Grad und enormer Druck herrschen, während an der Oberfläche rund 5500 Kelvin zu messen sind. Im Innern der Kugel würden Druck und Temperatur den Wasserstoff zu Helium fusionieren, was die Freisetzung riesiger Energiemengen bewirken würde.

Eigentlich müsste die Sonne dann explodieren, da der gesamte Brennstoff den gleichen Bedingungen ausgesetzt wäre und es keine Erklärung für eine dosierte Fusion gibt als lediglich die Annahme, die im Sonneninnern entstandene Energie brauche 100000 Jahre, um an die Oberfläche zu gelangen. Für die Fusion sollen die hohen Temperaturen im Inneren der Sonne sorgen und die mysteriösen Neutrinos, die Wolfgang Pauli zwecks Spinerhaltung für die Quantentheorie 1930 vorgeschlagen hatte, sollen dazu dienen, die Strahlungsenergie abzuführen. Wir erinnern uns: Laut zweitem Hauptsatz der Thermodynamik nimmt die Entropie mit der Temperatur zu. Folglich widerspricht diese Idee der Thermodynamik.

Beim Zerfall von Neutronen soll zwecks quantenmechanischer Spinerhaltung ein neutrales Teilchen ohne Masse freigesetzt werden, das den Spin von ½ hat, der sich aus der angeblichen Differenz zwischen mechanischem und magnetischem Moment ergab. Wie sich später herausstellte, war ein systematischer Fehler bei der experimentellen Bestimmung entstanden, ohne dass das Konsequenzen für die Theorie gehabt hätte.[199][200] Es gibt keine neutralen Teilchen, die nur einen Spin haben, wie die vermeintlichen Neutrinos![201] Trotzdem will man sie angeblich nachgewiesen und ihnen eine Masse zugewiesen haben.

Die Sonne ist unsere Energiequelle und größter Entropie-Lieferant und sie liefert gleichzeitig Information. Doch diese Informationen wurden in der Vergangenheit nicht genutzt. Stattdessen wurde ein Sonnenmodell entwickelt, was eher der Phantasie als der Beobachtung entsprach.

In der Korona, das ist die äußerste Gashülle der Sonne, wurden über eine Million Grad gemessen. Die Korona ist nur bei einer Sonnenfinsternis sichtbar, weil sie von der darunter liegenden Photosphäre überstrahlt wird. Nun zeigen die Bilder des James-Webb-Teleskopes, dass Sterne keine isolierten Gebilde in einem sonst leeren Raum sind. Auch unsere Sonne ist nicht

199 E. Beck- *Zum Experimentellen Nachweis der Ampereschen Molekularströme* In: *Annalen der Physik* Bd. 60, 1919, S. 109–148

200 P. Galison - *Theoretical predisposition in experimental physics: Einstein and the gyromagnetic experiments 1915-1925.* In: *Historical Studies in the Physical Sciences.* Band 12, Nr. 2, 1982, S. 285—323,

201 C.W. Johnson – *Neutrinos do not exist;* https://www.academia.edu/7934543/Neutrinos_Do_Not_Exist (abgerufen am 27.06.2023)

isoliert, sondern bewegt sich im elektrischen Plasma der Milchstraße, unserer Heimat-Galaxie. Sie ist Teil eines offenen elektromagnetisches Systems, was für die Sonne eine Energiezufuhr aus der galaktischen Umgebung bedeutet und sie führt die bei der Kernfusion entstandene Entropie als Strahlung ab.

Wenn man in die Glanzzeit der Geschichte der Physik schaut, als Physiker noch der Kausalität und dem Materialismus verpflichtet waren, findet man schon Ansätze für eine Erkenntnis, die das James-Webb-Teleskop so überdeutlich sichtbar gemacht hat.

In Anlehnung an die elektrodynamischen Erkenntnisse von Wilhelm Weber, jenem Professor aus Göttingen, der auch Maxwell zu seinen Gleichungen inspiriert hatte, glaubte der Leipziger Physiker Carl Friedrich Zöllner 1872, die Sonne sei eine gewaltige Kathode und die von den Kometen entwickelten Dämpfe, welche aus sehr kleinen Teilchen bestehen, geben der Bewegung der freien Elektrizität der Sonne nach.[202]

Der in Deutschland weitgehend unbekannte amerikanische Ingenieur Ralph Juergens diskutierte die Idee einer elektrischen Sonne, nun aber als Anodenlicht, erst hundert Jahre später wieder.[203] Er schrieb 1972: [204]

---

202 J.C.F. Zöllner – *Über die Natur der Cometen, Beiträge zur Geschichte und Theorie der Erkenntniss*; Verlag von Wilhelm Engelmann , 1872
203 R. E. Juergens - *Stellar Thermonuclear Energy: A False Trail? ;* https://www.kronos-press.com/juergens/k0404-stellar.htm (abgerufen am 10.04.2023)
204 R. E. Juergens - *Plasma in Interplanetary Space: Reconciling Celestial Mechanics and Velikovskian Catastrophism,* Penseé IVR II (Fall 1972), pp. 6-12;

Merkwürdigerweise haben nach Zöllner Generationen von Physikern Elektrodynamik und Atomphysik nicht mehr zusammen denken können. Darauf kam erst wieder ein Ingenieur.

Im elektrischen Plasma erfolgt die Verwirbelung der geladenen Teilchen infolge der magnetischen Komponente der Lorentzkraft senkrecht zur Bewegungsrichtung. In jüngerer Vergangenheit entdeckte man mittels Weltraumsonden im Kosmos große Magnetfelder. Allerdings leugnen akademische Astrophysiker aus Gründen des Glaubens bis heute gegen alles Wissen über die Elektrodynamik die Existenz der zugehörigen elektrischen Ströme. Die resultierende Bewegung aus magnetischer und elektrischer Kraft ist eine Schraubenlinie oder Helix. Wenn man dem Tanz der Flammen im Kamin zusieht, kann man diese Bewegung, wenn auch durch thermische Konvektion gestört, erkennen.

Wir haben aber unter dem Abschnitt Energiefluss und Entropie gelernt, dass in einem geschlossenen System, welches das klassische Sonnenmodell darstellt, laut dem zweiten Hauptsatz der Thermodynamik die Entropie zunimmt. Wir haben auch erkannt, dass es, um Energie zu gewinnen, eines negativen Temperaturgradienten über eine Phasengrenze hinweg bedarf. Wie soll da im Inneren der Sonne ein Protonenplasma zu größeren Atomkernen kondensieren, wenn die Entropieabfuhr 100000 Jahre braucht, um an die Oberfläche zu gelangen?

Die Kernfusion muss mit einer Abnahme der Entropie einhergehen.

Schlussfolgerung: Das thermonukleare Modell der Sonne ist falsch!

Das klassische Sonnenmodell ist getriggert durch die Vorstellungen über die Kernspaltung, ohne zu berücksichtigen, dass es sich um die Umkehrung dieses Vorgangs handelt.

Es gibt nämlich zwei große Rätsel, die das thermonukleare Sonnenmodell nicht lösen kann:

1. Wie kommt es, dass die Sonnenkorona eine Million Grad heiß ist, während die Sonnenoberfläche selbst es auf gerade mal 5500 Grad bringt? Siehe Abb. 77
2. Wie entsteht der beständige Strom an Teilchen, der sogenannte Sonnenwind, den die Sonne weit über ihre Planeten hinaus bis an den Rand des Sonnensystems schleudert?

Atomkern und Atomhülle bilden elektromagnetische Dipole und Dipole geben elektromagnetische Strahlung ab, wenn sie in einem Stromkreis dazu angeregt werden. Andererseits wissen wir auch, dass elektromagnetische Strahlung von entsprechender Intensität auch dazu in der Lage ist, Ladungen zu trennen. Wenn wir mit unseren Teleskopen in den Himmel schauen, erblicken wir ein leuchtendes Netzwerk, dass wir nach unseren Erfahrungen mit der Physik auf der Erde nur als ein elektrisches Netzwerk deuten können.

Erste Messergebnisse über kosmische elektrische Ströme sammelte im ausgehenden 19. Jahrhundert bereits der norwegische Physiker Kristian Birkeland, als er die Aurora borealis, das Polarlicht untersuchte. Mittels eines Laborexperiments konnte er ein solches Licht mittels Elektrizität erzeugen. Man bezeichnet solche kosmischen elektrischen Ströme nach ihrer Bestätigung durch die Raumsonde Mariner 2 auf dem Weg zur Venus im Jahr 1962 nach ihm als Birkelandströme.

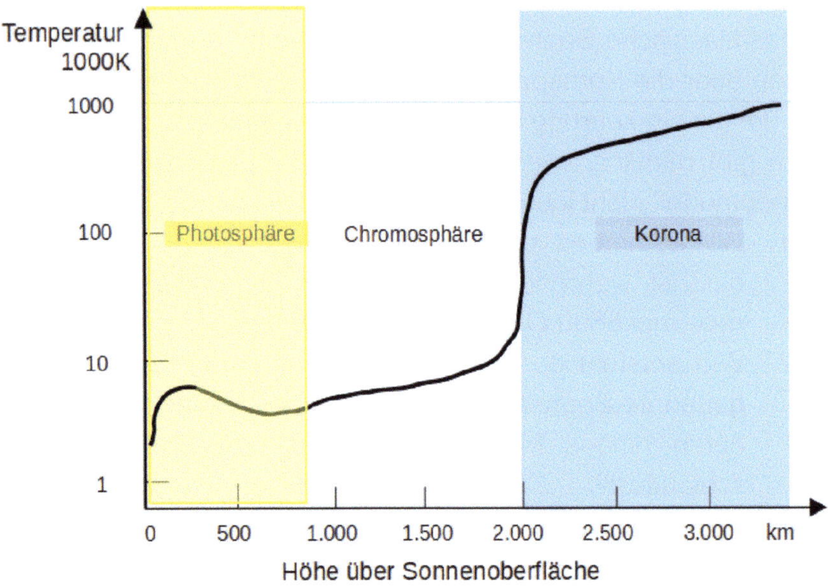

Abbildung 77: Temperaturverlauf in der Sonnenatmosphäre nach D. Scott

Heutzutage misst die Solarsonde des DSCOVR-Systems[205]) täglich einen elektrischen Strom von etwa 3 - 6 Protonen/cm³ bei ruhiger Sonne. Die Geschwindigkeit dieser Protonen beträgt in Erdnähe zwischen 350 und 450 km/s. Die Erde dagegen ist auf einem negativen Potential auf Grund ihrer natürlichen Radioaktivität, die vorwiegend vom Kalium 40 mit etwa 3 freigesetzten Elektronen/cm³ gebildet wird. Dabei kann ^{40}K entweder zu Argon

---

205 DSCOVR (Deep Space Climate Observatory) orbits about 1 million miles (1.5 million kilometers) from Earth. Positioned between the Sun and Earth, this location is called Lagrange point https://www.spaceweather.com (abgerufen am 20.03.2023)

oder Calcium mutieren, um einen Ladungsausgleich zwischen Ionosphäre und Erdoberfläche herzustellen.

Betrachten wir die Sonne nicht isoliert, sondern als ein offenes System, das in der Galaxie unserer Milchstraße eingebettet ist, die wie andere Galaxien zwischen den Sternen mit Gasen wie Wasserstoff, Sauerstoff und Stickstoff angefüllt ist!

Diese Gase kommen in einer Konzentration vor, die wir als Vakuum verstehen, die aber auf Grund der riesigen Entfernungen eine beträchtliche Masse ausmachen, so dass diese drei Gase auch in den Galaxien als Emissionslinien gegen den kosmischen Hintergrund sichtbar sind.

So ist das elektromagnetische Spektrum aller kosmischen Objekte die Information über ihr Befinden, wie etwa die Ausscheidungen des Menschen dem Arzt den Gesundheitszustand des Patienten signalisieren. In den Fraunhoferschen Linien können wir chemische Elemente identifizieren, die in der Sonnen-Atmosphäre vorkommen. Helium sucht man in den Fraunhoferschen Linien vergeblich, dafür findet man aber ionisiertes Calcium. Einen ersten Hinweise auf das Element Helium erhielt der französische Astronom Jules Janssen 1868 aufgrund einer hellen gelben Spektrallinie bei der Wellenlänge von 587,49 Nanometer im Spektrum der Chromosphäre der Sonne. Diese Beobachtung war damals in Indien nur während der totalen Sonnenfinsternis am 18. August möglich. Diese Linie war bis dahin unbekannt. Sie musste zu einem außerirdischen Element gehören, weshalb es Helium genannt wurde.

Der Fundort in der Chromosphäre deutet aber nun gar nicht darauf hin, dass Helium im Inneren der Sonne vorkommen müsse, sondern eher darauf hin, dass es ein Zwischenprodukt bei der Fusion bis zum Calcium ist und schon an der Grenze von Korona und Chromosphäre entsteht. Es ist aber nicht in ausreichender Konzentration vorhanden, um eine Absorptionslinie in der Chromosphäre zu erzeugen, während Metalle wie Natrium, Magnesium, Calcium, Titan und Eisen sich deutlich gegen die Photosphäre abheben.

Wenn die Sonne ständig Protonen liefert, kann man schlussfolgern, dass sie eine Quelle positiver Ladung ist und folglich das Wasserstoffgas zur Fusion aus dem Weltraum von außen erhält, dieses seiner Elektronen beraubt und die unverbrauchten Protonen ausstößt. Die Sonne selbst kann kein Wasserstoffreservoir sein, wie das thermonukleare Modell behauptet, da Wasserstoff kein kontinuierliches Spektrum erzeugen kann wie die Hintergrundstahlung der Photosphäre darstellt, die auf eine flüssige metallische Phase hinweist.

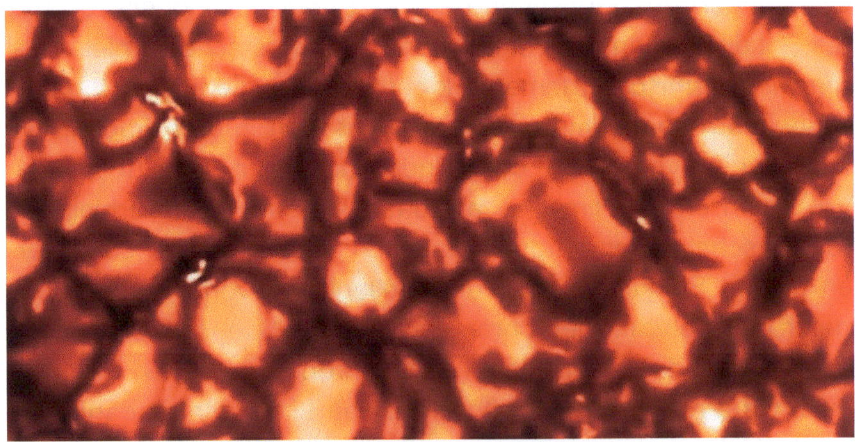

Abbildung 78: Sonnenoberfläche -
Quelle: Vasco Henriques/Institute for Solar Physics, Sweden

Der Sonnenkörper besteht möglicherweise größtenteils aus flüssigem Calcium, was sich aus dem Sonnenspektrum ergibt, das zur Sternklasse G2,V gehört. Auch die Dichte der Sonnenmasse weist darauf hin. Abbildung 78 zeigt Strukturen, die an die Konvektionszellen in Pollacks Kaffeetasse erinnern. (Siehe Abb. 47)

Wenn aus Wasserstoff nur Helium entstehen würde, müsste man das durch ausgeprägte Wasserstoff- und Heliumlinien in Emission erkennen können. Stattdessen treten die Wasserstofflinien in Absorption auf, was darauf hindeutet, dass sich der Wasserstoff zwischen Erde und Sonnenkugel befindet. Ein kontinuierliches Spektrum kann nicht von zwei Gasen herrühren, die nur Linienspektren aussenden können. Das rührt von einer glühenden Flüssigkeit oder einem Festkörper her. (Abb. 79)

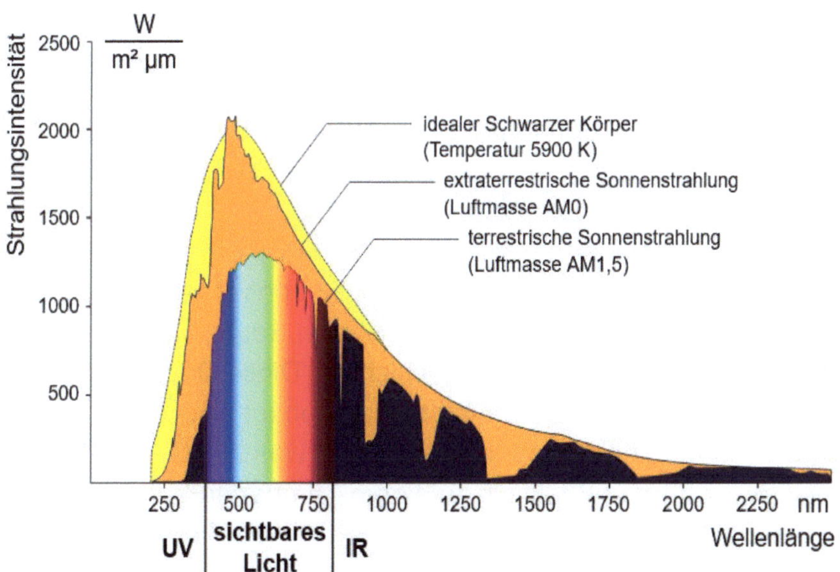

Abbildung 79: Intensität der Sonnenstrahlung im erdnaher Weltraum und etwa zum Sonnenhöchststand in Wien im Vergleich zur Emission eines idealen Schwarzen Körpers - Quelle: Wikimedia

Die Einbuchtungen im Spektrum rühren vom Absorptionsverhalten der Atmosphäre her. Bei AM1,5 ist das Spektrum in Bodennähe und bei AM0 im erdnahen Weltraum aufgenommen.

Eine Vorstellung von der Funktion der Sonne innerhalb des Sonnensystems können wir gewinnen, wenn wir uns eine Niederdruck-Gasentladungslampe anschauen, wie sie Abbildung 80 schematisch darstellt.

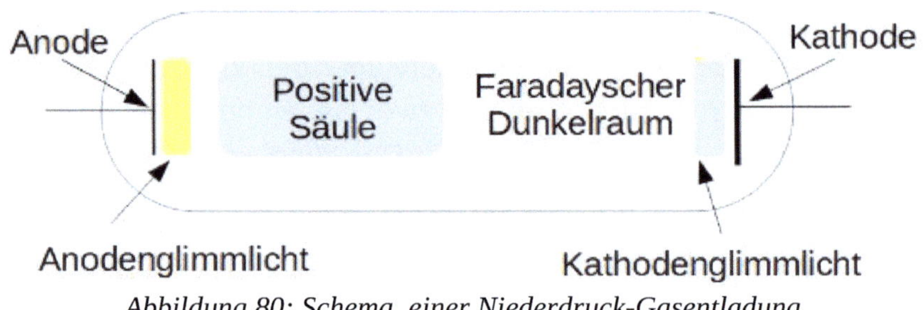

Abbildung 80: Schema einer Niederdruck-Gasentladung

Stellen wir uns die Sonne als eine riesige Anode vor und die Planeten als Kathoden. Dann beobachten wir die Photosphäre der Sonne als das Anodenlicht und das Kathodenlicht sind die polaren Lichterscheinungen auf den Planeten. Der Faradaysche Dunkelraum gestaltet sich in Abhängigkeit des Restdruckes. Dieser Raum ist angefüllt von der positiven Säule, von einer oder mehreren sogenannten Doppelschichten. Diese Doppelschichten werden im Beisein von Sauerstoff aufgebaut und sie bremsen die Bewegung der Wasserstoffatome ab, was zu starken Zusammenstößen führt und folglich zu einem Temperaturabfall.

Nun ist der Temperaturverlauf über die drei Sonnensphären interessant, insbesondere der negative Temperaturgradient am Übergang von der Korona zur Chromosphäre ist bemerkenswert. (Siehe Abb. 77) Er beträgt mehrere Größenordnungen auf wenige hundert Meter.

Wir erinnern uns an die Wärmepumpe. Dort gab der Kondensator die Wärme ab. Folglich wird die Fusion des Wasserstoffs zu schwereren Atomen eine Art Kondensation der Protonen mit den Rest-Elektronen zu schwereren Atomkernen an der Kante zum Übergang zur Chromosphäre unter dem Einfluss der Strahlung aus der Photosphäre sein.

Wenn in der Korona das Helium entdeckt wurde, gibt es keinen Grund anzunehmen, dass die Fusion beim Helium erst einmal stehenbleibt, ehe sich größere Atome bilden. Da die Kernfusion zum Aufbau eines schwereren Atomkerns Elektronen verbraucht, wird dem ankommenden Wasserstoff ein Teil der Hüllenelektronen im positiven Potential entrissen. Diese Protonen setzen ihren Weg durch die Sonnenatmosphäre fort und verbinden sich mit weiteren Protonen und freien Elektronen zu größeren Kernen bis sie in dichteren Schichten der Chromosphäre soweit abgebremst sind, dass sie von den neu gebildeten Ionen zum Aufbau ihrer Elektronenhülle eingefangen werden können und im Licht der Photosphäre die charakteristischen Fraunhoferschen Linien zeigen.

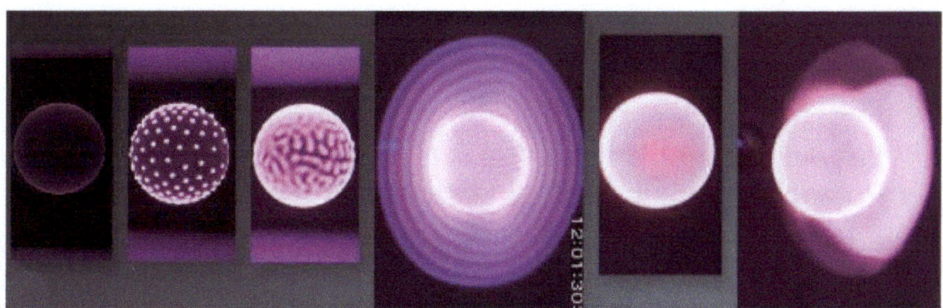

Abbildung 81: Verschiedene Stufen der Bildung von Doppelschichten im elektrischen Sonnenmodell in Abhängigkeit von der Spannung - Quelle: SAFIRE-Experiment M. Childs

In einer Kathodenstrahlröhre gibt es noch keine Fusion von Atomen, da noch genügend Hüllenelektronen im Plasma vorhanden sind, aber eine Gliederung der positiven Säule in Doppelschichten kann man dort in Abhängigkeit der Stromstärke auch beobachten und das Anodenlicht ist analog zur Photosphäre der Sonne. Die Gliederung ist möglicherweise auf die entstehenden Doppelschichten im Plasmastrom zurückzuführen. Abbildung 81 zeigt von links nach rechts ein Anodenlicht in Abhängigkeit von der Stromstärke. Es bilden sich einige Doppelschichten heraus, die bei stärker werdendem Anodenlicht wieder verschwinden.

Wie Doppelschichten entstehen, haben wir anhand der Wasserbatterie des Lebens diskutiert. Auf Grund der starken Spektrallinien von Sauerstoffionen in Galaxien sind solche Doppelschichten auch in Sonnennähe nicht ausgeschlossen.

Akademische Astrophysiker erkennen an, dass im Weltall Magnetfelder existieren, jedoch verneinen sie strikt die Existenz von elektrischen Feldern. Einzig die schwache Gravitation sei für die großräumige Struktur des Kosmos ausschlaggebend, behauptete unverständlicherweise Stephen Hawking in seinem äußerst populären Buch *Eine kurze Geschichte der Zeit.*[206]) Doch die Gravitation wirkt ausschließlich anziehend, wie Newton beschrieben hat.

Anders verhält sich die Coulombsche Kraft. Wenn Magnetfelder vorhanden sind, müssen laut James C. Maxwell aber auch Ströme fließen und wenn Ströme fließen, ist die Ursache davon ein Potenzialunterschied. Die Ursache für einen Potenzialunterschied ist eine Batterie oder einfach eine Doppelschicht, die dem elektrischen Strom eine Richtung in einem Stromkreis gibt, indem sie eine Barriere für den Ladungsausgleich aufbaut.

---

206 St. Hawking – *A brief history of time, from the big bang to black holes;* Bantam 1995; ISBN 13 9780553175219

Den steten Stromfluss von Protonen von der Sonne zur Erde bestätigen auch die Messungen der Solarsonde des DSCOVR-Systems [207]), die täglich einen elektrischen Strom von etwa 3 - 6 Protonen/cm³ bei ruhiger Sonne meldet. Die Geschwindigkeit dieser Protonen beträgt in Erdnähe zwischen 350 und 450 km/s. Da es diesen Potentialunterschied zwischen Sonne und Erde gibt und somit sich ein magnetisches Feld um diesen Strom bildet, werden innerhalb dieses Feldes die kosmischen Atome zum Leuchten angeregt. Haben diese eine entsprechende Dichte, das sie sichtbar sind, spricht man vom Glimmmodus, der, je weniger Atome vorhanden sind, in den Dunkelmodus übergeht. Andererseits wird ein starkes Potentialfeld sich in einer kräftigen Bogenentladung neutralisieren. Wir nehmen diese in der Natur dann als Blitze wahr.

Wie das Hamburger Abendblatt vom 15.09. 2005 meldete, will man an der Lomonossow Universität in Moskau in Gewitterwolken Kernfusion entdeckt haben.[208]) Näheres ist jedoch darüber nicht bekannt. Es werden extraterrestrische Neutronen als Ursache dafür vermutet. Dass dieser Vorgang im Zusammenhang mit elektrischen Entladungen stehen könnte, wird angezweifelt.

---

207 DSCOVR (Deep Space Climate Observatory) kreist etwa 1.5 Millionen Kilometer von der Erde entfernt zwischen Erde und Sonne am Lagrangepunkt. https://www.spaceweather.com (abgerufen am 14.04.2023)
208 https://www.abendblatt.de/ratgeber/wissen/forschung/article107038353/ Kernfusion-in-Gewitterwolke.html (abgerufen am 15.04.2023)

Was uns die Sonne über Kernfusion lehrt

Erste Versuche zur Kernfusion begannen unter dem Einfluss der Kernspaltung. Physiker des 20. Jahrhunderts waren der Symmetrie verfallen. Wenn man also die Kernspaltung mittels einer Zündung durch Protonen auslösen kann, dann muss das auch mit der Fusion so funktionieren, dachte der Physiker Ronald Richter. Er hatte Ende der 30iger Jahren bei Arbeiten an einem Lichtbogenofen entdeckt, dass die Injektion von schwerem Wasserstoff in das Plasma eine nukleare Reaktion verursachte, die er mit einem Geigerzähler messen konnte. Während des 2. Weltkrieges arbeitete er mit Max Steenbeck und Manfred von Ardenne an einem Teilchenbeschleuniger in Berlin, dessen Unterlagen den Sowjets in die Hände fielen. Ardenne wurde für zehn Jahre in der Sowjetunion interniert, wo die Idee der Kernfusion vom sowjetischen Wissenschaftler Oleg Alexandrowitsch Lawrentjew aufgegriffen (1949) und ab 1952 von Andrei Sacharow und Igor Tamm zum ersten Tokamak T3 bis 1962 weiter entwickelt wurde. Das Wort ist die Transkription des russischen токамак, einer Abkürzung für **то**роидальная **ка**мера с **ма**гнитными **ка**тушками, übersetzt: „Toroidale Kammer mit Magnetspulen". Zusätzlich bedeuten die ersten drei Buchstaben ток übersetzt „Strom" und verweisen damit auf den Stromfluss im Plasma. Nun sind die wenigsten westlichen Physiker der russischen Sprache mächtig, sonst hätte ihnen auffallen müssen, dass dieses Konzept mittels Strom und nicht mit Gravitation realisiert werden sollte. Das heiße Plasma sollte in einem Magnetkäfig gefangen gehalten werden. Zum Aufbau des Magnetkäfigs wurden drei sich überlagernde Magnetfelder erzeugt: Erstens ein ringförmiges Feld, das durch ebene äußere Spulen erzeugt wird, und zweitens das Feld eines im Plasma fließenden Stroms. Es wird durch die Transformatorspule im Zentrum der Anlage erzeugt. In dem kombinierten Feld laufen die Feldlinien dann schraubenförmig um. So wird die zum Einschluss des Plasmas nötige Verdrillung der Feldlinien und der Aufbau magnetischer Flächen erreicht. Ein drittes, vertikales Feld – erzeugt durch die Vertikalfeldspulen – fixiert die Lage des Stromes im Plasma. (Abb. 82)

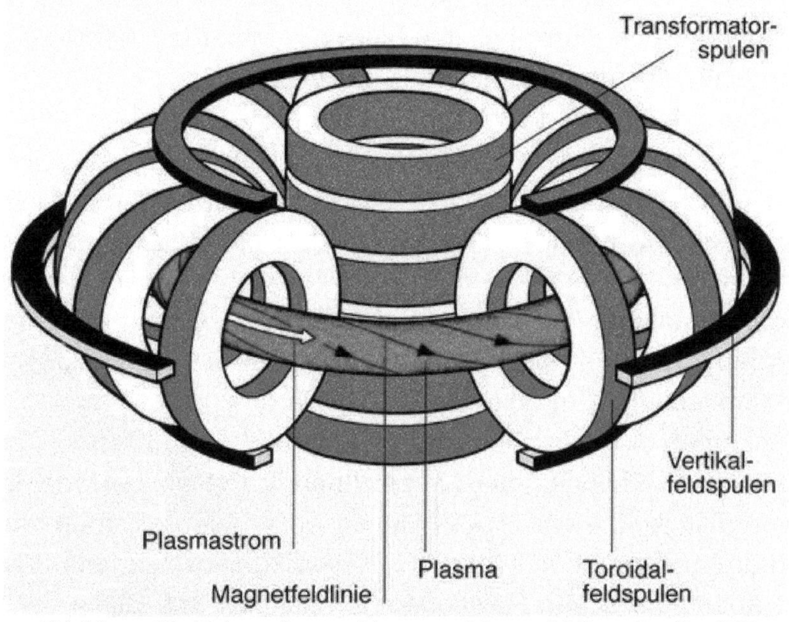

Abbildung 82: Tokamaks geschlossener Magnetkäfig – Quelle :IPP

Nun werden schnelle Deuterium- oder Tritium-Atome in das durch ohmsche Heizung aufgeheizte, magnetisch eingeschlossene Plasma hinein geschossen. Auf ihrem Weg durch das Plasma werden die Atome ionisiert und deshalb vom Magnetfeld gefangen. Dann übertragen sie einen Teil ihrer Energie auf die Plasmateilchen, indem sie wiederholt mit ihnen zusammenstoßen und so die Plasmatemperatur erhöhen. Auf diese Weise hat man das Plasma bis auf Temperaturen aufheizen können, die weit über der Temperatur der Sonne lagen, aber die ganze Sache war ein Minusgeschäft, und weltweit reiht sich mit diesem Konzept Misserfolg an Misserfolg, was die Physiker nicht davon abhält, immer neue Versuche mit immer höheren Temperaturen und Drücken zu starten.

Es ist eben der Glaube an eine idealistische Physik, der von Heisenberg und Dürr über die Jahre am Max-Planck-Institut gezüchtet wurde, der mächtiger als das Wissen ist.

Warum funktioniert das Konzept nicht?

Der zweite Hauptsatz der Thermodynamik sagt, dass in einem geschlossenen System die Entropie bzw. die Unordnung nur zunehmen kann. Kernfusion ist aber ein Prozess, bei dem sich die Ordnung erhöhen muss, so wie beispielsweise wenn ein Dampf in kälterer Umgebung kondensiert. Kernfusion ist so etwas ähnliches wie eine Wärmepumpe. Bei einem Fusionsprozess muss die Entropie abgeführt werden, um Protonen zu Atomkernen höherer Ordnung zu kondensieren. Das ist, was Gläubige als Schöpfungsakt bezeichnen. Es ist wie bei jeder kreativen Tätigkeit, wenn etwas Neues entstehen soll, muss man sich erst um den Müll kümmern. Merkwürdigerweise fehlt das in den abendländischen Religionen. Ich kenne keine Stelle der Bibel, in der sich Gott um den Müll geschert hätte.

Ein Fusionsreaktor muss als ein offenes System arbeiten, um einen Elektronenmangel zu erzeugen. Erst unter dieser Bedingung werden die Elektronen in Atomkerne eingebaut. Da ein Proton die doppelte Ladung eines Elektrons hat, wird erst im zweiten Schritt die Atomhülle aufgebaut. So wird auch verständlich, dass die Sonne eine Anode ist, da zuerst die Atomkerne mit Elektronen aufgefüllt werden müssen.

In einem elektrischen Feld, in dem die Sonne eine Anode ist, wird der Wasserstoff von der Sonne angezogen bis sich das Hüllenelektron löst und allein zur Sonne weiter reist. Die nun plötzlich entstandenen Protonen werden im positiven Feld stark abgebremst und stoßen mit weiteren Protonen und Elektronen zusammen, wobei sie eine Reihe Atomkerne höherer Ordnung bilden. Genau das passiert an der Grenze von Korona zur Chromosphäre. Der starke negative Temperaturgradient an dieser Grenzschicht deutet auf diesen Bremsprozess für die Protonen hin. Die freien Protonen werden nun in die entgegengesetzte Richtung beschleunigt.

Eigentlich haben wir alle über die Jahre begriffen, dass seit der Erfindung des Transistors, der die Rundfunkröhre ab 1955 in den speicherprogrammierbaren Digitalrechnern ablöste, unsere Welt elektrisch ist. Nur in der akademischen Welt ist diese Botschaft nicht angekommen. Insbesondere der Skandal um Immanuel Velikovski, der es wagte, Einstein zu kritisieren, zeugt vom starrsinnigen Festhalten an einer festgeschriebenen Lehre. Auch wenn seine Argumente an mancher Stelle abenteuerlich sind und von wenig Physikverständnis zeugen, so vertrat er doch die Auffassung, dass der Kosmos elektrisch ist. Hätte nicht spätestens in den 60er Jahren des letzten Jahrhunderts ein Umdenken beginnen müssen? Ich habe die akademische Ignoranz selbst erlebt, als ich nach der Jahrtausendwende Lee Smolin vom Perimeter-Institut mit dem Widersinn der Relativitätstheorie konfrontierte. Er antwortete mir nach mehrmaligem Anschreiben schließlich, dass das so in den Lehrbüchern stehe und müsse deshalb nicht mehr diskutiert werden.

Als Montgomery Childs bei einer statistischen Analyse aller kartierten Sterne des Hertzsprung-Russell-Diagramms feststellte, dass Sternatmosphären stabil sind, schloss er daraus, dass in ihnen einfache elektrische Prozesse ablaufen müssen.

Wallace Thornhill, der Velikovsky noch persönlich kannte, als der prominenteste Vertreter der Konzeption des Elektrischen Universums, gab 2013 Montgomery Childs den Auftrag, ein elektrisches Sonnenmodell im Labor nachzubauen. So startete nach einem Jahr technologischer Vorbereitung das SAFIRE-Projekt. [209]) Dabei bedeutet das Wort SAFIRE **S**tellar **A**tmospheric **F**unction **I**n **R**egulation **E**xperiment.[210]) In den folgenden 6 Jahren entwickelte das kleine Team um Childs eine Technologie zur Kernfusion, die in Verbindung mit der Wasserstofftechnologie einen wirtschaftlicheren Umgang mit der Sonnenenergie verspricht, als wenn wir den gewonnenen Wasserstoff nur wieder verbrennen würden. Die kanadische Firma Aureon Energy Ltd. wird diese Technologie zur Marktreife bringen.[211]) Jedoch ist das größte Problem die Beherrschung der über die Materialbeständigkeit der Anode steigenden Temperaturen im Übergang zum Fusionsbetrieb, weshalb eine großtechnische Anwendung eher unwahrscheinlich wird. Die Firma Aureon Energy hat neben der Stromerzeugung vor, die Technologie zur Neutralisierung von radioaktivem Abfall zu entwickeln; und da das SAFIRE-Projekt wiederholt Wolfram und Eisen in mehr als 17 stabile Tochterelemente umgewandelt haben soll, wie von einem zertifizierten unabhängigen Labor bestätigt wurde, soll die Technologie zur künstli-

---

209 M. Childs – *Das SAFIRE-Projekt;* https://archive.org/details/podcast_the-thunderbolts-project-podca_013-monty-childs-safire-proj_1000130548095
210 https://lenr.wiki/index.php/Das_SAFIRE_PROJECT
211 https://aureon.ca/ (abgerufen am 15.04.2023)

chen Umwandlung von Ausgangselementen in Seltene Erden eingesetzt werden. Damit könnte man eines der dringendsten Probleme der Kernspaltungstechnologie lösen.

Welche dieser Technologien sich am Ende durchsetzen wird, bleibt abzuwarten. Was wir auch verbrennen, ob Kohlenstoff oder Wasserstoff, wenn wir weiter so wirtschaften, also ohne die Folgen unseres Wirtschaftens zu begrenzen, werden wir unsere Lebensgrundlage weiter verkleinern. Die Kohlenwasserstoffverbrennung stellt uns vor das Problem der Aerosolbekämpfung, und den reinen Wasserstoff muss man erst einmal gewonnen haben, da er in der Natur nicht zu haben ist. Ihn dann nur wieder zu verbrennen, ist ökonomischer Unfug. Dann sollte sich eine Fusionstechnologie anschließen.

Wir können die Natur nicht weiter einengen. Statt den Planeten weiter entwalden, muss er begrünt werden, wenn wir ihn auf dem jetzigen Temperaturniveau halten wollen. Unsere kapitalistische Gesellschaft, wie auch alle Gesellschaften vor ihr, hat einen entscheidenden Webfehler. Sie preist die Natur nicht mit ein, da Natur bei Regierungsentscheidungen keine Lobby hat. Immer mehr Menschen leben heute in riesigen Städten aus Glas und Beton und so verlieren sie die Beziehung zur Natur, andere dagegen in bitterer Armut. Immer weniger Menschen besitzen immer mehr Ressourcen dieser Welt und beuten sie gnadenlos aus, um noch mehr zu besitzen. Wir bezahlen das mit einer Vermüllung der Weltmeere, einer Desertifikation landwirtschaftlich nutzbarer Flächen und einem Artensterben in nie gekanntem Ausmaß.

Die Coronavirus-Pandemie als Folge des Eindringen des Menschen in weitere Naturräume sollte uns vor Augen geführt haben, dass man die Natur nicht ungestraft herausfordert, gleichgültig welchen Glauben man hat, ob man lieber in einer Diktatur oder Demokratie leben will.

Vor den aberwitzigen Ideen von Weltraumtourismus und Mars-Besiedelung, wie sie von zweien der reichsten Männer der Welt, Jeff Bezos und Elon Musk, geträumt werden, kann man nur warnen. Sie werden unsere Erde nur weiter zerstören. Ich vergleiche das immer mit der Idee eines intelligenten Schwarms von Fischen, die die Sahara besiedeln wollen.

Wenn sich Klimaaktivisten in ihrer Hilflosigkeit an die Straße festkleben, anstelle sich in Physik zu qualifizieren, um Argumente für sinnvolles Handeln vorbringen zu können, werden sie gewiss die letzte Generation sein. Politiker werden es nicht richten. Sie haben in der Vergangenheit bewiesen, dass sie sich zu Handlangern des Finanzkapitals gemacht haben, wie es der Entwurf des Heizungsgesetzes der Bundesregierung aus dem Jahr 2023 zeigt.

Gewiss kann man physikalisch technische Probleme lösen. Tempolimit auf Autobahnen und Müllvermeidung wären da fruchtbare Ansätze, um fossile Energieträger einzusparen.

Die menschlichen Probleme scheinen dagegen unlösbar. Sie sind seit Jahrtausenden die gleichen geblieben, als da sind Gier, Hass und Neid. Für all diese menschlichen Unzulänglichkeiten der finanzkräftigsten Teile einer Gesellschaft soll nun ein so harmloses und nützliches Gas wie das Kohlendioxid verantwortlich sein, was aus jeder Seltersflasche sprudelt und einer der Stoffe für das Pflanzenwachstum ist.

Nachwort

Zum Titel des Buches: Wie wir anhand der Entropie gesehen haben, sind Götter ideelle Projektionen in ein herrschendes Weltbild, aus dem die Herrscher ihre Legitimation ziehen. Kein Weltbild ist so sehr ins Wanken gekommen, wie das herrschende katholische Weltbild. Die Gläubigen wenden sich in Scharen ab und suchen neue Orientierung in einer bipolaren demokratischen Ordnung. Insofern scheint mir der Titel *Götterdämmerung am Physiker-Himmel* gerechtfertigt.

Nur wenn ich mit meinen Vorstellungen von der Welt scheitere, komme ich zu neuen Erkenntnissen. Doch dazu muss ich mich der Wirklichkeit stellen. Insofern war der gesellschaftliche Systemwechsel im Ostteil Deutschlands bei allen damit verbundenen persönlichen Schwierigkeiten ein Glücksfall und das vorliegende Buch ist der Versuch, zu zeigen, dass im Scheitern einer Idee im Sinne Poppers von der Falsifikation das Entdeckerpotential steckt. Man muss nur gründlich nachdenken. Dabei sollte dem Lernenden das Wesen der Physik als eine materiell orientierte Naturbetrachtung im Zusammenhang mit der Bedürfnisentwicklung der Menschen in der industriellen Revolution nahe gebracht werden, ohne ihn mit irgendwelchen mathematischen Ableitungen zu überfordern. Wir haben gesehen, dass bis zum Beginn des 20. Jahrhunderts diese Entwicklung mit der Technik Hand in Hand verlief. Die Einführung der Errungenschaften der Elektrotechnik in die Praxis führte zu einem Paradigmenwechsel im Verständnis der Natur, der uns einen bisher nicht gekannten Wohlstand brachte. Diesen Paradigmenwechsel konnte aber die moderne akausale Physik nicht verarbeiten, weil sie in den Denkstrukturen einer monopolaren Mechanik gefangen war. So orientierte sie sich an idealistischen Philosophien, die den freien Willen predigten und deren Vorstellungen von der Symmetrie der Gleichungen. Doch die Realisierung eines freien Willens ohne Verantwortung führte und führt die Menschen immer wieder in Katastrophen, wie die beiden Weltkriege belegen.

So versucht die moderne Physik ihre am Schreibtisch erfundenen Ideen dann in der Natur nachzuweisen, um damit Ruhm zu erlangen, doch bei näherem Hinsehen sind diese Ideen immer aus schon Bekanntem entliehen, nur eben neu verpackt. Dabei haben die akademischen Vertreter der Physik sich bei dem Versuch, die Wissenschaft mit dem Glauben zu versöhnen, in die ideologischen Auseinandersetzungen des 20. Jahrhunderts verstrickt, deren Spuren ihr noch im neuen Jahrhundert anhaften. Wie wir im Buch gesehen haben, wurden bei diesem Versuch immer wieder ideelle Konstrukte mit der Realität verwechselt und man hat sich immer mehr in Widersprüche verstrickt.

Mein Vorgehen war ein anderes. Anhand der technischen Entwicklung in der industriellen Revolution habe ich deren Erkenntnisse zusammengefasst, verallgemeinert und in einem dynamischen System dargestellt. Ein dynamisches System besteht wie ein Organismus aus einem mechanischen Grundgerüst, den Muskeln und den Impulsleitungen für die Steuerung. Begonnen haben wir mit der Mechanik. Thermodynamik und Elektrodynamik waren für die muskuläre Bewegung zuständig und die Impulsleitung ist Sache der Elektronik. Dabei sind die Elemente stets im Zusammenhang zu betrachten, wie am Beispiel der mechanischen Transmission oder der elektrischen Energieübertragung zu sehen ist. Hypothesen habe ich nur sehr sparsam eingesetzt, da sie sich leicht zu Wucherungen ohne Nutzen auswachsen. Also gibt es nur sparsame Aussagen über Strukturen jenseits von Nachweisgrenzen und nur auf der Grundlage von bereits gesicherten Erkenntnissen. Über jene Strukturen können wir nur Vermutungen auf Grund von Vererbung bekanntem Wissens anstellen und deshalb haben diese Aussagen keinen Anspruch auf Wissenschaftlichkeit.

Statistik ist ein probates Mittel, um zu gesicherten Erkenntnissen zu gelangen. Aber den Zufall als objektiv zu bezeichnen, ist eine Überschreitung der Grenze von der Kausalität unseres Wissens zur Akausalität unseres Glaubens, womit kein Computer etwas anfangen kann. Natürlich hat jede Kausalkette einen definierten Anfang und dieser Anfang ergibt sich aus einigen Optionen. Deswegen löst die Folge doch eine Kausalkette aus und die Entscheidung meines „freien" Willens hat schließlich Konsequenzen für mein weiteres Schicksal, da es ständig mit anderen Kausalketten kollidieren wird. Denn dem, was wir Zufall nennen, gehen Entscheidungen auf Grundlage eines temporären Ungleichgewichts voraus, die wir nicht überblicken.

Es war nicht meine Absicht, mit diesem Buch Lehrbücher ersetzen zu wollen, wohl aber einen kritischen Blick auf den konventionellen Lehrstoff zu wecken und ein Gerüst für selbständiges Denken zu geben, um damit eine wissenschaftliche Revolution im Fachgebiet Physik anzustoßen und damit die Lehre aus dem Schatten von Ideologie und Glauben hervorzuholen.

Dies wird um so dringlicher, da die akademische Physik die Verbindung zur realen Welt verloren hat und sich auf Gebiete jenseits des normalen Verständnisses zurückgezogen hat.

In Zeiten der Bewältigung des Klimawandels muss die Physik wieder Teil unseres Alltagswissens werden und sich in der Lebensrealität der Menschen beweisen.

Mit weltfremden statischen idealistischen Theorien, wie sie Einstein und Heisenberg mit Symmetrie und Akausalität anstrebten und Generationen angehender Physiker zum Vorbild erklärt wurden, werden wir den dynamischen materiellen Herausforderungen der Zukunft nicht begegnen können, die von Asymmetrie und Kausalität geprägt sind.

Das eigentliche Elend der akademischen modernen Physik ist die Unfähigkeit, das Scheitern von Ideen zuzugeben. Außer Stephen Hawking, der mit der Aufgabe der Idee von den Schwarzen Löcher wahre Größe gezeigt hat, fällt mir keiner ein. Trotz durchgeführter Hochschulreformen ist die Physik in mittelalterlichen scholastischen Denkstrukturen fern der Praxis gefangen geblieben, so wie sie noch Papst Pius X. von den Naturwissenschaften forderte. Darüber können auch verliehene Nobelpreise für angebliche Beweise unfruchtbarer Theorien nicht hinwegtäuschen.

Danksagung

Ich danke allen genannten und eventuell nicht genannten Personen, die mich durch ihre Erfolge und Misserfolge befähigt haben, dieses Buch zu schreiben, wobei ich aus den Irrtümern und Scheinerfolgen den größten Nutzen gezogen habe. Dabei war der weltweite Zugriff auf das Wissen der Menschheit die wichtigste Quelle. Doch das hätte mir wenig gebracht, wenn ich nicht einige Lehrer gehabt hätte, die in mir die Liebe zu einer selbstlosen Wissenschaft schon in der Jugend beigebracht haben.

Natürlich danke ich auch der Gemeinde der Wissenschaftler unter dem Namen *The Thunderbolt Project*, einer weltumspannenden avantgardistischen Vereinigung von Wissenschaftlern unter der Führung des leider schon verstorbenen Wallas Thornhill, mit denen ich Ideen austauschen konnte und Anregungen erhalten habe.

Auch wenn ich das Buch mit Hilfe der angegebenen Quelle selbst geschrieben habe, hatte ich technische Unterstützung in Form von Korrekturlesen, wofür ich mich bei Hannes Täger und Klaus Gebler recht herzlich bedanken möchte. Nicht zuletzt gilt auch mein Dank meiner lieben Ehefrau Marlies Hüfner für ihre Geduld mit mir, wenn ich mal wieder nur körperlich anwesend war.

Stichwortverzeichnis

Namensverzeichnis

Abbildungsverzeichnis

Über den Autor

Der Autor studierte von 1964 bis 1970 an der Universität in Leipzig Physik. Er diplomierte bei Gerhard Brunner am dortigen Institut für Radioaktive Isotope der damaligen Akademie der Wissenschaften der DDR. Anschließend arbeitete er bis 1978 bei der Firma Carl Zeiss in Jena in der Abteilung Analytische Messtechnik an der Entwicklung optischer Messgeräte und Software zur Analyse von Spektraldaten.

Später nahm er eine Stelle als Assistent an der damaligen Sektion Technologie der Friedrich-Schiller-Universität Jena im Bereich Kybernetik und Versuchsplanung an, studierte nichtnumerische Mathematik, Informatik und andere Ingenieurwissenschaften und promovierte 1983 auf dem Gebiet der Ingenieurwissenschaften für den Gerätebau. Anschließend arbeitete er in der Softwareentwicklung, der technologischen Forschung, und in der Lehre.

Nach dem gesellschaftlichen Wandel auf dem Gebiet der damaligen DDR begann der Autor nach mehreren Zusatzqualifikationen eine freiberufliche Lehrtätigkeit im Bereich Informatik, die er bis zum Erreichen des Rentenalters 2008 ausübte.

Erst danach begann er als selbständiger Physiker zu arbeiten und Kontakte in die ganze Welt zu knüpfen. Vor allem Halton Arp und Paul Marmet, Benoît Mandelbrot und Gerald Pollack haben das Denken des Autors nachhaltig geprägt. So fand er als Unterstützer schließlich den Weg zu den Thunderbolts, einer kleinen avantgardistischen Gemeinschaft von Wissenschaftlern und Ingenieuren, die an einem neuen Verständnis des Kosmos arbeiten. Auch wenn nicht alle dort vertretenen Ideen, die teilweise einen mythologischen Hintergrund haben, fruchtbar sind, konnte der Autor mit seinem in Leipzig erworbenen Grundverständnis der Physik die fruchtbaren von den unfruchtbaren Ideen trennen und erstere zu einem neuen Paradigma der Physik zusammenführen.

2019 und 2020 veröffentlichte er sein erstes Buch in englischer und deutscher Sprache mit dem Titel „*Moderne Astrophysik trifft auf Ingenieurwissenschaften*". 2022 folgte ein weiteres Buch mit dem Titel „*Dynamische Strukturen in unbelebter Materie*" [212])

Er unterhält auch eine Website http://mugglebibliothek mit Aufsätzen, Büchern und YouTube-Filmen über das nichtakademische Paradigma des Elektrischen Universums.

---

212 https://www.bod.de/buchshop/catalogsearch/result/?q=Mathias+H%C3%BCfner
(abgerufen am 30.04.2023)